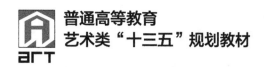

普通高等教育
艺术类"十三五"规划教材

数字媒体概论

章洁　主编

吴中浩 陆菁 张晓婷　编著

Introduction to
Digital Media from Art and
Technolgy Aspects

人民邮电出版社

北　京

图书在版编目（CIP）数据

数字媒体概论 / 章洁主编；吴中浩，陆菁，张晓婷
编著. -- 北京：人民邮电出版社，2018.1
普通高等教育艺术类"十三五"规划教材
ISBN 978-7-115-47697-5

Ⅰ. ①数… Ⅱ. ①章… ②吴… ③陆… ④张… Ⅲ.
①数字技术－多媒体技术－高等学校－教材 Ⅳ. ①TP37

中国版本图书馆CIP数据核字(2018)第045002号

内 容 提 要

本书从艺术学与工学交叉的视角，将数字媒体作为一个整体的学科，融合介绍数字媒体技术与数字媒体艺术的相关基础知识。

全书共9章，首先讲述数字媒体表达的基本语言，然后从应用的角度重点介绍数字媒体的文字、图像、声音、视频和动画五大表现形式，最后从整体的数字产品开发实践和创业的角度，解读典型艺术学与工学交叉的游戏、影像、虚拟现实等方向综合作品的创作理念、艺术特点、艺术学与工学融合方式以及组员之间的分工合作等。

本书适合数字媒体专业，以及有志于跨入数字媒体行业的初学者阅读。

◆ 主　　编　章　洁
　　编　著　吴中浩　陆　菁　张晓婷
　　责任编辑　邹文波
　　责任印制　沈　蓉　彭志环
◆ 人民邮电出版社出版发行　　北京市丰台区成寿寺路11号
　　邮编　100164　电子邮件　315@ptpress.com.cn
　　网址　http://www.ptpress.com.cn
　　固安县铭成印刷有限公司印刷
◆ 开本：787×1092　1/16
　　印张：14.25　　　　　2018年1月第1版
　　字数：315千字　　　2025年1月河北第15次印刷

定价：69.80元

读者服务热线：(010)81055256　印装质量热线：(010)81055316
反盗版热线：(010)81055315

前 言

PREFACE

写作背景

数字媒体行业是一个新兴的但又具有深厚基础的行业。随着硬件技术的发展，全新的媒介形式不断涌现。以数字传播和数字表现为基础的媒体都可以归类于数字媒体，这也使得数字媒体行业呈现出多样的面貌，而这种高速变化和不确定性也成为了数字媒体专业最典型的特色。

从作品表达角度来看，任何表达手段都以技术和艺术作为支撑，数字媒体也不例外，甚至更为突出。高科技含量的媒介载体加高艺术要求的内容表现之间的融合是数字媒体未来的发展方向。笔者作为以艺术学与工学融合为特色的江南大学数字媒体学院的一线教师，经历了数年的技术与艺术从思维方式、沟通方式到团队配合上的发展变化，出于已有的心得和对艺术与技术深度融合探索的不懈努力，遂尝试打破将数字媒体技术概论与数字媒体艺术概论分而谈之的常规，以五大媒体表现形式为主体，从每一类媒体表现形式中分别探讨其技术基础和艺术基础。希望为初次接触数字媒体专业并对艺术学与工学融合感兴趣的读者打下艺术学与工学融合的基础。读者未来不管是向技术，还是向艺术方向深入发展，通过阅读本书都能为自身或团队合作的融合奠定基础。

本书主要内容

第 1 章绪论宏观地介绍了数字媒体的形态和内容、数字媒体的定义、数字媒体的应用场景、数字媒体的历史演进和目前的产业化发展水平。

第 2 章分别从技术和艺术角度讲述了数字媒体表达的基础语言。技术方面主要讲述了计算机的基本语言以及如何编码、如何传输等基本知识；艺术方面讲述了创意思维的形成、主要的艺术表达语言，以及常见的艺术形式与风格，还介绍了媒体形态转变之后对艺术表现的影响以及新兴的媒体传播形式。

第 3 章～第 7 章分别介绍了文字、图像、声音、视频、动画这五大表现形式的技术重点和艺术重点。从技术角度介绍其表现和实现的具体要点和途径，从艺术上介绍五大表现形式的艺术表现手法和在媒体传播中的作用，通过介绍具体案例和艺术家作品展现其设计与表达的关注点。

第 8 章介绍了数字媒体的实施与应用基础，包括系统平台、网络和软硬件设计要点。在艺术设计方面着重介绍了帮助表达的数字软件工具，以及相关软件的案例作品。

第 9 章面向创新创业，从项目产品开发的团队、管理、规划等方面展开介绍，最后解读游戏、装置、影片、数字 IP 等几大类典型团队作品的创作过程、艺术学与工学结合的合作方式等。

本书作为数字媒体技术和艺术的基础教材，将原来割裂的基础课融合重组，全面系统地介绍了数字媒体专业必备的基础知识，也为读者建立艺术学与工学融合的思维打下良好的基础。

作者分工

章洁担任主编，负责设计教材整体结构和编写艺术部分的内容（约 30 万字）。

吴中浩负责编写技术部分的内容（约 9 万字）。

陆菁参与编写了艺术部分的内容（约 3 万字）。

张晓婷参与了部分案例的整理和技术部分的校对（约 3 万字）。

致谢

感谢江南大学数字媒体学院的优秀毕业生们的精彩案例。

感谢一直为艺术学与工学融合努力不懈的学院领导和同事们。

感谢参与编著的同事和同学们。

章洁

2017 年 12 月

目 录

C O N T E N T S

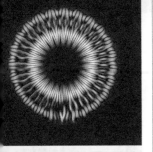

第 1 章
绪论

随着计算机和网络技术的快速发展，以及个人计算机、移动设备、互联网的普及，多媒体多元化技术应运而生并快速发展。多媒体技术和应用不但广泛植入人类的日常生活之中，也促使许多传统行业产生革命性的发展。本章首先介绍媒体的形态和内容，以及数字媒体的定义，接着介绍数字媒体的应用和历史演进，最后对本章进行总结。在阅读完本章后，读者可以了解传统媒体和数字媒体。另外，也可对多媒体的应用和历史演进有进一步的认识。

1.1 媒体的形态和内容

媒体通常分为两类：旧媒体（Old Media）和新媒体（New Media）。它们主要的分界线就是互联网的诞生和广泛应用。旧媒体是指互联网问世之前的传统媒体，包括印刷类的报纸、杂志、图书以及广播类的电视、电影、音乐。新媒体是指利用计算机及网络技术改变传统媒体模式，以电子或数字的方式呈现和传播内容的媒体，新媒体通常会为用户提供一个交互的环境，让用户可以实时反馈和参与创作。这一类的新媒体包括在线的报纸、杂志、博客和社交网站等。

旧媒体可分为两类：平面媒体和电子媒体。平面媒体主要包括印刷类媒体（如报纸、海报）和非印刷类媒体（如霓虹灯广告）。电子媒体主要包括广播、电视、电影。新媒体依据不同特性可分为网络新媒体、移动新媒体和新型电视媒体。网络新媒体是以计算机平台为主的媒体，如电子邮件、实时通信、博客、网络文学、网络音乐、网络电视、网络电影等；移动新媒体是以移动设备（如手机和平板电脑）为主的媒体，包括短信、报纸、杂志、电视、广播等应用；新型电视媒体则是以智能型电视或机顶盒为主的媒体。

旧媒体的大众传播方式为大范围、单向、中央控制。新媒体改变了这种传统的大众传播方式，可以以人际传播、群体传播、互动传播等方式进行。由于新媒体中用户交互的特性，信息的传播者和接收者的身份不再有明显的差别，每个人都可能既是信息的制造者，又是信息的传播者，还可以是信息的接收者。

1.2 数字媒体的定义

多媒体的定义为：通过数字处理设备开发、整合和传递文字、图像、声音、视频和动画的媒体组合。数字处理装置是指使用数字信号进行运算、处理、储存的计算机装置，包括各种类型的计算机，如桌面计算机和笔记本电脑，以及移动设备如平板电脑和手机。这些数字计算机设备配合应用软件，不但可以把传统的媒体元素转换成新的数字媒体，还可以产生各种数字媒体元素，并能对其进行编辑。比如文字处理器（Word Processor）取代了传统的打字机，光盘和闪存取代了传统的黑胶唱片，数码相机和编辑软件取代了传统的胶卷和暗房等。

数字媒体不仅革新了传统设计制作媒体的方法，近年来更是影响了许多行业领域，如新闻、教育、商业、娱乐等。个人计算机和移动设备的功能越来越强大，以及这些设备的普及，使得多媒体应用越发深植于人们的生活之中。个人计算机和手机不只是运算处理或通信的设备，也是一个整合3C（Computer 计算机、Communication 通信、Consumer 消费电子）的产品。使用这些产品通过互联网不仅可以获得不同类型的数字媒体信息，还可以使用设备内建的接口硬件，如数码相机和麦克风产生数字媒体信息。任何人都可以实时接收最新的新闻多样化的媒体信息，也可以充当新闻记者实时发布文字、图像、视频影片、录音等新闻信息。老师在课堂上不仅仅是讲课，还可搭配不同的媒体数据，如图片、视频和动画，以提供更生动、更清楚的教学素材。商业广告也可以通过多元化方式传递给用户，用户不但可获得广告信息，还可以获得产品详细信息甚至直接下单购买。

相较于传统媒体，数字媒体提供了更强大、更有弹性的用户交互功能。使用交互式多媒体（Interactive Multimedia），用户可以更有效地控制媒体信息的流程。在交互式多媒体中还可以加入人工智能技术，协助用户在互动操作时做出判断，这又称为有适应能力的多媒体（Adaptive Multimedia）。还有几种更强大的多媒体交互模式。第一种是虚拟现实（Virtual Reality），它利用计算机产生一个三维的仿真世界，为用户提供视觉和其他感观的沉浸式（Immersive）的环境和体验，让用户仿佛身临其境。第二种是增强现实（Augment Reality），它在显示屏上把虚拟世界叠加在现实世界之上并进行互动。第三种是混合现实（Mixed Reality），它结合了真实和虚拟世界，从而创造一个新的可视化环境，真实的实体和虚拟的对象共存并实时互动。

媒体数字化加上计算机技术使得媒体的生成和编辑更加容易，也更具经济竞争力。虽然如此，新媒体仍然无法取代媒体设计需要的艺术创作和工艺技术能力。换而言之，先进的计算机技术可以帮助传统媒体专业人员更有效率地进行媒体设计，而不是取代它们。传统的媒体专业人员需要接受并学习新的技术，让新技术帮助他们更有效率的发挥创意并进行设计。新生代的媒体专业人员则必须同时学习计算机技术和艺术设计技巧。计算机技术和艺术设计是两种不同类型的专业，不但在学科的学习训练上不同，甚至从业者人格的特质也是迥然不同的，一般人很难同时兼备这两种专业能力。为了完成高水平的数字媒体设计，专业的多媒体技术和艺术人员必须紧密合作，以达到互补的效果。一般而言，多媒体设计通常由一个团队以项目方式进行，细节请参阅第9章。

1.3 数字媒体的应用

数字媒体广泛应用于各个行业和领域，包括娱乐、艺术、教育、新闻、文化、工程、工业、数学研究、科学研究、医学、商业等。

（a）全息投影演唱会　　　　　　　　　　（b）虚拟现实电子游戏

△图1.1　数字媒体在娱乐和艺术方面的应用

1.3.1　娱乐和艺术

数字媒体广泛应用于娱乐产业，特别是在电视、电影、演唱会、游戏等的制作过程中。近年来，国内外制作了大量二维、三维动画片，如《西游记之大圣归来》《大鱼海棠》《玩具总动员》和《冰雪奇缘》等；电视动画系列片如《三国演义》《喜羊羊与灰太狼》和《超智能足球》等。许多电影制作也大量采用多媒体特效，如《阿凡达》和《少年派的奇幻漂流》。在演唱会中使用全息投影（Holography），可以让不在现场的明星参与表演，如图1.1（a）所示。交互式媒体也广泛应用在各种电子游戏中。由于个人计算机和互联网的普及，大型多人在线游戏成为电子游戏的新发展方向。近年来更是加入了虚拟现实和增强现实技术，让用户身临其境地玩游戏，大大提升了娱乐效果，如图1.1（b）所示。除此之外，艺术家也采用多媒体元素作为素材进行创作，整合声光视觉效果，还可以加入舞蹈、图像动画和交互，以形成多媒体艺术的新领域。

1.3.2　教育

近年来，数字媒体在教育应用方面快速发展，以计算机为平台的教学课程应运而生，多媒体教材取代了传统的图书教材。多媒体教材不仅包括文字、图片、视频、动画，还提供了用户的交互功能，使学习过程更加活泼、有趣，学习的效果也更好。最新的寓教于乐（Edutainment）模式更是将教育和娱乐结合在一起，如图1.2（a）所示，结合教学和游戏让用户在玩游戏时学习到某些知识。这个模式把原本枯燥无味的学习过程变得生动有趣，更容易被大众所接受。最新的多媒体教育模式更是结合了虚拟现实和增强现实技术，使得学习更真实。这对一些需要实际操作的教学和训练课程来说是十分重要的。比如，用于训练飞行员的飞行模拟机可以让飞行员选择在任何天气、任何机场进行飞行起降练习；医学院的学生可以透过多媒体虚拟现实的课程学习人体的结构而不需要实际解剖人体，如图1.2（b）所示。多媒体教育应用跨越宽广的年龄层，幼儿教育、中小学教育、高等教育、成人教育，在未来将会持续不断地发展。

1.3.3　新闻和文化

数字媒体应用加上互联网完全颠覆了传统的新闻产业。传统的新闻媒体如报纸和电视都是以单向方式传播给大众，新闻的收集与采访完全依赖专业的新闻从业人员。新闻

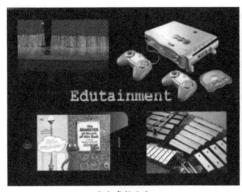

（a）寓教于乐

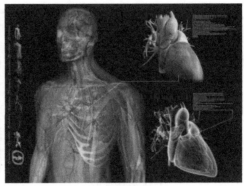

（b）医学解剖

△图1.2 数字媒体在教育行业的应用

单位为了获得第一手的新闻信息需要投入大量的人力和资源，纵然如此，播报实时新闻仍然面临许多技术上的障碍与困难。数字媒体包括多元化的媒体元素，不仅是文字的描述（如印刷的报纸），或是视频（如电视的影片）还可以加入声音、图像，甚至是动画。这使得新闻信息更加丰富、更加生动。现在的移动设备，如手机都内嵌了各种多媒体输入输出设备，如数码相机、麦克风、文字处理器等。任何人在任何地点、任何时间都可记录实时发生的新闻事件，同时可以通过互联网传播给大众。大众可以获得第一手的新闻信息，而不用依赖报纸和电视。近年来，许多历史悠久的新闻社相继结束纸质报纸的业务，而专注于多媒体电子报的发展。文化相关产业如图书和杂志，也快速进入多媒体电子书、电子杂志时代。

1.3.4 工程和工业

数字媒体被广泛应用于工程和工业设计领域。使用计算机进行二维和三维建模，用户可以直接设计产品的平面或立体设计图；配合计算机仿真，可以直接测试产品的性能。如此一来，就无需经历传统的设计、建构产品原型、实体实验的复杂流程，例如，波音

公司777宽体客机就是第一架完全通过计算机设计的飞机。类似的多媒体应用也可以应用在厂房的管线设计上，如水管、电线管、排气管等。除了设计之外，多媒体也适用于工程施工、产品制作、产品维修等训练。操作手册、影片、动画加上用户交互功能可以提供有效的训练环境。在设计过程中，设计师可以通过虚拟现实和增强现实技术在视觉上体验最后产品的效果，如图1.3所示。

△图1.3 虚拟现实产品展示

1.3.5 数学和科学研究

数字媒体应用促使研究人员在数学和科学研究方面取得了创新突破性的进展。二维、三维建模加上可视化使枯燥的数学变得生动和容易理解；使以前只能依靠想象的物理模型展现在眼前；也使科学家能够更深入地探索物理现象，如图1.4（a）所示。使用三维图像可

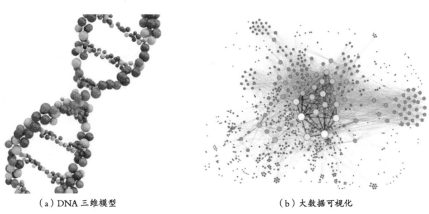

（a）DNA 三维模型 （b）大数据可视化

△图 1.4　数字媒体在科学研究中的应用

以很清楚地展示 DNA 的结构；使用计算机仿真动画可以很清楚地显现水滴落入水中形状的动态变化。近年来，大数据研究在全球引起一阵风潮，在庞大的数据中找出一些有规律的现象，犹如大海捞针。多媒体可视化应用可以提供大数据研究视觉上的分析环境，大幅减少大数据的复杂度，如图 1.4（b）所示。使用虚拟现实或增强现实技术，加上交互功能，科学家可以在视觉感知下操作数学和物理模型。

1.3.6　医学

　　数字媒体在医学上的应用发展十分迅速。数字媒体除了在医学教学上被大量应用以外，还被广泛使用在许多不同的医疗项目中。使用有适应能力的多媒体，可以整合不同类型的信息，配合人工智能技术协助医生诊断分析病人的病情。使用多媒体应用可以系统、高效率地管理病人的病历记录，如用药历史、过敏状况、X 光片、谈话录音等，如图 1.5（a）所示。这些数据在医生诊断病人的病情时是十分有帮助的。另一项非常有用的数字媒体应用是手术仿真。一般在手术之前，医生和手术团队会收集病人所有的相关数据，进行分析，再模拟手术过程，以确保顺利完成手术。传统的手术模拟大多是纸上谈兵，很难

模拟实际手术操作过程。使用计算机建构的三维图像配合交互功能，手术团队便可以模拟实际的手术的过程，如图 1.5（b）所示。再采用虚拟现实和增强现实技术，可以使模拟手术的过程更加真实。

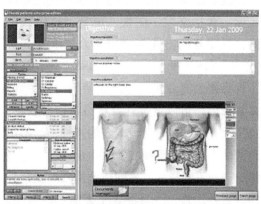

（a）多媒体病历记录

（b）虚拟现实手术模拟

△图 1.5　数字媒体在医学方面的应用

（a）家具细节显示　　　　　　　　　　　　　　（b）家具布局显示

△图1.6　增强现实

1.3.7　商业

在商业领域，数字媒体应用最广泛的是广告业务。传统广告通常采用单一的平面设计，如印刷海报、路边广告牌和电视影片，数字媒体广告则可以整合多样化的媒体元素，包括文字、图像、声音、视频和动画，以交互的方式传播给大众。电子商务（E-Business）平台结合了多媒体广告，开创了许多新的商业模式。比如使用增强仿真，多媒体应用可以通过计算机设备试穿衣物，直接从显示屏观看穿着新衣的模样，而不用走进试衣间实际更换衣物。也可以通过交互接口选择不同样式、不同色调的衣服试穿并同时进行比较，一旦决定了要购买的商品，就可以直接下单付费完成交易。例如，如果要采购家具，可以查阅家具目录，通过计算机设备和多媒体应用软件查询家具的详细数据，如图1.6（a）所示，也可以预先观看家具放置在家中的图像，如图1.6（b）所示，以协助客户进行判断。随着个人计算机、移动设备、互联网的普及，近年来涌现了许多创新的商业模式以及多样化数字媒体广告应用，可谓是商机无限。

1.4　数字媒体的历史演进

数字媒体的演进大致可分为3个阶段：想象期、成熟期和生活化期。想象期是指在计算机技术成熟之前，一些有远见、有前瞻性的人对于未来数字媒体的预言和期望；成熟期是指从个人计算机和网络的萌芽到普及化期间，多媒体技术和应用的发展；生活化期则是指随着个人移动设备和互联网的快速发展，数字媒体应用广泛植入人类的日常生活中。

1.4.1　想象期

1843年Ada Byron最早提出数字媒体概念，她预测将来可以使用由Charles Babbage提出的机械式计算机概念来编曲和画图。1914年，Winsor McCay介绍了由10300张图片组成的第一部动画片 *Gertie the Dinosaur*。1915年，Max Fleischer发明了转描机（Rotoscoping）技术，用来追踪描绘人或动物的实际动作。1928年，迪士尼推出第一部同步发音的动画片 *Steamboat Willie*。

1936年，Alan Turing提出了通用图灵机（Universal Turing Machine）的概念，它也奠定了今天计算机的基石。1940年，Dorothy Kunhardt介绍了一本儿童图书 *Pat the Bunny*，

她在书中加入了数字媒体元素以及交互功能来吸引读者。1945 年，Vannevar Bush 在 Atlantic Monthly 月刊中发表了一篇名为 As We May Think 的文章。文章中提出一个信息管理系统 Memex，包含微胶片、显示屏、相机、录音机和一些控制设备，可以管理许多不同的媒体信息。在这篇和延续的文章中，还预测了许多未来的技术，如超文本、个人计算机、语音识别、专家系统、在线百科全书和互联网。这些预测对于今天的计算机、网络、多媒体的发展有非常深远的影响。

1960 年年初，斯坦福研究中心的 Douglas Engebart 开发出 On Line System（NLS），它是第一个使用超文本、鼠标、显示屏、窗口和应用软件的系统，也开启了现代计算机图形应用之门。1963 年，Ivan Southerland 设计出一个计算机程序 Sketchpad，它包括的图形用户接口，是对计算机图形设计的重大突破，也指明了计算机绘图辅助应用软件的发展方向。1966 年，Ivan Sutherland 发明了头戴式显示器，让用户可以在视觉上沉浸在三维的模拟环境中。1967 年，Ted Nelson 发明了超文本（Hypertext）这个名词，配合他的研发计划 Project Xanadu，为大众免费提供应用软件，让用户可以同时运行平行的文件。

1970 年年初，Alan Kay 和 Adele Goldberg 推出多媒体桌上计算机先驱的原型 Dynabook，它能够通过一台个人计算机合成处理文字、声音、相片和动画等媒体数据。同时，他们推出程序语言 Smalltalk，开启了图形用户接口的开发之路。同一时期，Scott Fisher 推出了一个替代旅游的方式：用交互式视频，通过视觉观看，身临其境地浏览美国科罗拉多州的阿斯彭山区的景观。1972 年，Atari 公司推出了第一个商业游戏机 Magnavox Odyssey 和游戏 PONG。1974 年，英特尔公司推出了 8080 微处理器，与此同时，MITS 公司也推出第一台个人计算机 Altair 8800。

1.4.2　成熟期

1975 年，比尔·盖兹（Bill Gates）成立了最早期的软件公司——微软公司（Microsoft）。同时乔布斯（Steve Jobs）和沃兹尼亚克（Steve Wozniak）也成立了苹果公司（Apple），并在 1977 年推出了第一部彩色显示的计算机 Apple II。1977 年，Myron Krueger 尝试使用计算机作为交互艺术的工具。1979 年，Richard Bolt 创造出一个空间信息管理系统（Spatial Data Management），可以操作处理不同的媒体信息，如声音、图像等。随后和麻省理工学院的 Arch-MAC 研究团队合作，推出了第一个可以在三维虚拟环境中运行不同媒体元素的超媒体（Hypermedia）系统 Dataland。

1980 年年初，IBM 推出了第一台以 MS-DOS 操作系统为主的个人计算机（PC），接着在 1983 年推出了光盘或激光唱片（Compact Disc，CD）的技术。1984 年，苹果推出第一台配备图形用户接口和鼠标的计算机麦金塔（Macintosh）。1985 年，Commodore Amiga 推出了第一台结合了图像、声音、视频的真正多媒体计算机。1988 年，推出了第一个多媒体创作编辑软件 Macromedia Director。

1991 年，Tim Berners-Lee 介绍了第一个网页浏览器的标准 HTTP 和 HTML，同年还推出了 MP3 的数字音频的压缩格式，在 1992 年推出了一个名为 Mudding 的以文字为主的虚拟现实环境，轰动一时。这些应用软件，如 Dungeon 和 LambdaM00，允许多个用户通过互联网实时运行同一个共享数据库，进行多用户的交互沟通。1993 年，Sandin、DeFanti 和 Cruz-Neira 共同构建了一个结合互动、计算机生成图像和三维音响空间的环境 CAVE（Cave Automatic Virtual Environment），即使用户不使用头戴式设备也能够体验虚拟的环境。1993 年，Broderbund 公司推出第一个交互式计算机游戏 Myst。1995 年，皮克斯（Pixar）和迪士尼联合推出第一部数字动画剧情片《玩具总动员》（Toy Story），这部 77 分钟的动画片总共花了 4 年时间才被制作完成。

1.4.3 生活化期

1994~1996 年，数码相机逐渐普及，苹果推出的 QuickTake 是第一台数码相机，随后 Kodak、Casio 和 Sony 相继推出它们的数码相机。1995 年，DVD 播放器和计算机应用 DVD 光盘的最后规格终于定案。2000 年，Sony 推出了 Play Station 2 游戏机。2001 年，梦工厂（DreamWorks）推出动画片《怪物史莱克》（Shrek），这部动画片动用了包括艺术家、动画师以及工程师在内的 275 位专业人员花了 3 年时间才制作完成。同年百度公司成立，今天百度成为最大的中文搜索引擎。2001 年，乔布斯推出了震惊世界的音乐播放器 iPod 以及音乐采购平台 iTunes。2003 年，Linden Research 公司推出了一个以互联网为主的虚拟世界游戏 Second Life。2004 年脸书公司（Facebook）成立，今天已经成为世界上最大的社交网站之一。2005 年，YouTube 推出颠覆了传统的视频制作和播放流程，只要将视频上传到网站，就能让大众共享观赏，这也造就了数量众多的业余视频制作人和业余记者。2006 年，任天堂（Nintendo）推出了使用无线控制器的游戏机 Wii，为用户提供了全新的三维空间的感知体验。同年优酷也推出了中国的视频网站。

2007 年，谷歌（Google）推出了 360° 街景的地图功能 Street View。同年苹果的乔布斯推出了第一部智能手机 iPhone。此外，亚马逊公司（Amazon）也推出了阅读机 Kindle eReader，可以支持读者上网搜索、下载、浏览图书和杂志。2008 年，谷歌和开放手机联盟（Open Handset Alliance）联手推出安卓（Android）移动操作系统，今天它已成为最为广泛使用的智能型手机平台。2009 年，Fujifilm 公司推出了立体镜头数码相机，可以产生三维的视觉感知。2010 年，苹果推出了平板计算机 iPad 以及电子书 iBooks。2012 年，微软推出了平板计算机 Surface。近几年比较瞩目的新兴技术有三维打印、虚拟现实、增强现实和混合现实等，读者在未来应该留意这些技术及应用的发展。

1.5 数字媒体产业

数字媒体是以数字技术为主要技术支持，相对于传统媒体而言的新型媒体。数字媒体产业是在信息产业、互联网产业、电信产业等新兴技术产业发展的基础上，结合内容产业、大众媒体产业等传统文化产业，形成的一个综合产业。因此，数字媒体产业就不可避免地延续了各个相关产业的特点。

数字媒体产业一方面是在其他产业发展基础上形成的后续产业，因此，数字媒体产业的发展严重依赖于其他产业的发展状况。例如，电信产业的网络架构范围严重制约了数字媒体产业的渠道资源；信息产业的宽带技术、存储技术也在很大程度上左右着数字媒体产业的发展速度等。另一方面，数字媒体产业的发展也影响了其他产业和社会文化的方方面面。例如，一部电视剧或一部电影，甚至是网民的博客和播客中宣扬的文化内涵和承载的道德伦理，对社会舆论、社会文化的形成都会产生一定的作用。长此以往，当数字媒体产业中的某一种思想形成潮流后，甚至会对整个民族，尤其是青少年群体的价值观、人生观和世界观产生影响。

数字媒体由于多样的传播渠道和全新的整合可能性，使其具有极大的空间构建新的产业链条，或对原有产业链进行彻底重组。

在发展过程中，不乏行之有效的新的商业模式。互联网的开放性引入了众多的生态群体，以及由技术革新不断带来产业重组机会，使得行业创新者、先行者有可能借助互联网和数字媒体的新形式，获得快速发展，甚至有可能用小投入取得巨大的回报，给当下的内容创业者提供极大的发挥平台，投资机构也因此对数字媒体行业趋之若鹜。

总之，数字媒体行业是一个充满机会但又瞬息万变的行业，其中涉及庞大的相关产业。有意进入数字媒体行业的读者，如何在这中间找到自己的定位和特色，什么才是数字媒体行业和产业最基本的知识和技能，是读者在阅读过程中需要思考的问题。

小结

数字媒体的定义为：通过数字处理设备

开发、整合、传递文字、图像、声音、视频和动画的媒体组合。数字媒体现已广泛应用于各个领域，也深深地根植于人类的日常生活之中。随着计算机硬件、软件、网络和其他相关技术，如人工智能持续不断的发展和进步，我们可以预期未来会不断地有更多创新和有创意的数字媒体应用与产品被开发出来。在电子产业、计算机产业、网络产业、电子商务产业之后，数字媒体也逐渐成为下一个明星产业。

在接下来的章节中，我们会一一介绍数字媒体相关的内涵和基本概念。希望读者在阅读完本书后，能对数字媒体有非常深入的了解，为投入这一个新兴产业做好准备。

习题

1. 新媒体时代对数字媒体产业有什么影响？
2. 数字媒体行业的发展会如何影响人类的生活？
3. 畅想一下数字媒体行业中未来会出现何种岗位需求。

第 2 章
数字媒体的表达基础

数字媒体的表达可以从技术和艺术两个方面来理解。

技术方面，数字媒体应用主要使用由计算机和网络组成的平台进行各种操作。而数字或数码（Digital）是使用此平台的基本通用语言。本章首先介绍什么是数字资料；然后介绍数字资料的基本元素，包括比特、字节、代码和数字文件；接下来介绍数字化的过程和取样的考虑、媒体的数字编码方法以及文件压缩技术；最后讨论使用数字资料的优点以及设计时的考虑。

艺术方面，侧重从思维到手段的综合，包括如何梳理理念，组织语言手段，把握表现风格直至最终形成作品表达形态。本章着重介绍设计手段方面的创意思维、设计语言、艺术形式与风格，最后介绍媒体形式转变之后对设计思路和方向的影响。

阅读完本章后，读者对数字媒体基础形式的表达和设计手段就会有一个完整且深入的了解。

2.1 数字资料

数据可以用两种形式表示：模拟和数字。模拟数据由连续的信号单位组成，而数字资料由不连续、离散的信号单位组成。传统的媒体，如图像和声音都是由模拟形式生成、储存和传送，绘画和照片则由一连串的色彩区块组成。这些模拟式媒体无法直接使用数字计算机生成、编辑和传送。为了解决这个问题，必须将媒体数据数字化。

2.1.1 比特、字节和代码

1. 编码基础

首先了解什么是数字资料。以我们最熟悉的 10 进制为例，有 0~9 共 10 个数字符号，用这 10 个数字可以表示我们日常生活中需要的数字信息。然而现代的计算机由电子元件组成，如晶体管（Transistors），它们基本上只工作在高电位或低电位两个状态，也就是说，只需要两个数字 0 和 1 来表示它们的状态。0 和 1 也是二进制系统的基本数字元素，我们又将基本数字元素称为二进制数字或比特（bit）。

比特是数字资料的基本元素，数字编码（Digital Encoding）是指定比特代表数据项的过程。一个编码系统需要多少位比特呢？它取决于编码系统需要代表多少个不同的数据项。每一个数据项必须由一个唯一的比特组合表示，也就是说，多位的比特可以表示更多不同的数据项。比如，只要编两个数据项的码，如"是"与"否"，1bit 就够了，可指定此 1bit 值为 1 时代表"是"，为 0 时代表"否"。如果再加 1bit，2bit 可以代表 4 个不同的组合：11、10、01 和 00。所以可以使用一个 2bit 的编码系统来表示 4 种数据项，比如，一个多选题的 4 个答案：A、B、C 和 D，一个 3bit 的码可产生 8 种不同的 3bit 组合：111、110、101、100、011、010、001 和 000。一个 nbit 的码可表示 2^n 个不同的数据项。比如，一个 4bit 的编码能表示 2^4，也就是 16 种不同的数据项。

8bit 的编码可以代表 256（2^8）种不同的数据项。一般而言 8bit 的编码足以表示我们常用的英文文件描述所需的符号，包括字母、数字、标点和数学符号。它也足以用来表示声音（表示 256 种声音的波幅）或图像（256 种图像的色彩）。计算机通常处理以 8bit 特为一单位的格式或者 8bit 为倍数的格式，如 16、32 或 64bit。我们称此 8bit 单位为一字节（byte）。

2．有效编码（Effective Codes）

一个有效率的编码（Effective Codes）是指一个编码能够分别表示一组数据项，如一星期有 7 天，至少需要一个 3bit 的编码才能分别表示它，一年有 12 个月则至少需要一个 4bit 的编码才能分别表示每个月。除此之外，一个高效率的编码（Efficient Codes）是指一个编码不但能够分别表示一组数据项，而且它在运作（如运算、储存和传输）上的损耗是最低的。比如考试成绩分布在 0~100 分之间，用一个 6bit 的编码只能表示 64 个不同的分数是不够的，然而使用一个 8bit 的编码虽可以表示 256 个不同的分数，足以涵盖 0~100 分，但其中 156 个分数会因为用不到而浪费。在此情况下，使用一个 7bit 的编码（128 种组合）既能涵盖 0~100 分，又浪费最少。

如何选用能够最有效率地表示不同媒体数据项的数字编码在多媒体应用上是非常重要的。为了确保媒体数据的品质以及持续的扩充性，需要采用比较有弹性的数字编码。例如起初的美国信息交换标准码（American Standard Code for Information Interchange，ASCII）只用了一个 7bit 的编码，就足以表示计算机所需的文字、数字和符号如图 2.1 所示。后来为了扩充表示希腊字母、逻辑运算符等其他特殊符号，又推出了扩充美国信息交换标准码（Extended ASCII）或 ASCII-8 码。此码有 8bit，比原始的 ASCII 多了 128 个表示组合。之后又推出万国码（Unicode），它是一

ASCII（美国信息交换标准编码）表

字符	二进制	十进制	十六进制	字符	二进制	十进制	十六进制	字符	二进制	十进制	十六进制
回车	0001101	13	0D	?	0111111	63	3F	a	1100001	97	61
ESC	0011011	27	1B	@	1000000	64	40	b	1100010	98	62
空格	0100000	32	20	A	1000001	65	41	c	1100011	99	63
!	0100001	33	21	B	1000010	66	42	d	1100100	100	64
"	0100010	34	22	C	1000011	67	43	e	1100101	101	65
#	0100011	35	23	D	1000100	68	44	f	1100110	102	66
$	0100100	36	24	E	1000101	69	45	g	1100111	103	67
%	0100101	37	25	F	1000110	70	46	h	1101000	104	68
&	0100110	38	26	G	1000111	71	47	i	1101001	105	69
'	0100111	39	27	H	1001000	72	48	j	1101010	106	6A
(	0101000	40	28	I	1001001	73	49	k	1101011	107	6B
)	0101001	41	29	J	1001010	74	4A	l	1101100	108	6C
*	0101010	42	2A	K	1001011	75	4B	m	1101101	109	6D
+	0101011	43	2B	L	1001100	76	4C	n	1101110	110	6E
,	0101100	44	2C	M	1001101	77	4D	o	1101111	111	6F
-	0101101	45	2D	N	1001110	78	4E	p	1110000	112	70
.	0101110	46	2E	O	1001111	79	4F	q	1110001	113	71
/	0101111	47	2F	P	1010000	80	50	r	1110010	114	72
0	0110000	48	30	Q	1010001	81	51	s	1110011	115	73
1	0110001	49	31	R	1010010	82	52	t	1110100	116	74
2	0110010	50	32	S	1010011	83	53	u	1110101	117	75
3	0110011	51	33	T	1010100	84	54	v	1110110	118	76
4	0110100	52	34	U	1010101	85	55	w	1110111	119	77
5	0110101	53	35	V	1010110	86	56	x	1111000	120	78
6	0110110	54	36	W	1010111	87	57	y	1111001	121	79
7	0110111	55	37	X	1011000	88	58	z	1111010	122	7A
8	0111000	56	38	Y	1011001	89	59				
9	0111001	57	39	Z	1011010	90	5A	{	1111011	123	7B
:	0111010	58	3A	[	1011011	91	5B	|	1111100	124	7C
;	0111011	59	3B	\	1011100	92	5C	}	1111101	125	7D
<	0111100	60	3C	]	1011101	93	5D	~	1111110	126	7E
=	0111101	61	3D	^	1011110	94	5E				
>	0111110	62	3E	_	1011111	95	5F				

图 2.1 美国信息交换标准码表 ▷

个 16bit 的编码，可以表示 65536 个不同的符号，足以涵盖世界上所有语言所需的文字和符号。图 2.1 所示为美国信息交换标准码表。

2.1.2 数字化文件

一个计算机文件包含了一堆 0 和 1 二位码。这些码包括用来控制开启 / 关闭 / 运算计算机的指令、程序以及运算数据，这些二位码就是计算机的通用语言。计算机从文件中读取指令，依照指令处理和运算数据。文件格式（File Format）指定如何将这些指令和数据进行编码。如果没有特定的文件格式，这些二位码只是一连串的 0 和 1 数字并没有任何实际意义。

1. 文件大小和文件扩展名

文件的大小（File Sizes）取决于文件内的字节数，一般使用千字节（Kilobyte，KB）、兆字节（Megabyte，MB）、吉字节（Gigabyte，GB）以及太字节（Terabyte，TB）为单位。由于计算机使用的是二进位系统，所以它的储存值为 2 的幂。例如 1000 的有效值是 2^{10} 也就是 1024，因此千字节实际上是 1024 字节。相同地，兆字节是 2^{20} 也就是 1048576 个字节，而吉字节大约有 10 亿字节。

文件扩展名（File Extensions）是用一串字母来指定文件的格式。一般是在文件名之后加一个 "." 号以及 2~4 个字母。例如，".exe" 代表一个程序执行文件，".html" 代表一个网页文件。表 2.1 所示为常用的多媒体文件扩展名。文件扩展名对多媒体开发很重要。因为它能让开发人员很容易识别文件的类别。除此之外，计算机的操作系统（Operating System）也能由文件扩展名直接找到相对应的执行程序来开启和执行此文件，这样开发人员不必记住文件格式以及寻找适当的执行程序。

表 2.1 常用多媒体文件扩展名

扩展名	文件类型
txt	文本文件
doc、docx（2007 版）	Word 文件
ppt、pptx（2007 版）	Powerpoint 文件
xls、xlsx（2007 版）	Excel 文件
htm、html	网页文件
mp3、wav、wma	音频文件
avi、mpg、rmvb、rm	视频文件
pdf	电子书文件
fla	Flash 源文件
swf	Flash 动画文件
psd	Photoshop 文件
gif、tiff、jpg、bmp	图像文件

2. 文件兼容性和文件转换

虽然数字计算机都使用二位编码，但它们并不一定使用相同的码。不同的计算机系统或平台（Platforms）使用不同的硬件和软件。一个文件可能用于某个计算机平台，但不能用于另一个平台。例如，一个用于微软视窗平台（Window PC）的文件便无法在苹果麦金塔计算机平台（Macintosh）运行。对于多媒体开发人员而言，确保文件的兼容性（Compatibility）是设计过程中需要着重考虑的方面，以便文件可在不同的计算机平台上运行。

程序文件（Program Files）内含执行计算机的指令，包括操作系统（Operating Systems），如 Windows 和 OS X；程序语言如 Java 和 C++；以及应用软件，如 Word 和 Photoshop。一般而言，使用于某一特定计算机平台的程序文件是无法在另一个计算机平台上执行的。然而多媒体开发人员通常会使用多种计算机平台，最常用的两种计算机平台是 Windows 和 MacOS。他们需要确保文件在这些不同的计算机平台上都能兼容运行。

数字媒体数据文件（Data Files）包括文字、图像、声音、视频和动画，有两种兼容性考虑。第一是考虑文件格式是否能跨平台兼容（Cross-Platform Compatible），一个文件如果不是跨平台兼容，则只能在其特定的平台上运行，而无法在其他平台上运行。如微软提出 BMP 图像格式，苹果则提出 PICT 格式。这两种格式是不兼容的，在微软平台上使用的 BMP 图像文件无法直接在苹果平台运行，必须先将 BMP 文件转换成 PICT 格式后，才能使用苹果平台来运行。如果要同时在微软和苹果平台上运行，可以选用兼容平台的 TIFF 文件格式。第二是考虑在同一个平台上。不同的应用程序能否处理某个格式的数字媒体数据文件。数字媒体开发人员通常会使用不同的媒体应用软件来生产、修改、编辑他们的作品。他们必须确定选用的文件格式能够被这些不同的应用软件接受并执行。比如 TIFF 格式能够被绝大部分的媒体应用软件接受，因此是个不错的选择。选用一些新的影像文件格式，如 PNG（GIF 的竞争对手）则需要注意，可能有些应用软件无法兼容。

如果文件不兼容，可以通过文件转换（File Conversion）将一种文件格式转成另一种格式。文件转换可使用某些特定的应用软件或用一般多媒体应用软件的"save as"功能转换文件格式。比如用扫描器截取一 TIFF 的图像，然后使用 Photoshop 打开此文件并将它储存为可使用于网络（Web）的 JPEG 的图像。

3. 文件维护

开发多媒体应用或产品通常会使用许多不同格式的媒体文件，如何保存原始文件和衍生文件非常重要。合理的文件维护（File Maintenance）方法可在修改或更新多媒体产品时节省很多搜索媒体文件的时间。在转换文件时，也可能会修改或损失一些原始数据，因此保存原始文件是十分重要的。

有效的文件维护包括 3 个主要步骤：识别（Identification）、分类（Categorization）和保存（Preservation）。依据文件的内容特性来定义文件名是一种有效的方式，这可以让多媒体开发人员很容易找到相关的媒体文件。除此之外，使用标准文件扩展名也可以很容易识别文件的格式。如"张三 _ 相片 .gif"是一个名叫"张三"的"相片"GIF 图像文件。

分类是将一些相关的文件聚集起来存放在同一个文件夹中。比如所有的图像文件可存放在同一个文件夹中，视频文件则存放在另一个文件夹中。也可以依据编辑的特性来分类。比如所有的原始图像文件可存放在"原始图像"文件夹中，修改过的图像文件则可存放在"修改图像"文件夹中。

保存包括准备和储存备份数据。保存需考虑储存器的持久性和可及性，重要的文件最好多存放在几个不同的地方，这样比较保险。

2.1.3　数字化

数字化（Digitization）是经由取样（Sampling）将模拟数据转换成数字数据格式的过程。多媒体工作人员通常会使用计算机平台以及各种不同的媒体材料进行设计开发。这些材料如声音、图像和视频，通常以连续信号或模拟的方式表示和储存。为了能使用计算机处理这些材料，必须将这些模拟数据转换成数字数据。比如使用 ASCII-8 编码可使用"0110110101100101"表示"me"。

取样过程分析图像和声音的模拟信号并将其分割成一系列的小元素或样本，再将每一个元素转换成数字编码。一个图像或声音信号被分割成很多的数字码样本，可以把它们重新组合并还原成原来的模拟信号。比如，图 2.2 所示的一个声音模拟波形，每隔一个时间段 t，对其振幅（Amplitude）取样并将它转换成数字编码。一个声音模拟信号可以用一连串的数字码代表。计算机可以处理这些数

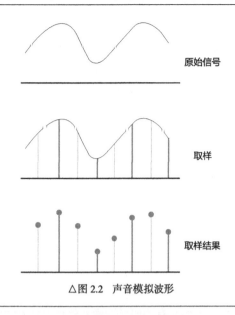

△图 2.2　声音模拟波形

△图 2.3　将图像切割成许多像素格子

字码并将它还原成原来的模拟信号。也可以在模拟图像上取样，比如相片，在不同的点上采取色彩样本并将它数字化。我们把一个图像切割成很多格子，每个格子称为一像素（Pixel）。每一像素代表一种色彩，在还原图像时，只需将此色彩填入相对应的格子内即可，如图 2.3 所示。

取样过程主要考虑两方面：取样分辨率（Sample Resolution）和取样率（Sample Rate）。取样分辨率是用来表示一个数字样本的比特数。比如 8bit 的取样分辨率用一字节来表示一个样本，则意味着有 256 种可能的表示组合，如果使用 16bit 的取样分辨率，则有 6 万多种表示组合。取样分辨率又称为取样深度（Sample Depth）。使用较高的取样分辨率可以更忠实地代表并还原原始的模拟数据，但也需要更大的数据文件来储存它。

在数字媒体再生时，取样分辨率会直接影响到另一因素，即量子化（Quantization）。量子化是以四舍五入的方式把取样值转换成最接近编码值的过程。所有的取样都会做一些量子化处理，主要原因是一个模拟信号都是连续的，而取样只能产生一系列离散的信号值，无法用有限次数的取样来撷取所有的模拟信息，也就是说，要将所有的取样值进

行量子化处理。换而言之，进行高质量的数字取样时，可产生与原始模拟信息几乎相同的数字化信息，在此情况下，量子化不会有任何问题。然而当取样分辨率很低时，量子化会造成很大的问题。比如一张黑白相片通常由成百上千的灰阶（Grey Scale）色彩所组成。当使用较低的取样分辨率时，可用较少的比特数来编码，也就是说，可表示的不同灰阶色彩数目也比较少。如此一来，一些灰阶样本必须经由量子化过程转成最接近的可使用的编码值。如果可表示的值太少，许多原始模拟信息将无法保存。比如使用 8bit 取样分辨率时，可以表示 256 种不同的灰阶色彩，而使用 2bit 取样分辨率的话，只能表示 4 种不同的灰阶色彩。图 2.4 所示为 2~256 取样分辨率的例子。

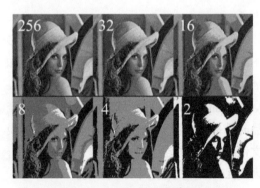

△图 2.4　一个 2~256 取样分辨率的例子

△图 2.5　较低取样率图像

△图 2.6　较高取样率图像

另一个要考虑的因素是取样率。取样率是指在一个时间／空间单位采取的样本数。比如声音取样率是以每秒几千个样本，也就是以 kHz（kilohertz）为单位。然而图像的取样分辨率是以空间为主，因而又称为空间分辨率（Spatial Resolution）。一般而言，空间分辨率可能从每英寸 72 个像素到几千个像素。当取样率比较低时，采取的样本数比较少，但常会忽略一些原始模拟信号的信息。当还原成原始信号时，常会造成不完整的呈现或又称为模糊（Fuzzy）的还原呈现，如图 2.5 所示。

选用不同的取样分辨率和取样率会直接影响还原成原始模拟数据的品质以及数据文件的大小。假如采用很高的取样分辨率和取样率，虽然在还原原始数据时可得到高质量的结果（见图 2.6），但是取样的数据文件也十分大。所以多媒体开发人员在开发产品时需考虑品质和文件大小的要求，以此决定适当的取样分辨率和取样率。

2.1.4　数字编码

数字媒体必须使用二位码方式表示和储存，它可以有两种来源：由原始的模拟数据转换成数字数据，以及直接生成数字媒体数据。一般媒体数据有两种数字编码方式：以描述

为基底（Description Based）和以指令为基底（Command Based）。使用以描述为基底的方式时，一个数字媒体数据文件包含了许多组成图像或声音的离散元素。如一个图像文件记录每一像素的色彩以及它映像的格子位置，可称这个图像文件为一个位图或点阵图式（Bitmapped）的图像。我们也可以将一个声音信息切割成一连串连续的个别声音振幅数据并用一个文件来记录这个样本声音（Sampled Sound）。

一个以描述为基底的媒体数字编码方式产生的文件通常都十分大，计算机需要较大的内存空间来储存这些文件，同时也需要较强的运算能力来处理这些文件。但是这种编码方式产生的文件十分适合修改一些细部媒体信息。虽然此方式的文件较大，但是当需要保存一些自然的原始声音或景象时，一般采用这种方式。

第二种是以指令为基底的数字编码方式。不同于以描述为基底将媒体信息先切割成大量个别离散的数据点，而后将这些数据点一一存入文件内的方式，以指令为基底的方式利用执行计算机指令的能力来产生数字图像和声音。如此一来，用此方式产生的文件只需要储存这些指令，而不需要储存大量的

个别数据点。如要画一个圆，可以编写一个程序存入文件，计算机可直接执行此文件中的程序指令在屏幕上画一个圆。同样可以用指令来表示不同的声音并将它们储存在文件中，计算机可执行此文件中的指令，通过它的软硬件组件产生相应的声音，又可将这种声音称为合成的声音（Synthesized Sound）。

使用以指令为基底方式产生的文件比以描述方式产生文件的大小要小得多。这对于一些有限频宽的应用，如网络应用而言是非常重要的优点。另一个优点则是使用以指令为基底的方式缩放对象比例时不会造成失真，而对使用以描述为基底的方式产生的位图文件，放大时会出现锯齿状图形失真的问题。虽然有这些优点，但是以指令为基底的方式并不适合用来产生比较复杂的自然媒体信息。一般而言，照片和人的声音比较适合使用以描述为基底的数字编码方法。

2.1.5 文件压缩

数字文件，尤其是以描述为基底数字编码方式产生的图像、声音以及视频文件常常会很大。比如，一个 800×600 像素的计算机屏幕显示 480000 个图像元素。当使用 24bit 的色彩分辨率时，需要 1.4MB 来表示一张图像。一个每秒由 30 张图像组成的视频，每秒有 42MB 的数据量，个人计算机难以处理、储存和传输如此大的数据量。

文件压缩（File Compression）是缩减数字文件大小的方法和过程。压缩文件常用的程序是编解码器（Compressor/DECompressor，CODEC），它可以将原始的文件以编码的方式缩小到比较小的版本。如此一来占用的储存空间就比较小，传输也比较快。它也可以解码的方式将压缩版本还原到可以使用的原始状态。

充分了解压缩的技巧和使用方法对于数字媒体开发人员十分重要。其原因有两个。第一，开发多媒体应用需要使用许多的媒体资料文件，而这些文件都相当大，需要占用相当人的储存空间。另外，数字媒体应用需要很频繁地通过网络传输媒体资讯，媒体文件的大小不但会直接影响传输的速度，也会影响到传输消耗的功率。传输消耗的功率会影响移动设备电池的寿命，这对移动设备是十分重要的。第二，选用不同的编解码器会直接影响媒体的质量。现在市面上有许多采用不同压缩技巧的编解码器。开发人员需要充分了解不同编解码器的特性以及优缺点，才能选用最适当的方式来实现他们的应用。

一般地，存在两种压缩方式：无损型（Lossless）和 有损型（Lossy）。使用无损型压缩方式的原始文件会经过编码产生比较小的压缩文件，此压缩文件也可解码还原成和原始文件一模一样的文件。比如，一个文字和数字的文件，如果在压缩和还原过程中遗漏了一个字母或数字，将会严重改变原来的意思。在这种情况下应该采用无损的压缩方式。

采用有损型压缩方式在编码时会删除一些不会影响文件内容的数据，在解码时不会还原这些被删除的数据。换而言之，经过编解码的文件会和原始文件不同且比原始文件小，但还是完整保存了原文件的内容。比如 MP3（Motion Picture Experts Group 1（MPEG1），Audio Level 3）声音文件格式因为采用了有损型压缩方式所以不但可以在移动音乐播放器，如 iPod 和 MP3 播放器上储存成百上千首音乐和歌曲，也可以很容易地在网络上传输高质量的音乐文件。一个激光唱片（Compact Disc，CD）的音效标准采用 16bit 的样本，这意味着对每个声音频道每秒采集 44100 个样本。假设一个包含左右声道的立体声音乐，每秒的音乐文件将有 1411200bit 的内容。而采用 MP3 格式压缩时，MP3 编解码器会分析声音文件，并将不会影响播放时声音质量的数据删除。比如，一般人的听力频率范围大约为20Hz~20kHz，MP3编解码器会将超过此频率范围的声音数据删除。这样不但可大幅减小文件的大小，还可以在还原播放时不影响声音质量。通常一个MP3的大小只有原始文件的1/12，即同样大小的内存可储存12倍的音乐文件，在网络上的传输速度也可提升12倍。

2.1.6　数字资料的优点和考虑

可以使用计算机对数字资料进行各种处理，使用某些数字媒体应用软件，如文字处理器和相片编辑器，可以直接对媒体数字资料进行各种运算、转换、编辑和传输。首先，传统的媒体模拟数据无法直接使用计算机进行处理，而是需要借助一些特定的设备。比如，要修改使用打字机打出的文件稿是十分困难的。其次，复制保存媒体模拟数据也是不容易的，比如，复制一卷录音带很难保证复制版和原始版完全一样，同时复制版的质量也可能因为不良的保存环境，如高温、高湿度而造成失真。另外，由于不同的媒体数据采用不同的格式，整合不同的媒体数据也是非常困难的，比如，替一个影片配乐，整合影片和音乐格式就是十分复杂的过程。

在数字媒体应用设计上，使用数字资料配合计算机软硬件运作有4个主要的优点。第一个优点是再制性（Reproduction），它可以很容易重复地被复制，也可以保存和原文件一模一样的数据。第二个优点是易于编辑（Editing），可以使用许多不同的应用软件进行编辑工作，比如，可以用微软的Word文字处理器修改和编辑文件，也可以使用Adobe Photoshop来修改和编辑照片。第三个优点是易于整合（Integration），多媒体应用设计从定义上来看就是要整合不同形式的媒体信

息进行某种应用设计，如果所有的媒体数据都采用通用的数字资料格式，就可轻易地使用计算机来读取和储存它们。虽然不同的媒体数据代表不同的媒体信息，比如声音和相片是不同的媒体信息。但是可以使用计算机对不同的媒体信息进行同样的处理运算，如此一来整合不同的媒体信息就变得容易多了。第四个优点是易于分送（Distribution），在过去，模拟媒体信息都需要通过如收音机、电视、电影等特定的设备和方法来分送传达到它们的客户群。然而这些特定的传达设备和方法都不同，也无法分享与共享。如果这些媒体都采用数字资料格式，就可以使用计算机储存，复制到只读光盘（CD-ROM）上并分享给他人使用。现在更可通过全球资讯网（World Wide Web，WWW）分享给世界上的每个人。

数字资料的优点众多，未来的媒体信息将以数字格式为主。数字媒体开发人员在设计时应该考虑以下方面。

（1）文件的大小。数字化通常会产生十分大的文件，尤其是动态的媒体信息如音乐和视频，一分钟高质量的音乐文件会高达10MB，而一分钟的高清影片更高达1.7GB。这对大部分个人计算机的储存和运算能力而言都是很大的负担和挑战。我们可以改进计算机的软硬件来改善这个问题。比如，在软件方面可使用新的压缩技术如MPEG2，把一个视频文件压缩到原文件大小的1/150，而且能保持高质量的画面。在硬件方面，可以使用不同的技术来扩充储存器的容量，比如，只读光盘可以储存650MB的数字资料，如果采用数字化通用磁盘（Digital Versatile Disc，DVD）可扩充至17GB的储存量，若采用蓝光光盘（Blu-Ray Disc）则储存容量可高达50GB。

（2）处理器的需求。许多数字化过程都

需要进行复杂的运算，比如设计一个如"阿凡达"或"少年派"那样的三维动画，不同的设计项目可能需要使用不同的计算机耗费几小时、几十小时、几天，甚至几十天的运算才能完成。有些复杂的设计项目甚至需要使用超级计算机才能执行。如何选用适当的处理器和相关计算机硬件，以完成设计并符合经济效益也是数字媒体设计的重要考虑因素之一。

（3）标准化的问题。数字媒体技术的发展竞争十分激烈，学术单位和业界公司不断推出新的技术、硬件和软件。除此之外，为了特殊的设计考虑，甚至为了自我保护的考虑，许多公司往往会制定一些特别的数据格式。比如某些应用软件只能在某一计算机平台上执行而无法在其他平台上执行，甚至某些媒体文件只能通过某特定的计算机平台读取，这造成了严重的不匹配（Incompatible）问题。数字媒体设计人员设计时需要从许多数据源中获得许多不同的媒体数据，因此必须确定这些数据格式和它们使用的设计平台，包括计算机软硬件是相匹配的。除此之外，设计团队最好在正式设计之前，将设计过程中需要读取、运算和产出的媒体数据格式进行完整规划，以免往后在设计过程中发生不匹配的窘境。

（4）频宽。当今的媒体信息大多采用通信网络（Communication Networks）分送传输，特别是全球资讯网和移动电话。频宽是指数字资料在某种通信媒介上传输的速度。早期的电话铜线的传输速率为56kbit/s，光纤可达到100Mbit/s。在无线网络上，蓝牙（Bluetooth）为2Mbit/s，Wi-Fi为54Mbit/s，4G移动电话可高达100Mbit/s。一般媒体文件都相当大，设计时需考虑采用哪种传输方法以及它的频宽，以免传输太慢。

（5）保存。虽然数字数据比模拟数据容易保存，但仍然需要考虑这些长期储存装置，如磁带和光盘的持久性和可靠性。规划好目录以方便用户搜索，要规划好准备多少备份复制以及保存的方式。不同的组织机构有不同的保存需求，比如，政府、医院有较高的要求，还应考虑天灾等意外，所以需要多准备备份并存放在不同的安全地方。另一个重要的考虑因素是是否还保存一些适用的软硬件用来读取并运行储存在早期储存装置上的数字数据。由于计算机软硬件技术在不断进步，一些使用了一段时间的储存方式可能就被淘汰了，如果没有原来的软硬件装置，以前使用此装置储存的数字资料便无法再读取出来，比如，以前3.5英寸的软盘（Floppy Disk）是常用的储存装置，光盘发明后，软盘逐渐被取代而淘汰，但是许多数字数据仍然保存在软盘之中，然而今天的个人计算机已不提供软盘硬件，必须有3.5英寸的软盘硬件以及相关的驱动软件才能使用个人计算机来读取这些数据。

小结

现代数字媒体应用主要运行在计算机和网络平台上。本章首先介绍了传统的模拟数据以及现代的数字数据。模拟数据是由连续的信号组成，数字数据则是由不连续的离散信号组成的。数字数据是一个以二为底的表示法，而比特是它的基本元素。使用数字编码过程可以指定比特来表示数据项，而有效编码是涵盖所有数据项所需最少比特数的编码。

数字文件只是一连串的0和1两个数字，必须依循事先预定的文件格式进行编码，计算机才能从文件中读取指令和数据。文件的大小取决于文件内的字节数。文件扩展名是用一串字母来指定文件的格式，使计算机的操作系统知道文件属于什么类型，也能由文件扩展名直接找出对应的执行程序来读取和执行此文件。不同的计算机平台可能使用不同的软硬件，使用的编码也可能不同。换而言之，一个文件可以在某个平台上运行，换另一个平台则可能无法运行。因此，需要考虑文件的兼容性，以确保文件可以在不同的平台上运行。如果文件不兼容就可以使用文件转换过程将文件格式转换成另一种格式。最后，开发多媒体应用时需要注意文件维护的工作，有效的文件维护包括 3 个主要步骤：识别、分类和保存。由于开发多媒体应用通常会使用许多不同格式的媒体文件，如何有效保存原始文件和衍生文件是非常重要的。

数字化是通过取样将模拟数据转换成数字数据格式的过程。取样过程主要要考虑两个方面：取样分辨率和取样率。取样分辨率是用来表示一个数字样本的比特数，取样率则是在某一时间段内取样的数目。使用较高的取样分辨率和取样率可以更忠实地代表并还原原始的模拟数据，但也需要比较大的数据文件来储存它。在数字媒体再生时，还要考虑量子化的影响，尤其是取样分辨率很低时，原始模拟信息将无法保存。选用不同的取样分辨率和取样率会直接影响还原成原始模拟数据的品质以及数据文件的大小。因此，在开发产品时需要考虑品质和文件大小的要求，选用适当的取样分辨率和取样率。

数字媒体可能有两种来源：由原始的模拟数据转换成数字数据和直接产生数字媒体数据。一般媒体数据有两种编码方式：以描述为基底和以指令为基底的方式。以描述为基底的编码，它的数据中包含了许多组成图像或声音的离散元素，又称之为点阵图。这类数据文档通常都十分大，但适合修改一些细部媒体信息。以指令为基底的编码则执行计算机指令来产生数字图像和声音，这种文件比描述方式产生的文件小，而且缩放图像时不会造成锯齿状失真，但是不适合用来生成比较复杂的自然媒体信息。

压缩是缩小数字文件大小的方法。压缩文件占用的储存空间比较小，在网络传输上也比较快，除此之外，传输消耗的功率也比较少。一般有无损型和有损型两种压缩方式。使用无损型压缩时，原始文件经过编码产生比较小的压缩文件，此压缩文件通过解码还原成和原始文件一模一样的文件；采用有损型压缩时，在编码时会删除一些不会影响文件内容的数据，但是在解码时也不会还原这些被删除的数据。充分了解压缩的技巧以及选用适合的压缩方法，对开发数字媒体应用十分重要。

在数字媒体应用设计上，使用数字数据配合计算机软硬件运作有 4 个主要的优点。

（1）容易复制保存。

（2）易于编辑。

（3）易于整合不同形式的媒体信息。

（4）易于通过光盘和网络分享给他人。

在使用数字数据进行多媒体应用时，设计人员还需要参考以下几个方面的问题。

（1）文件的大小。

（2）处理器的需求。

（3）数据文件匹配和标准化的问题。

（4）传输频宽的问题。

（5）保存持久性和可靠性的问题。

2.2　设计手段

设计手段能体现数字媒体艺术表达的通道，由观念、理念到付诸实践是漫长的内在转化的过程。在这个过程中，不仅思维模式起着极其重要的作用，而且由于数字媒体是融合了多种媒介的综合表现，对不同媒介的不同语言也应该较为深刻地理解与灵活运用。在此基础上，艺术表现需要强调统一而鲜明的形式和风格，特别是在综合多种媒介通道的数字媒体艺术设计领域，通过不同通道传达同一种理念是极为重要的，这是保持统一性的重要基础。随着媒体形态的快速发展与转变，传播方式也随之改变，这也为数字媒体艺术设计的思维形成、表达语言等开拓了新视野。

2.2.1 创意思维

创造性思维是一种求异思维，是获得创造力的关键思维模式。在斯滕伯格的"创造力三维模型理论"中指出了与创造力相关的三个维度：第一维是指与创造力有关的智力维；第二维是指与创造力有关的方式维；第三维是指与创造力有关的人格特质。其中的第一维涉及的智力又分"内部关联型智力""经验关联型智力"和"外部关联型智力"3种。内部关联型智力是指与个体内部心理过程相联系的智力；经验关联型智力是指与已有知识经验相联系的智力；外部关联型智力是指与外部环境相联系的智力（包括适应、改造和选择环境的能力）。

创意思维按思维内容的抽象性可划分为具体形象思维和抽象逻辑思维；按思维内容的智力性可划分为再现性思维与创造性思维；按思维过程的目标指向可划分为发散思维（即求异思维、逆向思维）和聚合思维（即集中思维、求同思维）；按思维过程意识的深浅可划分为显意识思维和潜意识思维等。

创意思维与一般思维比，有以下4个特点。

（1）创意思维是提出新创见的思维，需要创造主体从新的思路出发认识问题，从而产生新观念和意识。

（2）创意思维在创造过程中，结合已有的知识经验，利用想象力在脑中形成新形象，想象力是主要因素。

（3）创意思维是逻辑与非逻辑思维的结合，通常都会有直觉、顿悟、灵感等心理状态。

（4）创意思维是扩散思维（Divergent Thinking）与收敛思维（Convergent Thinking）

的统一。

1．设计中的创意思维

不同于自然科学，设计关心的不是事物已有的形态，而是事物应有的形态，因此，设计可以作为跨学科的沟通工具，所有涉及创造、解决问题、做出选择以及综合分析的职业都和设计思维有关。设计思维正是人类在创建远景上体现出来的独特能力。

设计的灵魂在于创新，创新能力的内在驱动是创新构思中的思维活动，思维活动是人的心理活动的高级形式，是人借助语言对客观现象间接、概括的反映，具有创新能力和方法的思维活动，也就是设计过程中的创意思维。创意思维是在思维方法、思维过程等方面具有独创性的思维活动。创意思维的养成能使设计师掌握创新的方法，养成创新思考的习惯，突破常规思维，产生创造性的成果。

设计过程就是在给定的环境中，创建结构、功能的过程，其关键在于整体思维的迭代。

创新的设计过程一般包含以下几个阶段：

（1）准备阶段。准备阶段从提出问题，或者说明确问题开始。问题的性质、界限、核心关键点是这一阶段需要理清的。配合收集数字资料，试图使之概括化和系统化，形成明确的认知。

（2）酝酿阶段。明确设计主题后，收集相关的信息、资料并整理加工。期间试探性地解决问题，通过"草图"这种"反应猜想"的手段，展开对设计主题的对话，不断提出新的假设和可能性。人的思维常常不着边际，长期徘徊在某一个问题上以致茫然无措，而通过思维方式的训练，通常能在这个阶段寻找不同的创新结合点，从不同的观察视角和不同的切入点来发散主题创新度方面，并通过草图迭代使思维从不成熟到成熟，从不完善到完善。

（a）一个包含多个单独内容的图像　　　　　　　　　　（b）日常生活中的发现

△图 2.7　富有创意的观察

（3）顿悟阶段。经过充分地酝酿之后，在头脑中突然跃出新的构想，使问题接近答案。这是大脑神经网络中的递质和受体、神经元的突触之间的由某种信息激发出的由量变到质变的状态，即神经网络回路中新增一条通路，在相应神经递质中新增一项功能。

（4）验证阶段。是在获得解决问题构想的基础上，从理论或实践角度反复论证和修改的阶段，它验证解决方案的合理性和严密性。

2．创意思维能力的培养

培养创意思维能力不是简单的事，它建立在多种能力综合发展的基础之上，这些方面的任一环节有不足之处，都会影响到创意思维的发挥。

（1）观察力

观察力是一种特殊形式的感知能力，是人在感知活动过程中通过眼、耳、鼻、舌、身等感觉器官准确、全面、深入地感知客观事物特征的能力。观察力作为一种特殊形式的感知能力，是人类认知能力的重要组成部分。人类对事物的认知程度和水平，与这种能力的强弱有很大的关系。观察力的品质表现为观察的敏锐性、准确性、全面性、深刻性和客观性，是创造性思维活动的开端，决定了人们能否创造性地发现问题、提出问题和解决问题。因为善于观察的人善于发现问题，所以观察通常是与思考同时作用于一个对象的，一边看一边想，才是真正的观察。"看到所有人都能看到的东西，但是却能想到别人想不到的东西。"观察为创意思维提供丰富的感性材料（见图 2.7（a））。为问题的发现奠定良好的基础（见图 2.7（b））。罗伯特·鲁特·波恩斯坦说过："对一个事物进行描绘的行为能够加强我们的注意力，使我们的注意力能够覆盖整个现象……所以，所有伟大的观察者都很善于画草图，这就没有什么可以奇怪的了。"因此，草图作为训练观察力的方法，是在艺术与设计过程中的一个常用的手段。

（2）记忆力

记忆力是识记、保持、再认识和重现客观事物反映的内容和经验的能力（见图 2.8）。记忆为创意思维活动的顺利进行提供信息资源和原始资料。已有的知识作为创意思维的出发点，在知识进行横向连接，跨时间维度对照等触发创新的过程中，记忆力是创意思维发生的土壤。贫乏的记忆会降低创意思维的速度，影响创造活动的效率。反之，记忆唤起的经验越丰富、越准确，创意思维和想象的内容就可能越丰富。

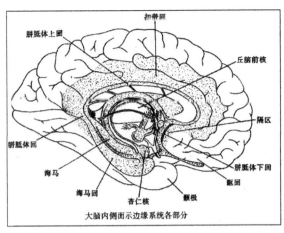

大脑内侧面示边缘系统各部分

△图 2.8　与记忆力有关的大脑构成

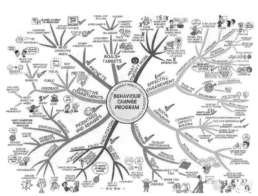

△图 2.9　字表现的思维导图

（3）联想力

人们由一种事物的时间、空间、性质和状态等特征，回忆或再现另一事物的心理过程，就是联想。联想是创意思维的重要诱因，也是保证思维过程顺利进行的重要条件。通过一定的训练可以提高联想能力，特别是在思维的灵活性和独创性方面。图 2.9、图 2.10 所示为两种思维导图的表现类型。由一个事物为起点，联想得越远，发散得越广，就越有创新基础，也就意味着联想的能力越强。在设计活动中，联想力越强，就越表现出思维灵活、触类旁通、举一反三的特征。

△图 2.10　图像表现的思维导图

（4）想象力

想象力是人们在已有形象的表象基础上，在头脑中创造出新形象的能力，它是思维的

高速列车，属于最高级思维。它介于感性和理性之间，在人的判断认知方面起着不容忽视的重要作用。

想象可以分为再造想象和创造想象。再造想象是以语言的描述或语言的示意，在大脑中再创出相应新形象的心理过程。创造想象是根据一定的目的和任务，在头脑中独立地创造出新形象的心理过程。图 2.11 所示为想象力训练的示例。想象力的训练有一些具体的方法，下面简单介绍三种设计中常用的训练方法。

（a）以剪刀作为基础形态进行创造

（b）以指纹为基础的图形创造

△图 2.11　想象力训练的示例

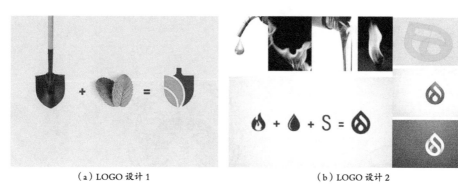

（a）LOGO 设计 1　　　　　　（b）LOGO 设计 2

△图 2.13　运用重象手法设计的 LOGO

① 使用变象方法进行想象。现实中有很多事物的发展过程是渐变的过程，反映到造型艺术中，就是利用近似形，使形象转变。人们可以把任何一个形象变成另一个形象，以此来表达意识的转化。这种形象结构的变化注意外形结构，而不考虑内形结构，注重渐变的整体秩序和效果。这似乎是不合情理的结构，但其意义合乎逻辑，是一种创意的设计形式。图 2.12 所示为运用变象手法创作的图像作品。

△图 2.12　1938 年埃舍尔所作的《昼与夜》

② 使用重象方法进行想象。几种不同的形象按照一定的内在联系与逻辑重新组合，构造一个新的形象就是"重象"，也就是合情不合理的"张冠李戴"。用这种似乎不合理的奇异的组合构想，能完美地表达合乎逻辑的寓意，生动有趣，含意深刻，产生特殊的情趣。

图 2.13 是运用重象手法设计的两个 LOGO，及其设计过程。

③ 结合音乐进行通感的想象。听一段或几段音乐，根据自己对音乐的感受进行想象，将自己的想象用抽象的线条、明暗或色彩表现出来，既要注意单独的线条、明暗或色彩效果，更要注意整体画面的效果是否符合自己对这段音乐的想象（见图 2.14）。

△图 2.14　音乐的图像联想

3．思维的类型

按思维对象不同，思维可以分为形象思维和抽象思维，按思维的过程不同，思维可以分为发散思维和收敛思维。

（1）形象思维

形象是关于感受、体验的，与形象思维相对应而存在的哲学概念是逻辑思维，指的是一般性的认识过程，其中更多的是理性的理

（a）以龙为基础形的香港城市标志设计　　　　　（b）以凤凰为基础形的凤凰卫视标志设计

△图 2.15　用具象图形演化抽象的图形化标志

解，而不多用感受或体验。在设计与艺术创作过程中，随着形象、情感、联想和想象，通过事物的个别特征把握一般规律。形象思维的过程始终伴随着"形象"，是通过"象"来构成思维流程的，因此整个思维过程离不开想象和联想。想象和联想的起点都在于客观事物或现象的外在特点和具体形象，从具体的形状、颜色、特征在大脑中的印记展开并延伸开。设计中的很多关键构思都是形象思维。图 2.15 所示为两个用具象图形演化并抽象的图形标志。

基于视觉表象的想象又称为视觉想象或视觉思考。人的大脑有一个重要功能，就是能凭借视觉想象进行思考。也就是说，人在思考时能根据需要，在大脑构造出某种图形或抽象概念、感性外观的视觉想象，这些视觉想象物能移动、旋转、变化并且被分析。人的视觉想象力越强，视觉想象物及其运动在大脑中就越清晰。很多研究都发现，视觉想象的能力与科学工作、工程设计事业成功之间有重要的联系。

第一台可以工作的交流发动机和发电机的发明者尼古拉·斯特拉说过"当我有一个想法的时候，我立即开始在自己的想象里发展这个想法。我改变结构、进行改良，并在自己的头脑里操作这个设备。至于是在大脑里转动涡轮，还是在实验室里转动涡轮，这对我来说绝对没有任何区别，我甚至能知道它是不是不够平衡。"

形象思维的技巧能够通过练习而学会和提高。麻省理工大学的伍迪·弗拉伍斯讲授想象技巧，还有斯坦福大学的罗伯特·麦克金讲授视觉思考，这些大师的课程都表明了设计、画图、作图、绘画和摄影的任何正式训练都能提高成年人的视觉想象技能。

（2）抽象思维

抽象思维又叫逻辑思维，凭借科学的抽象概念反映事物的本质和客观世界发展的深远过程，使人们通过认知活动获得远远超出凭感觉器官直接感知的知识。科学的抽象是在概念中反映自然界或社会物质过程的内在本质的思想，它是在对事物的本质属性进行分析、综合、比较的基础上，抽取出事物的本质属性，撇开其非本质属性，使认知从感性的具体进入抽象的规定，形成概念。

形象思维和抽象思维是人脑不同部位对客观实体的反映活动，左半脑是抽象思维中枢，右半脑是形象思维中枢，两半球通过脑桥的大量神经纤维互相连通。

在思考问题的过程中，酝酿阶段和顿悟阶段实际上和左右半脑的合作状态有关。当

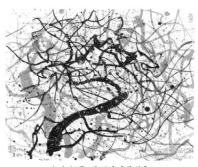  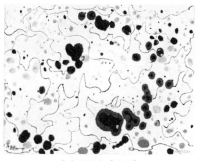

（a）彩墨 吴冠中《紫藤》　　　　（b）吴冠中《松魂》　　　　（c）吴冠中《流逝》

△图 2.17　吴冠中的抽象艺术作品

人处在外界环境刺激较多时，大脑左半球的活动活跃，右半球受到抑制；但走路、处于黑暗的环境、听音乐时，逻辑思维被抑制，而形象思维发挥作用的右半球比较活跃。当比较彻底地阻断外部刺激，完全陷入深度思考时，左右两半球的功能能够得到高度的统一和协调，这时候最容易迸发灵感。因为此时，负责高级神经活动的新大脑皮层得到抑制，而与人的本能有关的旧皮层的机能活跃起来了。图 2.16 是通过较为抽象的方式运用数图的基本框架对抽象思维进行梳理和表现。图 2.17 是艺术家吴冠中先生的高水准的抽象艺术作品。

△图 2.16　树形信息图表

（3）发散思维

具有发散特性的思维是指信息处理的途径灵活多变，和结果的丰富多样。它是一种开放性的立体思维，即围绕某一问题，沿着不同方向思考探索，重组眼前的信息和记忆中的信息，产生新的信息并获得解决问题的多种方案。因此，也把发散思维称为求异思维。它是一种重要的创造性思维。

发散思维是一种求出多种答案的思维方式，其特点是从给定的信息中产生多种信息输出。这种思维的过程是：以待解决的问题为中心，运用横向、纵向、逆向、分合、颠倒、质疑等方向，考虑所有因素可能导致的后果，找出尽可能多的答案，从中找出最佳答案，以便最有效地解决问题。

衡量发散思维质量的指标有几个方面：流畅性、变通性（能否摆脱思维定势的影响，从不同的角度考虑问题）和独创性（得出不同于他人的奇思妙想）。图 2.18 所示为帮助思维发散的两种思维导图形式。

（4）收敛思维

归纳是人类发现真理的一种基本的、重要的思维方法。著名数学家高斯曾说过："我的许多发现都是靠归纳取得的。"著名数学家拉普拉斯指出："分析和自然哲学中许多重

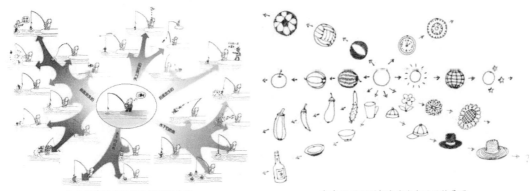

（a）从事件角度发散的思维导图　　　　　　（b）从图形创想角度发散的思维导图

△图2.18　帮助思维发散的两种思维导图形式

大的发现，都归功于归纳方法……牛顿二项式定理和万有引力原理，就是归纳方法的成果。""在数学里，发现真理的主要工具和手段是归纳和类比。"归纳是在通过多种手段（观察、实验、分析、计算……）在对许多个别事物的经验认识的基础上，发现其规律，总结出原理或定理；归纳是从观察到一类事物的部分对象具有某一属性，而归纳出该事物都具有这一属性的推理方法。或者说，归纳思维就是要从众多的事物和现象中找出共性和本质的东西的抽象化思维。也可以说，归纳是在相似中发现规律，从个别中发现一般。从数学的发展历程中可以看出，许多新的数学概念、定理、法则……，都经历过积累经验的过程，从大量的观察、计算中归纳出其共性和本质的东西。

收敛思维是以某种研究对象为中心，将众多的思路和信息汇集于这个中心点，通过比较、筛选、组合、论证，得出现存条件下解决问题的最佳方案的思维方式，图2.19（a）所示为收敛思维的过程。收敛思维是深化思考和挑选设计方案时常用的思维方式。因为在设计过程中，仅有发散并不能有效解决问题，所以发散之后还需收敛，这两种思维的组合构成了创新思考的循环过程。图2.19

（b）所示的模型借用了设计思维（Design Thinking），其核心思想是首先定义是什么和为什么，然后定义怎么做；先发散再收敛，不断探索与聚焦。

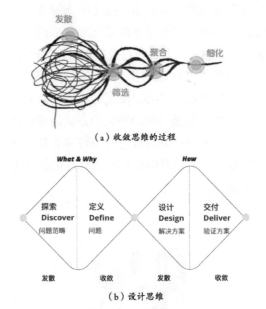

（a）收敛思维的过程

（b）设计思维

△图2.19　思维过程模型

2.2.2　艺术语言

1. 形式语言

（1）图形的基本元素——点、线、面、体、空间

点、线、面是设计造型语言中的基础语

△图 2.20　草间弥生 Yayoi-Kusama 及其艺术作品

△图 2.21　由三角形的点构成的作品

汇，类似于文学中的字、句、段落，是一切形态抽象后的基本构成。由二维空间拓展到三维空间则可以将点、线、面拓展为点、线、面、体、空间。点是点、线、面关系中的最小单元，由其移动而形成线；由线的移动形成面；由面的移动形成体；在体的内部形成空间。反之体与体交接之处是面的所在；面与面转折之处是线的所在；线与线相交之处是点的所在。因此，从个体角度单独来看点、线、面有助于理解设计的构成方法。

在几何学中，点只有位置而没有大小，如点是线的开端和终结，点在两条线的相交处。而在造型学中，"点"是一切形态的基础，是构成形体最基本的单位，是造型基本元素中最小、最简洁、最单纯的形态。造型学中的点具有形态特征和大小特征，并且在比较的环境中得以确定自己的位置和特征，因此它的存在会起到提醒的作用。例如，空旷环境中的一所房子，可以看作是一个点，这所房子非常醒目是由周围环境的对比衬托出来的。草间弥生是一个典型的运用点元素进行艺术表现的艺术家，图 2.20 所示为她本人及其作品。在点的表现和运用中，构成学中的点没有形状的具体规定，图 2.21 就是用三角形的点构成的作品。

在几何学中，线是点的移动轨迹，具有位置及长度，而无宽度和厚度，同时也是面的边限和交界。线的平行排列可产生面的感觉，线的旋转排列还可以产生体和空间。在造型学中，线不仅具有位置、长度，还应有粗细、肌理等变化。线有一定的宽度就有了表现力，但是线过宽就成了面，或线密集排列就成了面。线通过体量感与其他形态对比才能予以认定。图 2.22 是日本建筑设计大师隈研吾的作品，从材料上是运用竹子构建的建筑空间，从构成角度上看就是线形的构成。图 2.23 是一组以线为主构成的作品，线的表现形式丰富多变，能够展现出多样的面貌。

△图 2.22　竹屋

（a）由树皮抽象的直线构成

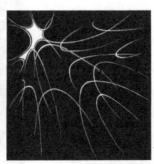
（b）由牵牛花花瓣纹理抽象的曲线构成

（c）曲线和直线的混合构成

△图2.23　以线为主构成的作品

在几何学中，面是"线的移动轨迹"，也是"立体的局部二维构造"或"剖面"。在造型学中，面有位置、方向和形状，它具有长、宽两度空间。平面造型中的面，总是以形的特征出现。面可以由线条封闭形成，也可以是由密集的点、线或较小面组合形成。由此也会形成实体面和网状面两种类型，在两个体相交处也会形成面的形态，这类面具有一定的空间性，而不是简单二维空间上的面。面是二维空间表现中不可或缺的重要角色，任何二维表现都离不开面，适当的面的应用能在二维空间中营造出空间感，也成为二维设计表现中最具趣味和吸引人的部分。图2.24所示是艺术空间中对面的表现，不同面的形态给人传达了不同的情感。图2.25是面的多样化的构成，足够密集的线构成了面，线的变化展现了面的转折。

（a）空间中的曲面

（b）空间中的平面

△图2.24　空间中面的表现

（a）面的交错构成

（b）由树叶形态抽象出的弯曲的面

（c）由树皮形态抽象出的面的组织关系

△图2.25　面的多样化构成

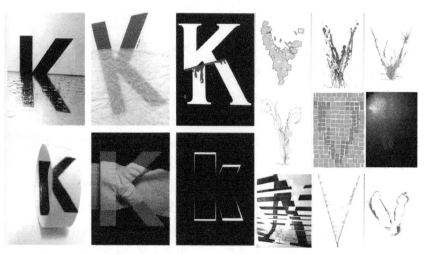

△图 2.27　肌理训练中对不同材质肌理的尝试

（2）质感与肌理

在日常生活中，不同的物体由于其内部组织结构的不同，呈现出不同的表面纹理。人通常通过视觉的观察和皮肤的触感来感知物体材质上的差异。由于日常的生活经验，人们累积了丰富的视觉和触觉相关联的感知，这种感知经验通常会唤起人们对于对象的某种感觉与情绪。这一设计手段可以概括为质感和肌理的运用。图 2.26 所示为日常生活中的几种肌理与材质。图 2.27 所示为运用肌理和质感的手段对基础形态进行的表现。

（a）飞白的肌理

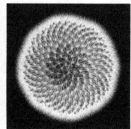
（b）植物自然的肌理

（c）通过人的加工形成的肌理　◁图 2.26　各种肌理表现

肌理的描述与表现主要是通过视觉和触觉这两种感官手段。生活中各种物体都有其特有的肌理，自然界中不同的树木品种也表现出不同的肌理，香樟树和椰子树就有着截然不同的树皮肌理。这类肌理感觉主要是通过手的触摸累积在感知系统中的。除了最常见的手部触摸，肌肤作为人身体上最大的感知器官，任何一寸皮肤都能为人提供直观的触感。例如，建立一定数量的不同面料与身体接触后的质感感知后，人们在形容风吹过脸庞这类无法视觉化的感知时，也会运用触感的方式将不同程度的风形容为"像刀子一般"或"像丝绸一样"。

由此可见，人们通常将视觉经验与触觉经验结合起来形成对事物的感知。反之，通过不同肌理的运用表现，能大大丰富人们的视觉体验。并通过视觉和触觉相结合来引起更多心理上的、综合的感知。例如，光滑细腻的质感让人联想到滑爽、崭新、轻盈；粗糙的表面会给人带来岁月的沧桑感，显得厚重、陈旧；未经太多雕琢的天然物则让人感觉古朴自然。不同的质感还能让人产生不同的温度感受，例如，毛茸茸的质感会让人觉得温暖，而细腻光滑并且平整的表面通常给人带来的是比较冰冷的感受。因此质感作为一种内涵丰富的视觉语言，被广泛应用到各类设计中。

肌理给人们的感官印象，可以更宽泛地应用到对文化的表述中。例如，江南地区多雨潮湿，雨季也多是细雨濛濛，因此江南特色的物品、江南人的语言音调、江南的艺术表现手段，均以细腻为多见。而相较于北方，较为干燥的气候使人们的生活方式更加粗犷、不拘小节、性格直爽以及语调刚硬。因此通过触感的方式，我们可以更容易地理解肌理带来的感官印象。同时，也便于我们有目的地运用肌理手段来在设计中表现。

2．视听语言

视听语言的是新媒体形式中视觉与听觉的综合表达。视觉与听觉的交互融合为人类创造了绝妙的体验，电影、网络、数字媒体都是以视听语言作为基础的媒体形式。

（1）视觉

视觉作为人类最为复杂及高度发展的重要感觉，在视听语言中占有知觉优势。而相比单个镜头或单张图片对于观众的影响力，蒙太奇通过多镜头的联动铺陈与集群化、整体性与格调，对观众的视觉与心理都造成重大冲击，在视觉体验类型中占相对大的比重优势。蒙太奇作为一种思维方式。存在于创作者的创作观念之中，贯穿于从构思、脚本、拍摄到后期制作的全过程。它体现了影视艺术创作者从高层次上把握创作规律和特点、技巧的能力。下面按照蒙太奇理论，挑选其中的几组典型的蒙太奇进行解读。

①蒙太奇的组成

镜头摄影机从开拍至停止的这段时间内被感光的那段资料承载的画面，被称为镜头。镜头是蒙太奇中的最小单位。基于时间与地点的统一性，由多个镜头组成，形成的一些小组称为场景。段落由剧情发展中的一系列镜头或场景组成，呈现了其结构上的统一性，

并帮助推动或开展剧情。

②叙事蒙太奇

叙事蒙太奇是最常见，也是最直接简单的一种表坝。叙事蒙人奇通过一个个画面来讲述动作、交代情节、演示故事。马尔丹在《电影语言》一书中说："蒙太奇是简单、直接的表现，意味着将许多镜头按逻辑或时间顺序分段聚集在一起，每个镜头自身都会有一种事态性内容，其作用是从戏剧角度和心理角度（观众对剧情的理解）去推动剧情的发展。"镜头是构成蒙太奇的基本单位，将多个镜头按照事态的发展与时间顺序集结在一起形成事态说明及表现的内容。普多夫金说得更明白："正如生活中的语言那样，在蒙太奇中也有单词，即拍好一段胶片；也有句子，即这些片断的组合。"叙事的连续性镜头可以以线索形式、颠倒形式、交替形式、平行形式给人以整体感与格调韵律，同时将观众的心理与思想都带入不同于现场感中的震撼感受。图2.28所示为一组叙事蒙太奇的镜头的分解。

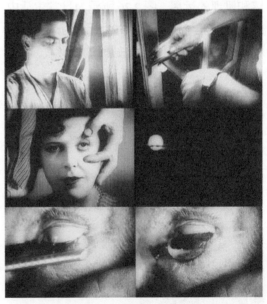

△图2.28　一组蒙太奇镜头的分解

③节奏蒙太奇

节奏蒙太奇通过单个镜头的长度和对于

观众的心理冲击力组接而成。在大部分情况下，长镜头节奏相对缓慢，容易使人产生等待、倦怠或者压抑心理。而短镜头节奏短促，使人产生快速、活泼、现代的感觉。在这里，节奏重新创造了运动和生命，通过选择和安排镜头创造出的节奏和韵律感，使观众产生相应的情感。节奏的变换是蒙太奇中最具技巧的一种形式。除了单个镜头的长度，镜头内容的景别对于节奏的形成也起着重要作用。相对于特写镜头带来的强烈冲击力，全景镜头更多呈现了一些平静的心理，甚至不安的期待，而当特写镜头突然转向全景镜头时，也显示了心理与思想上的转变。

同时音乐在节奏蒙太奇的创造上也呈现突出作用，有了音乐加镜头形成的节奏创造，蒙太奇的剪接就呈现出了艺术品的特征。

④ 思维蒙太奇

思维蒙太奇是相对于蒙太奇技巧表现之外的，在思维方面产生的作用。如果只是简单地将相关内容的镜头拼接在一起，那应该称之为蒙太奇的初级阶段，而当镜头根据内容中的事件、人物之间的关系通过时间交错、空间转换、因果连接等方式使其关系得到凸显，就从叙事的表达转到思想的表达了。

（2）听觉

从生理学角度来看，来自一只耳朵的刺激传递到两侧的大脑，听觉信号在到达位于大脑半球的颞叶听皮层之前要经过一系列的神经核团，因此对这些信号的高级加工开始于听皮层。从听觉的生理特征可以看出，听觉直达大脑判断的速度极快，以致相对于无声电影时代，听觉的多样化以及引发的多元生理与心理的体验，对于媒体形式的丰富性做出了重要贡献，并使其迅速成为通用的描述手段。

① 声音可以分成自然声响和人的声响。自然声响是指自然界的声音，如风声、雨声、动物声音、鸟叫声等；人的声响是指机器声与话语声，是对于现实主义的呈现，是画面具有质感与真实感的基础。另外，画外音也对影片的思想及心理领域的拓展提供了多元的通道。

② 音乐是一种独立的语言。在与画面结合的过程中，由对剧情的细致入微的理解与把握，去制定整体基调。因此，音乐作为听觉语言对情节的延伸、氛围的渲染，都起到了强化的作用。

③ 听觉的作用

a. 节奏作用。当音乐响起，根据音响本身的节奏和画面严密配合，可以起到增强现实的效果。在节奏表现中，音乐转化成真实声音，让自然声响、人的声响转化成音乐，都是突出节奏与运动的良好方法。

b. 戏剧作用。作为一种元素，听觉语言在其中帮助观众理解剧情，并起到象征及隐喻的作用。

c. 抒情作用。能有力地加强某个场景或某段落中的戏剧深度，使观众产生共鸣。

3. 色彩语言

康定斯基谈到颜色时曾说过："一般来说，色彩是可以用来直接对精神发生作用的手段。色彩如同琴键，眼睛如同键锤，精神如同多位的钢琴。画家就是弹琴的双手，一双以某种琴键为中介相应地使人的精神发生震颤的手。"色彩在设计中的运用不仅可以提高画面的艺术感染力，同时作为一种视觉表意符号包含了情感象征和空间表现的功能。如果思考色彩在造型中所起的作用，人们就会认识到，色彩是造型艺术世界中非常重要的支柱。色彩在各个设计领域中都起着必不可少的作用，在各个类型的艺术领域中色彩也是非常重要的构成要素。总之，色彩存在于整个现实生活与全部文化艺术活动之中，色彩是人类全部造型艺术活动中最基本、最

（a）梵高的《埃顿花园的回忆》　　　　　　　　　　（b）梵高的《割麦人》

△图2.29　具有强烈主观因素的色彩表现

重要的课题之一。

（1）客观世界中的色彩

1666年，牛顿通过实验发现了彩虹的七彩光色，这是人类首次探明人的肉眼感知色彩的原理是光刺激的结果。19世纪中叶，人们又获得了关于人的肉眼视觉结构的正确知识，明白了光刺激作为色彩被感知的原理。随后，科学家、艺术家及其他学术界的人都以这个新知识为基础，进行了色彩体系化的尝试，发表了各种色彩理论以及色立体的模型。

客观世界中的色彩是以光为基础存在的，只要有光的地方，就具备了所有的颜色。也就是说，色彩即"光"。光是电磁波的一部分。电磁波中，包含了从无线广播和电视使用的长波，到紫外线、X射线以及被称为Y射线的短波，这些电磁波无法被人眼看到，只有被称为"可见光"的部分，才能通过人眼以光的形式辨认出来。

按人类感知色彩的途径不同可将色彩分为光源色、透过色、反射色三类。而当我们将色彩作为语言表达时，通常借助被认为是色彩学基础的"曼塞尔色系"的方法从色相、纯度、明度3个维度来理解色彩的特性和变化。

（2）色彩的情感特征

美学家狄德罗曾说过"素描赋予人与物以形式；色彩则给他们生命"。色彩存在于生活中的任何地方，客观世界中的各种色彩无形之间在我们心里形成特定的印象，进而演变成具备象征意义的情绪特征。

主观性色彩是指艺术家根据自然色彩获得的丰富、深刻的感受，把自己的思想感情创造性地融合进去，运用艺术手法重新组合自然色彩，以达到更理想的艺术效果。西方形式主义美学家认为油画的主观性色彩是"有意味的形式"，即主观性色彩是艺术家主观的审美情感的表现，是独立于外部事物的一种新的精神性的现实。英国著名的艺术批评家克莱夫·贝尔在《艺术》中深化了主观性色彩的内涵。主观性色彩涉及艺术家的思想感情、创作心情与理念，以及绘画背景的哲学思想。

艺术家在艺术创作中为了表达自己的主观感受和强烈的情绪，在色彩处理上不是简单地模仿自然色彩，而是以个人的感受和感觉为依据，对自然色彩进行重新组合、调配、强化，在色彩上倾注了强烈的主观因素（见图2.29）。因此，这种主观性色彩深刻地体现着艺术家本身的思想感情。罗丹说，"艺术就是情感"。

著名摄影师斯托拉罗认为："色彩是电影语言的一部分，我们使用色彩表达不同的情感和感受。色彩同样作为影视艺术的重要组

△图 2.30 《红色沙漠》剧照

△图 2.31 《布达佩斯大饭店》剧照

成因素，电影艺术中的色彩既是一种表现手法，又可以上升到思想和精神。色彩已经成为为电影添彩的重要手段，甚至是不可取代的一部分，它作为非常有用的工具为电影增添了很大的优势。优秀的导演通过使用色彩基调和画面构成等各种色彩原理，来渲染电影的视觉效果和张力。电影色彩美学的不断发展和升华是电影艺术体系不断前进的重要助力，甚至在历经多年的发展后，形成了以色彩美学为特点的艺术流派。在电影艺术不断提高的魅力指数中，色彩元素的贡献是不可磨灭的。

由意大利安东尼奥导演于 1968 年执导的《红色沙漠》实现了进一步的突破，是色彩在电影艺术中的真正意义上的应用。该部电影（见图 2.30）的色彩通过电影飘忽不定的镜头不断变化，将人类欲壑难填的心理刻画得淋漓尽致。现实世界的自然色彩通过超现实的手法似乎暗示着真正意义上的是与非，一切取决于人类自己。在这部电影中，沙漠是红色的，天空隐隐泛着紫色，沉闷压抑的黑色飘荡在海的尽头，更加衬托出女主角那充满失望的灰色心情。这一个个的镜头都反映了色彩元素开始在电影中发挥巨大的艺术价值和作用，引起人们的广泛关注。

电影《布达佩斯大饭店》同样也是色彩运用的精彩之作。该电影的剧照如图 2.31 所示，导演韦斯·安德森利用色彩渲染了每一场景的整体氛围，如律师即将遭到杀害时场景呈诡异的灰绿色。还有很多时候人物的衣着与周围的环境和谐地融为一体，再或者进行极不和谐的反差对比，形成角色闯入场景的感觉来渲染某一情节。影片大量使用浓艳色彩来凸显故事的戏剧性，也就是说，观众可以通过色彩感知到，韦斯讲述的故事不太可能是真实发生的，很大程度上融入了传奇和幻想的成分。

（3）色彩的心理意象

关于色彩给予人们的印象和心理效应，我们不能断言任何人都会有相同的感受。但是色彩确实能给人带来心理上的意象感知，例如，色彩的"冷"与"暖"。简单来说，冷色是各种接近蓝色的颜色；暖色则是红色到黄色之间的各种颜色。身处冷色系配色的房间与暖色系配色的房间，个体体感温度经过实验测试大约有 3℃的差别。类似的心理差异主要是由人对现实世界色彩的联想产生的，例如，冷色让人联想到冰川海洋，暖色让人联想到火焰太阳。虽然我们以冷色和暖色可以简单地将颜色分成两大类，但实际上，色彩

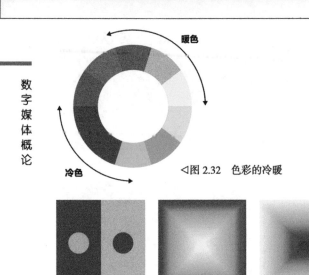

◁图 2.32　色彩的冷暖

△图 2.33　距离、体积、重量的视觉感知

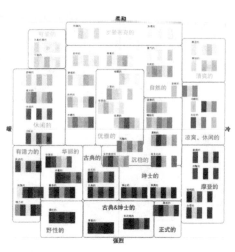

△图 2.34　色彩印象坐标

的冷暖关系并不是一定的，很多时候，一种颜色的冷暖偏向是由其和周围的色彩环境之间的关系决定的。不同的色彩组合之间也能将色彩的冷暖关系丰富为极冷、凉快、清凉、暖和、热、炙热等印象（见图 2.32）。

人们对于色彩的印象通常还能通过通感的方式与味觉、嗅觉等相关联。例如，暖色环境中的食物显得美味而促进食欲，冷色环境中的食物则让人缺乏食欲，显得不那么美味，但是对于蔬菜和鱼类却能体现其新鲜度。

色彩的使用还能够影响人们对距离、体积、重量的视觉感知。冷色会使同等的面积或体积由于收缩感而显得更小，而暖色的膨胀感能使体积变大。带有灰度的冷色会让人觉得遥远，鲜艳饱和的暖色产生较近的距离感。在两色关系中，看起来最为膨胀的是处于暗色环境中的高明度暖色系色彩，称为"前进色"；在明亮背景中配置冷色系、暗系色彩，呈现出远离的印象，则称之为"后退色"。对于色彩的重量感来说，色彩的明度具有重要的影响作用，明度高的色彩感觉较轻，暗色感觉较重；色彩的纯度也对重量感知有一定的影响，但不是决定作用（见图 2.32、图 2.33）。

色彩在单一使用的过程中，面积、外形会对其产生一定的影响作用，在色彩的组合使用过程中，更多的因素会对色彩的整体应用产生影响。这些微妙的因素共同作用，使得某些色彩关系形成一定的印象感。日本色彩设计研究所自行研发出一套三色配色的色彩印象坐标。坐标中配有关键词，用于辅助设计者把握色彩的心理意象（见图 2.34）。

（4）色彩的文化语境

中国的传统色彩文化是中国传统文化的重要组成部分。中华民族是世界上最早懂得使用色彩的民族之一，很早就确立了色彩结构，以黄、青、赤、黑、白五色为正色，与五行中的土、木、火、水、金相联系形成独树一帜的中国色彩文化，如图 2.35 所示，在中国的色彩观念中，色彩的使用多与自然宇宙、伦理、哲学等多种观念相融合，色彩不只有客观的色相、明度、纯度，还包含了更多文化内涵。在我们的文化体系内，演化出维克多·特纳所谓的仪式化特征，成为人们确立身份意识、分析阶层归属的视觉性载体。其中，黄、青、赤、黑、白一直被认为是五种最基本的色彩，阶级性也体现得最为充分。秦汉时期，皇室崇尚黑色；但到了隋唐年间，由于当时的皇帝们逐步接受了阴阳五行的学说，黄色是居于中间正位的"土"的对应色，而逐步受到重视与推崇；大红色代表高贵身

△图 2.35　中国的五行、五色

△图 2.36　中国的青绿重彩画

份这一含义，也早在春秋时已经被确立。比如，汉代褒奖有功劳有贡献的大臣，允许他们把家里的大门漆成大红色，"朱门"或"朱户"还成了贵族的代称。唐时杜甫写"朱门酒肉臭"，抨击等级分化贫富差距，也是这个意思。青、白、黑色则为仆役之属。汉代时，富贵人家的仆人常用青巾裹头，所以被称作"苍头"。没有官阶的普通百姓被称作"白身"，整日劳作、风吹日晒的农夫被称作"黎民"，这些都体现了自然色彩与阶层色彩。

在艺术表现方面，唐代张彦远在《历代名画记》提出"运墨而五色具"，意在表明墨分浓淡，用墨要丰富。到了隋代已经有墨彩结合的例子了，如展子虔《游春图》就是使用"墨上刷色"的着色法；北宋时期出现了用水墨代替颜色的画法；到了南宋，不少画家仍在使用青绿重彩。接下来的几个时期，水墨画因格调高雅，受到上流社会青睐，但重色彩画在民间一直被大量使用，清朝出现写生画之后，用色更为讲究（见图 2.36）。19 世纪已有专门制作和出售中国画颜料的商铺。

色彩语言的象征功能主要是基于不同国家、地区和民族的文化习俗之上的，色彩的象征功能基本从此而来。这也使得在诸多的文学艺术作品中，对于色彩的应用体现了较

强的地域和文化特色。例如，中国文化认为红色和黄色是喜气、吉祥、高贵的象征，白色则带有一定的负面印象，多用于祭奠亡灵等。可是白色在西方世界却是纯洁和美好的象征，而有些地方也认为红色和黄色是暴力和愤怒的代表。这种具有不同象征意义的色彩运用于电影中就会产生不同的效果。例如，电影《满城尽带黄金甲》《夜宴》等，强烈的色彩的运用具有深刻的象征意义。

《红楼梦》中曾提到的软烟罗的颜色为雨过天青色，"雨过天青"作为一种情境的描述用来表述色彩主要来源于宋徽宗赵佶曾经写过一首有名的雨后诗，其中一句为："雨过天青云破处，这般颜色做将来。"宋徽宗梦中见到的这片天青色，让汝窑从此名满天下。而天青色作为汝窑最具代表性的颜色之所以让文人雅士倾倒，是因为这种特别的颜色会在不同的光照下和不同的角度观察时，呈现不一样的变化，这也是汝窑瓷器的魅力所在。在明媚的光照下，汝瓷的颜色会青中泛黄，恰似雨过天晴后，云开雾散时，澄清的碧空中泛起的金色阳光；而在光线暗淡的地方，其颜色又是青中偏蓝，犹如清澈的湖水，如图2.37 所示。这种对于色彩的描述，体现了中国文化中对色彩细腻别致的追求。

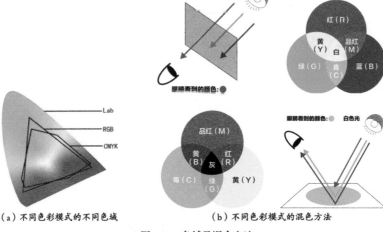

（a）不同色彩模式的不同色域　　　　　　（b）不同色彩模式的混色方法

△图2.38　色域及混合方法

（a）汝窑的天青色　　　（b）雨过天晴的景象

△图2.37　雨过天青色

（5）色彩的媒体应用

色彩具有依据不同的媒介承载而有不同表现的特征，因此，也可以说色彩在媒介表现时是具有不确定性的。计算机屏幕上的色彩与印刷成纸制品的色彩是不同的，与眼睛在大自然中看到的色彩也是不同的。

传统媒体和数字媒体不同，在色彩表现上，传统媒体用CMYK表示颜色，表现的是反射色，数字媒体用RGB表示颜色，表现的是透过色。透过色以"加色混合"的方式，由红（Red）、绿（Green）、蓝（Blue）3种颜色混合，表现出各种颜色，以屏幕的方式呈现出来。反射色是用画具或染料、油墨等材料来表现颜色，印刷品是通过青（Cyan）、品红（Magenta）、黄（Yellow）和黑（Black）4种油墨的混合来表现的，CMYK是"减色混合"的方式，以纸品、织物为主体呈现。当然印刷

中还有一些表现颜色的特殊方式，例如，印刷中的"专色"是将油墨预先调好再印刷的方式。

RGB和CMYK这两种色彩模式，由于混合方式的差异，其色彩表现范围也不完全重合，这两者的差异如图2.38所示。

两种色彩模式在表现中也会因为介质的不同而影响表现效果。例如，在印刷中，纸张的吸墨性会影响到色彩的表现；在数字界面中，不同的屏幕亮度、偏色也会影响到色彩的准确表现。因此色彩在跨平台使用时，为了保证识别性和准确性，常常需要用校色系统和色卡等标准化工具校准色彩，来形成完整统一的色彩体验。

4. 动画语言

一百多年前，照相术的发明孕育和催生了电影的诞生，创造了一种基于科技观念的形象媒介语言，体现了人类形象思维的全新观念。动画亦开始了其艺术发展的历程，并由此决定了它作为艺术样式的媒介属性和语言特征。随着电影作为艺术形态的不断完善，动画也逐步奠定了自己的艺术地位，并形成了其独特的语言方式和艺术创作方法。

自人类有文明以来，透过种种图像形式的记录，已显示出在人类的潜意识中有表现

△图 2.39　岩画图

△图 2.40　岩壁上表现的奔跑的野猪

物体动作和时间的欲望。这在散布于世界许多地方的史前洞穴岩画中得到了生动的体现，造型质朴、形象生动、充满活力的原始动物奔腾驰跃，使原本静止的形象产生了视觉上的动感（见图 2.39）。实际上，对于表现运动的渴望，一直伴随着人类文明的进程。人们在视觉艺术的发展中，不再局限于表现静止的画面，更追求表现生动的运动过程。

早在三万多年以前，旧石器时代的尼安德特人在法国阿尔塔米亚的一处洞穴里，就用树枝和精石，画下了当时人们狩猎的情景。其中有一处引起了世代人们的兴趣：在一块大岩壁上，一头野猪死命地追逐着猎人，如图 2.40 所示。它除了形象的生动、逼真以外，还试图创造一种动感，他们把野猪的尾巴和腿部在其周围重复画了几次，使原本静止、凝滞的形象跃然石上。它就是长期以来为人们公认的最早的"动画现象"，它借助人的视幻觉传递信息。

（1）动作表演的语言

动画其实就是很简单的步骤的综合，许多很简单的元素被有意识有目的地串在一起。而串联的方式与意义的表达，都与表演相关。动画表演是一种虚拟的假定性的表演，动画角色本身没有生命，通过动画师的艺术加工被赋予了生命，因此其表演本身就是一种虚拟和假定的艺术创作。我们看到在动画艺术中对虚拟时间和空间的处理，人类对运动的想象力和创造力被发挥到了极致。它的运动性既有模拟现实状态的物理运动，也有创作者为服务主题而构思的艺术性夸张的运动，这些运动构成了动画中强有力的富于表现力的语言。图 2.41 所示为动画《海贼王》中路飞夸张的表情，典型地诠释了动画艺术性表现中对夸张的运用，也是动画独有的艺术语言。

△图 2.41　《海贼王》剧照

动画角色是概括提炼出来的艺术形象，因此它的表演就是对它独特个性的夸张概括。

◁图 2.43　对力的表现

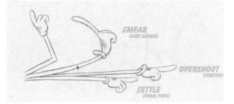

△图 2.44　夸张了的力的表现

通过强调和夸大真实世界事物的某些动作特征，来强化效果，制造出幽默和趣味的氛围，是动画角色运动中最常见的手法。比如：动画中的"汤姆"和"杰瑞"等角色都是按照它们自己的方式运动的，当然这中间有许多动作在现实生活中是不存在的，它们是艺术家们通过对生活的提炼并加入自己的想象力创造出的独特动画艺术运动，如图 2.42 所示。

△图 2.42　汤姆和杰瑞夸张的动画表现

（2）运动的描述

任何运动都不是凭空发生的，都有其产生的因果关系。从牛顿的力学原理中得知，运动的产生是由于"力"的作用引起的，影响一个动作运动变化的因素是力的作用，它的方向、大小、作用点乃至情绪等要素都决定着运动的速度和节奏变化。诺曼·麦克拉伦说，"动画不是会'动'的画的艺术，而是画出来的'运动'的艺术。"显然，动画作为描述运动的艺术，"力"在其中的作用是不可忽视的。自然界中存在各种"力"，如来自地球引力的重力、浮力、摩擦力、弹力、空气阻力、离心力和向心力等，以及能够影响或产生动作的由生命体自身所蕴涵而生的内在意志、情绪、本能（原始驱动力）等心理上的动机与起因。这些都可以称为"力"，"力"是推动运动产生与发展的原始动能与最初动机，是运动产生的根本性因素。图 2.43 所示为对力的表现。

动画运动中的"力"是人们根据自己的经验与智慧通过虚拟性的艺术表现手法对外部客观世界中的各种"力"进行再现，甚至改良加工。动画中的运动既依赖于现实中的运动，又要有其自身的夸张性。其中，依据人们的构思想象及主观经验使得夸张性动作产生的"力"具备较纯粹的虚拟性形态特征。图 2.44 所示为夸张了的力的表现。

动画是运用动态画面语言来讲述故事的

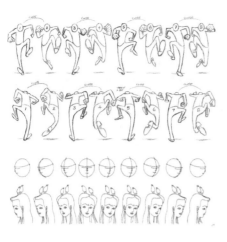

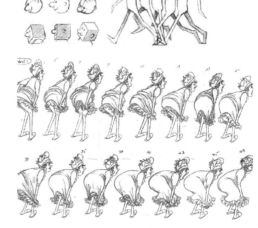

△图 2.45　对运动的分解

艺术方式。运动着的连续性画面是动画运动生命价值的存在形式，动画因画面运动的发生而存在，这是动画运动存在的本质意义。同时，动画也是一门被高度虚拟化的艺术形式，不仅表现在其造型自身的虚拟性上，也体现在电影语言的虚拟性特征方面。运动过程是由一张张"画面"虚拟而成，这是由动画这门艺术形式的特殊性所决定的。这种虚拟性赋予了动画在时空关系处理和镜头运动变化上比实拍影片更大的表现自由度，因而也具有了更大的创造性和灵活性。图 2.45 所示为对运动的分解。

（3）动态画面与声音语言的配合

声音是动画表现中的另一个语言纬度，在常见的叙事性动画或电影中，声音作为重要的手段，配合画面的表现来为内容增加丰富的听觉元素，从而形成整体的视听感受。而在越来越丰富的动画表现形式中，有一类个性动画电影恰恰相反，它的声音符号具有结构上的意义。符号学理论认为："听觉符号把时间作为自己主要的结构力量。就其特征而言，它更倾向于象征。"的确，声音的结构力量，在空间的拓展上表现得尤为明显。这类动画电影把声音的强弱，频率的快慢、变形、错位、反衬等，变成了影片的一种结构

力量，开拓了声音的意义。使其由过去单一的辅助工具转变为了一种传递信息的语言。另外，声音除了作为结构因素以外，还以其自身的魅力与视觉符号运动相融合，以创造一种幻想的意境。

"视觉剧作"这一欧美动画导演常用的剧作方式也是由此发展而来的。在这种剧作中，作为视觉符号的画面形象、运动、动作、色彩、剪接、画面的质感等均具备了语言的含义，它们与声音符号（音效、对白和音乐）一起，在同一个符号系统中确定影片的"意义"范围，这就与诗歌中的语词、节奏、韵脚、韵律和格式一样，它不再是单纯的手段，而是通过自主的、具体的实体，使日常意义范围的视听元素上升为传递美学信息的语言。

动画电影语言是以想象为基础的，它将画面、运动、声音有机地联系起来，纳入了一个视听符号系统中形成全新的、灵活的语言系统。

5. 互动体验

互动是一种非线性传播模式，是数字时代"体验"成为重心的基础。互动因素的存在，使得数字媒体在设计、制作、传播的过程中，将关注的主体集中到"使用者"身上，在设计

好的操作或使用过程中，任意一点不好的体验都可能让使用者离开或终止整个过程，而对体验的关注，使得设计成为"体验"经济的重要角色，从研究用户的心理、行为特征出发，各个细节的周详考虑，使得特定人群在特定的环境、事件中得到最大的愉悦感，从而顺利实现由好的体验辅助形成的经济效益。

在互动设计中，用户研究是设计的重要基础，花费时间规划用户研究，并在开发周期的合适阶段采取恰当的技术，能使产品最终收益，同时可以避免浪费时间和资源。在数字产品开发的早期阶段，"人物模型"（Persona）作为交互设计中一个独特而强有力的工具被广泛使用。它主要为设计者理清设计对象琐碎的方方面面，将这些用户自身都不易察觉的行为和思维特征，用模型表达为：用户的行为如何？他们怎么思考？他们的预期目标是什么？为何制定这种目标？人物模型给我们提供精确思考和交流的方法。人物模型并非真人，或某一个人，而是一类真实用户的行为和动机的合成。

设计师运用同理心，基于人物模型的认知和情感元素做出设计框架和细节上的设定，统一、明确的对象目标能在设计的各个阶段，在设计制作协同的过程中提供清晰有力的导向依据，一方面能提高效率，另一方面使设计真正服务于真实的用户需求。

2.2.3 艺术形式与风格

艺术形式与风格与当下的数字媒体关系密切，良好的艺术形式与风格更好地促进了观众对于数字世界的认知，提供了更加丰富多彩的感知与交流的维度。艺术家 Dennis J Sporre 在《感知艺术》中提到，"艺术就是我们每天面对而且必须感受的生活的方方面面，我们的生活与艺术相伴。"确切地说，审美体验为我们提供了一种赖以对其自身进行感知

和交流的方式。因此，下面力图解析艺术形式与风格以及在数字媒体中的灵活运用，用以探讨如何提高人们的审美体验，并且在方法上引用美学家 Harry Broudy 的有关审美体验的程式中总结的 3 个步骤：第一，它是什么？第二，它是如何组织在一起的？第三，它是如何刺激感官的？

1. 古典传统风格

（1）什么是古典传统风格

古典传统以深厚的传统文化与底蕴为根基。中国古典传统作品由线条明暗组成，以工笔写意分类，以卷轴方式构建叙事，这些都成为古典传统风格中特有典雅气质的表现。随着传统的回归，很多数字媒体作品拓展或借用了古典传统风格，对中国传统文化的传播进程起到推动的作用。

（2）古典传统风格是如何组织的

① 中式卷轴叙事

2015 年由北京故宫博物院出品的交互画史巨作 APP——《韩熙载夜宴图》（见图 2.46），以及 2007 年杨德昌导演的数字二维动画短片《追风》（见图 2.47），都将古典传统风格以数字化多样媒体的形式，呈现在公众面前。中式卷轴叙事方式成为这两部作品中独具古典特色的表现形式。在《韩熙载夜宴图》的交互 APP 中再现了听乐、观舞、休息、清吹及宴散 5 个内容环节，其皆以相互独立又连成整体的古典连环长卷的形式徐徐展开在公众面前。结合超高清的流畅原作数字化复制、翔实专业的背景解读，以及众多舞者与乐者对当时状态的扎实调研分析与数字影像式再现，再辅以惟妙惟肖的服装及场景演绎，让这件千年藏品再次散发出鲜活的生命力。《追风》中以长镜头的表达方式再现古典卷轴特有的气质与风味（见图 2.47），再加上传统建筑、角色的表现与细节色彩设定，设有听曲、夜行、打斗等几个环节，

△图 2.46　故宫博物馆 APP 系列之一
《韩熙载夜宴图》

△图 2.47　杨德昌导演作品《追风》

其中虽有多次视角转换，但又一镜到底，展现了独特的中式卷轴叙事的魅力。

②古典技术智慧

"榫卯"作为中国传统家具与古典建筑中木质的基础连接方式，是古典技术智慧与精髓的呈现。榫卯 APP 以数字媒体中的三维技术对榫卯的精妙结构进行拆解与呈现，高品质的 27 款三维榫卯结构，实现 360 度实时查看，数字展示对了解结构提供了非常便捷的入口；同时模型与交互设计在视觉上呈现简洁的现代气质，又吸引了大众的眼球，如图 2.48 所示。古典技术智慧在与现代技术的拥抱下，通过互联网途径快速传播。

△图 2.48　榫卯 APP 信息页

2. 多样的现代风格

十八世纪以来，全球社会与经济随着工业革命对生活方式的巨大冲击，以及两次世界大战带来的创伤，掀起了翻天覆地的变革，多样的现代主义风格在历史情境下应运而生。现代艺术家一边反思传统，一边突破艺术与美学的界限。更重要的是，一直参与其中的观众突破传统界限达到对现代主义风格的认同，为现代主义风格传播奠定坚实的基础。

这一部分将探讨现代主义风格中的一些构成元素，如空间、色彩、结构、透视，以及其特性；还有艺术家与设计师是如何组织这些构成元素，创作出现代主义风格作品。

（1）极简主义风格

①什么是极简主义风格

德国现代主义建筑师密斯·凡·德·罗（Ludwig Mies Van der Rohe）在继承了彼得贝伦斯以及包豪斯学派的理念之后，于 20 世纪 30 年代提出 "Less is More"（少即是多），其设计风格反对过度装饰的设计理念，提倡精简。这一设计理念卓越反映在他自己的建筑风格与艺术形式的同时，跨越时代界限，在 21 世纪的数字媒体领域进行完美结合与充分演绎（见图 2.49～图 2.51）。

②极简主义风格是如何组织的

a. 空间

极简主义注重空间元素的构建，因为其简洁并利于信息传达的空间特性给观众留下

（a）　　　　　　　　　　　　　　　　（b）

△图2.49　http：//www.apple.com/cn/ 苹果官方网站截图（2016年7月）

 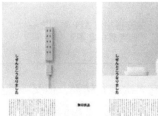

△图2.50　无印良品海报

◁图2.51　奥德里奇（Aldrich）当代艺术博物馆册页以及 App 应用

清晰明确的印象。"空"的二维空间加强了对信息整理后的一种舒畅感，同时也对应心理空间的暗示与想象力的释放。Apple 公司的数字媒体网页（见图2.49）设计中，置顶菜单栏与单栏呈现内容信息的组合，形式简洁且居中排版，使观看者拥有宽广舒适的视野感受。无印良品海报（见图2.50）中左图的空白空间来自于现实世界中特殊的盐白肌理，在人物深色的点缀下，同样营造了真实又具意境的空间感受。

b. 色彩

研究发现，色彩作为光的产物，其轻重、冷暖感对大众的情感与认知关系密切。色彩不仅对人的情绪、情感产生直接影响，同时色彩作为一种感知要素，其使用经验在长期的社会与经济生活经验中形成。色彩表达甚至成为一种信息沟通的方式。"枯淡与苍寂"是日本人重视的日常色彩，因此在日本文化背景下定位于日常生活的无印良品，在其海报中就呈现出了低纯度色彩，如米色、淡蓝。而在美国文化背景下的奥德里奇（Aldrich）当代艺术博物馆则用高明度与高纯度的用色，呈现博物馆强调创新意识，希望来此的游客时刻感受到最新的艺术的宗旨，进一步吸引观者的注意力。

c. 文字

文字在信息沟通与传达上，具有不可替代的重要地位，同时文字元素在信息传达外的设计会以意象的方式留在人们的脑海中，与图形、色彩等元素紧密关联，进而引导用户的情感。黑体字体的无饰线特点与极简主义无繁复装饰的特征相符，同时极具现代感，

△图 2.52　像素风格游戏——"我的世界"

因此是现代极简风格的首选字体。

（2）像素风格

① 什么是像素风格

像素是计算机影像的基本单位之一。而像素画则是以像素作为基本单位，由多个基础结构与模块组成的图画。这一类以像素为单位构成的作品所显现出的样貌被称之为像素风格。在早期像素作品以其颜色少，模块化、占用空间极小的特点，在当时广受业界的欢迎。虽然近年来图像处理技术的增强以及存储空间的大幅度增长，占用空间小的优势早已不存在，但是艺术家却将其作为一种独特的表现风格进行创作与表达。

② 像素风格是如何组织的

a. 结构与模块

结构与模块化的特征与像素的基本形态相关。像素风格利用了像素作为一个基本构成单位的形态与特征，通过像素单元的堆叠组成画面。少量的像素单元的组合结构，呈现出棱角明显的特点。这种棱角明显的结构特征，恰好被设计师应用在"我的世界"的游戏角色设定中（见图 2.52），形成具有高识别度的符号特性。而当像素的数量累积到一定程度时，在多个模块的堆叠拓展组合下，像素风格达到了在微观模块上，细节到位，

色彩组合丰富多彩，又可在宏观上形成整体，同时兼具灵活性（见图 2.53）。

△图 2.53　数字像素绘画

b. 进化与创新

布莱恩在《技术的本质》一书中提到技术的"自创生"特点，像素也在不断地组合结构与模块的过程中，通过集合产生奇妙的化学反应。"我的世界"这款沙盒游戏没有华丽酷炫的视觉效果，却因其无穷的可拓展性

△图 2.54 动画电影《疯狂动物城》设定与剧照

与自创生能力，深受玩家的青睐。每位玩家都以小小的方块为基础，入手简单，但是经过挖掘玩家想象力，在特定区域下创新，就能玩出新境界。

（3）写实主义风格

①什么是写实主义风格

这里的写实风格主要是指摒弃对于作品理想化的飘渺图像与意识流似的画面处理，在景与物的表现上符合自然透视规律，逼真地呈现事物的外表，使大众可以细密地观察事物的外表。

②写实主义风格是如何组织的

a. 运用透视

透视源于对人类视知觉的研究，现代数字三维技术极大地发挥了人们掌握的透视学的原理。例如一点透视、两点透视等对于空间位置的把握、大与小的比例关系设定，再结合如毛发、流水等物理属性的全方位制作，使得动画电影《疯狂动物城》在现代三维技术的支持下栩栩如生（见图 2.54）。而一些数码摄影作品，更是由于对真实世界的影像捕捉，在透视上具有天然的优势。

b. 提供可信度

如果说透视是对于视知觉的研究，那么增加可信度，则是从人类心理及行为层面的

探索。为了将观众带入纯粹架空的世界观，必须研究与分析角色性格的心理与行为。比如《疯狂动物城》的创作团队光是对动物的调研就用了 18 个月，甚至特地成立小分队前往非洲等世界各地，以便挖掘动物个性与行为，同时也对场景进行长达数月的考察与调研，以增加整体可信度。最终创作团队做到了使场景与角色源于现实又超越现实的艺术与传播高度。

3. 观念后现代风格

（1）什么是观念后现代风格

丹托在著名艺术批评专著《普通物品的转化》中提到"前卫艺术家要努力克服两个界限：一是高级艺术与低俗图像之间的界限，二是作为艺术品的物品与作为日常文化一部分的普通物品之间的界限。"20 世纪 70 年代，部分神学家与社会学家提出的"后现代"呈现出反理性、反对约定俗成的哲学思潮，进而催生出多种观念后现代艺术思潮。从类型上来说，比如对个性及非理性进行极度表达的抽象表现主义、通过赋予日常图形以艺术价值的波普艺术，以及怪诞风格、新浪潮、街头风格等，自此后现代作品变得很难定义，同时又极大地拓展了观众的视野。克莱门特

△图 2.55　草间弥生（Yayoi Kusama）　　　　　△图 2.56　Appy fizz 苹果气泡酒

△图 2.57　Andy Warhol 玛丽莲·梦露

格林伯格在《艺术与文化》一书中提到，在绝对的探索中，前卫艺术发展成"抽象"或"非具象"艺术，下面就以抽象及非具象作为划分点筛选相关案例进行解读。

① 抽象形态

日本前卫艺术家草间弥生创造的视觉语言大量使用了抽象形态——圆，如图 2.55 所示，大量的圆形元素重复蔓延在空间中，这种近乎偏执的抽象形式语言的自我表现，在当时的影响力甚至超过安迪沃霍尔等艺术家。而现在的波点圆，也已经成为平面媒体、数字媒体等媒介中，非常有影响力的抽象设计元素。Appy fizz 苹果气泡酒为了凸显口味与层次感，运用了与苹果气泡酒意象吻合的连续圆点，在数字影像的演绎下显得动感、有活力，如图 2.56 所示。

② 非具象形态

Andy Warhol 以独特的视角，击中当下后现代观念主义的要害，将大家司空见惯的日常，如梦露的影像通过"复制"的方式，呈现在大众面前（见图 2.57），毫无保留地将艺术与日常联系在一起，这启发了一代艺术家。美国街头艺术家 Keith Haring 就用最日常的同等粗细的轮廓来勾勒形态，创作出简单但有力量的作品，这些作品在 20 世纪变成了最引

人注意同时又贴近人心的视觉语言之一。没有透视，没有肌理，也没有采用非常具象的表达，但却引人驻足（见图 2.58）。

△图 2.58　美国艺术家 Keith Haring 涂鸦作品

（2）观念后现代风格是如何组织的

① 重复与分割

重复是指对于元素的再次使用，分割是指重复元素对空间的占用，两者相辅相成。"任何设计的本质大概都是重复。"相对于现代极简风格对空间理性及有节制的分割，观念后现代风格则体现出前卫大胆的突破精神。无论是草间弥生的抽象形态作品，还是苹果气泡酒蔓延的波点，都通过元素在空间中的重复形成了绝对占有态势，使其视觉语言突出且强烈。

② 平衡与协调

平衡与协调更多依赖于直觉的判断，不等同于数值上的相等。葡萄牙音乐之家 Casa Da Musica 的视觉识别系统（见图 2.59），每

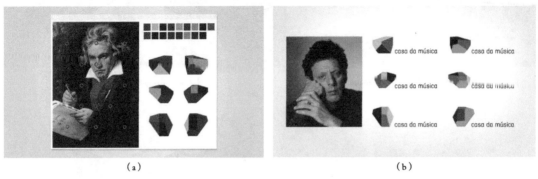

△图 2.59　葡萄牙音乐之家 Casa Da Musica 视觉识别系统

个元素形态大小都不一，色彩的轻重关系更是随机，但是人类感觉系统在某些情况下形成的错觉体验通过设计师的巧妙构思与布局转化成在整体空间布局上的平衡与协调。Keith Haring 的作品看似纷繁复杂，但在视觉语言，如形态、线条、空间的表现力中，对于动态和平衡、空间和协调总是拿捏到位，浑然一体（见图 2.58）。

③对比与聚焦

通过不同角度的对比，产生视知觉的聚焦。现代极简主义风格的高明度与文字低明度的对比、空间比例大小的对比（见图 2.50），以及强烈的色彩纯度对比所营造的现代气氛（见图 2.51），彼此对应着不同目标人群。古典传统带来的典雅气质，与现代主义、观念后现代的观看体验之间，都体现了对比与聚焦这个构成原则中的突破与创新的重要性。

④节奏与韵律

节奏与韵律指重复项相互依存时的关系。不同艺术形式与风格的作品都能找到对应的节奏与韵律。相比古典的空寂、现代的理性，后现代的节奏和韵律是相对强烈而突出的。抽象波点圆在其重复的对于空间的占有中，体现出絮絮叨叨的节奏韵律。假设波点圆不再重复，或整齐排成一列，絮叨感觉就不复存在。非具象勾线小人自身的动态，辅以脑袋、翅膀、身体周围的动态线，在鲜明瞩目的色彩中得以加强，最终体现出熙熙攘攘的节奏韵律。假设非具象勾线小人去掉动态线对于空间的饱满填充，并大幅降低色彩纯度与明度，热闹的节奏将会锐减。

4. 艺术形式与风格是如何刺激感官的

（1）用户需求传递

格式塔心理学中指出，人们将最接近的元素组织在一起，并且形成连续的感受，这样有组织、有结构的整体，更容易被人们所理解。现代主义作品在格式塔心理学的引导下，无论是极简主义、像素风格，还是写实主义，都专注于视知觉与用户研究中对于信息的传递与理解，使现代主义风格在应对不同用户需求时有突出的表现。现代主义风格对视觉元素深究细节，信息文字简明扼要、排列有序，使用户很愉悦并轻松抓住重点内容。

（2）用户情感的波动

认知心理学中指出，视觉是人类和其他动物最为复杂且高度发展的重要感觉，而在数字媒体世界的体验中，除了视觉，更有听觉、触觉等知觉进行相互补充，进而形成更高层次的认知。通过感知到不同的平衡与协调、节奏及韵律方面的刺激，感知系统中不同水平的细胞会有不同的反应强度，最终产生相应的情绪与情感上的波动。现代主义的相对理性与后现代主义的相对反叛在用户的情感体验中截然不同，通过用户不同的体验需求设定相应的艺术形式及风格是非常重要的。

（3）用户视听的聚焦

什么力量决定客体会成为注意焦点？在研究中发现，刺激驱动会胜过目标指向选择。如人脸就比无生命物或其他物体，更能缩短视觉捕获时间。在当下通用的蒙太奇手法的语境下，《追风》对于古典传统中卷轴式叙事镜头的连贯把握，就由于其形式创新引发聚焦。相对于现代主义的理性，观念后现代风格所呈现出的戏谑、反叛的体验，同样成为了焦点而受人瞩目。基于此，多样的艺术形式与风格为用户的视听聚焦提供了大量的刺激物。

2.2.4　媒体形态的转变

20 世纪 60 年代末，互联网出现。而后互联网历经 40 余年的全球化高速发展，互联网引发了全球数字化信息传播的革命。"一网打尽全世界"的互联网宣告数字时代到来，以互联网作为信息互动传播载体的数字媒体已经成为继语言、文字和电子技术之后的最新的信息载体。数字电视、数字图像（CG）、数字音乐、数字动漫、网络广告、数字摄影摄像和数字虚拟现实等基于互联网的新技术的开发，创造了全新的艺术样式和信息传播方式。人们现在接触到了丰富多彩的电子游戏、播客视频、网络流媒体广告、多媒体电子出版物、虚拟音乐会、虚拟画廊和艺术博物馆、交互式小说、网上购物、虚拟逼真的三维空间网站以及正在发展中的数字电视广播等，全新的数字媒体时代正在到来。

数字媒体以数字信号的方式通过计算机进行存储、处理和传播。从传播学的角度来看，美国《连线》杂志对新媒体的定义为："所有人对所有人的传播。"因此新媒体就是能同时为大众提供个性化的内容的媒体，是传播者和接受者融会成对等的交流者，而无数的交流者相互间可以同时进行个性化交流的媒体。数字媒体的特征具有交互性与即时性、海量性与共享性、多媒体与超文本、个性化与社群化。传统的线性传播模式在当下体验和数字并行的时代已逐渐式微。

1.趋于个人化的双向交流

数字媒体为传播者和受众提供了能进行实时通信和交换的平台。这种实时的互动性使反馈变得更加容易，同时信源和信众的角色可以随时改变。数字化传播中点对点和点对面传播模式的共存，一方面可以使大众传播的覆盖面越来越大，另一方面又可以使传播的覆盖面越来越小，直至个人化传播，以真正实现个人对个人传播的理想模式。

2.更加贴近人类观念的传播媒体

数字媒体系统能够处理文本、图像、音乐、影像等多种信息，符合人类交换信息的媒体多样化特性。多媒体的实质不仅是多种媒体的表现，而且是媒体（比特流）的可重复使用和相互转换。

3.受众变被动接受为主动参与

在传统媒体的传播中，信息是推（Pushing）向受众，而受众被动接受。在数字世界中，信息按比特存放在公开的仓库（计算机服务器、硬盘或光碟）内，由受众拉出（Pulling）需要的信息。所有的数字媒体都包含互动的功能，智慧可以存在于信源和信众两端。

4.整体大于部分之和的数字内容

数字内容提供的多媒体不是简单地把多

种媒体混合叠加起来，而是把它们有机地结合、加工、处理并根据传播要求相互转换，从而达到"整体大于各孤立部分之和"的效果。

5. 技术与人文艺术的融合

数字媒体传播是文理融合的全新领域，掌握数字媒体技术的应用是传播的基础。此外，数字媒体具有图、文、声、像并茂立体表现的特性，并且可以融合多种媒体表现方式，产生整体大于部分之和的数字内容，并能够有效地传达信息，实现技术与人文、艺术的融合。

2.2.5 数字媒体传播形式

1. 借由大数据的精准传播

数据已经渗透到当今每一个行业和业务智能领域，成为重要的生产因素。数据库的组织结构以网状为主，复杂多变；程序和数据你中有我，我中有你，彼此产生强烈的依赖性。通俗地说，就是数据库和程序之间连在一起，彼此交缠。我们对于这种数据规律的挖掘和运用，实质上也是为了精准营销做铺垫。让数据产生价值，不是大数据自身能够解决的，而是首先要把数据组织成数据资源体系，再对数据进行层次、类别等方面的划分，同时，要把数据和数据的相关性标注出来，这种相关性是反映客观现象的核心。在此基础上，通过分析数据资源和相关部门的业务对接程度，发挥数据资源体系在管理、决策、监测及评价等方面的作用，从而产生大数据的大价值，真正实现从数据到知识的转变，为领导决策提供服务依据。

目标群体的类型是大数据精准传播的对象，也是通过数据分类的主体。分类越细，定位越精准，也为能够做到个性化营销和定位，加强对客户的认知，为客户找到价值提

供可能性。我们在生长过剩的年代需要供需对接，利用大数据，实现恰到好处的匹配，预见性的生产是完全有可能实现的。

2. 多样化的营销手段

丰富的媒介手段为传播与营销提供了广阔的发展空间。数字媒体时代的营销借由媒介的多样化发展，数字媒体与用户日益增长的黏性和丰富的语言表现形式呈现出丰富的状态。例如，视频在数字终端中的使用越来越频繁，它比单纯的信息更易产生记忆和吸引人们关注。数字媒体时代不需要专业的设备或者长视频，短视频和手机拍摄就能收获不错的效果。即使是企业或品牌的新闻稿、财务报表，也可以使用视频来达到更好的传播效果。

在这方面，GE 曾突破大型企业的常规招聘套路，开创了多媒体招聘的先例。该公司树立了"欧文"这个 GE 数字部门的员工，并围绕他拍摄招聘视频广告，以有趣和生动的内容拉近了雇佣双方的关系和情感，使应聘者产生了"GE 的工作环境令人兴奋"的印象。该系列招聘视频在 YouTube 上已获得超过 40 万的浏览量。

3. 从桌面端到移动端

移动端比起桌面端最持久的优势是它具有在用户操作过程中提供语境的能力。不管是通过用户登录跟踪他们的位置，或是根据用户的喜好递送动态和自定义菜单，还是简单地将用户行为与相对流行的产品相混合，都是在用户使用移动应用程序时，对消费者语境的理解和采取的行动，这些都是移动端超越桌面端获得成功的关键因素。

小结

理解并掌握各种数字媒体的表达语言是

设计手段部分需要重点理解的内容，不管是形式语言、试听语言、色彩语言、动画语言，还是交互语言，都不是单独存在于某一种数字媒体艺术表现的形式中，它们既各成系统又互相紧密关联。在传统媒介的表达中，这些语言中的一种或几种综合在一起形成艺术表达，而数字的多媒体形式，使这些语言空前地综合到了一起，也由此形成了更为复杂的表达结构。因此，在单独探讨语言的基础上，艺术风格类似于一种鲜明的组织关系和综合呈现方式，将这些语言有机地组合在一起，通过整体传达出由创新思维捕捉到的闪光点。而媒体形态和传播方式，事实上也从根本上影响了语言的组织方式，从大众传播的视角整合数字新兴媒体的表达方式与手段。

习题

1. 传统传媒采用模拟数据进行媒体设计，转型到数字媒体设计存在什么问题和挑战？

2. 关注近期优秀的数字媒体艺术展览，针对不同的作品，尝试解读作品所用的媒体语言，以及呈现出何种艺术风格。

3. 尝试通过创意思维的思考方法，进行一个主题内容的创想练习，通过思维导图的方式表现出来。

第 3 章

数字媒体的表现形式之一——文字

数字媒体作为不断发展的，以数字形式为基础，艺术表达为外壳的媒体形式，实质上一直处于变化与发展中。随着科技的发展，硬件平台不断推陈出新，社会关系的变革和观念的变化使数字媒体的面貌迅速变化。五大媒体表现形式是数字媒体技术与艺术表现的基本模块，通过这五个模块的内部设计和外部互相组合，可以找到表达数字媒体复杂性的基本思路。

本章将讲述文字的内涵、范畴以及表达的方法，通过本章的学习，读者可以较为全面地了解文字在表达过程中的具体方法，并付诸实践，为后期更为专业和深入的学习奠定技术和艺术融合的基础。

文字是人类为了满足传播、沟通、传承等需求逐渐发展出来的表达形态。在日常生活交流过程中，人类不仅对物加以说明，还把物的发展变化过程表达出来，这就是叙事。文字不但能够通过说明、叙事、记录、说理和抒情的功能来描述现实存在的人和事物，还能够表达人类想象的、希望的、理想的和现实不存在的东西。

从信息传递的角度而言，文字是一个载体。对于媒体应用而言，文字的运用也扮演着十分重要的角色。媒体设计师可以使用文字进行介绍、下达指令、提供协助等。

不同于传统的作者，媒体设计师不但可以使用文字，还可以使用许多不同的媒体元素进行写作。他们需要从用户的角度来考虑如何更有效率地使用文字，比如以动画的方式呈现文字或者链接文字、声音和图像，以获得用户的注意。文字除了文本特性外，还具备图形性。设计手法中对于文字图形化的表现有很多种方式，主要的评判标准为是否能在图形联想中强化文字的内涵。

3.1 数字技术范畴的文字

本节首先介绍传统文字的特性，接下来讨论计算机文字和字体技术。最后介绍媒体文字并进行总结。在阅读完本章后，读者对媒体文字的使用会有较深入的了解。

3.1.1 传统文字

印刷术发明之后，人类大量使用文字作为知识传递和交流的工具。文字书籍的盛行也加快了文字标准的制定。至今，许多以印刷为主的文字特性对于媒体应用仍然是息息相关的。接下来先介绍文字特性。

（a）

serif 衬线体

sans-serif 无衬线体

（b）

△图 3.1　衬线体和无衬线体

1. 字体

字体（Typeface）是同一种文字的书法的不同形体，是文字的外在特征，就是文字的风格，比如英文字体 Times 和 Helvetica 以及中文字体"标楷体"和"新细明体"。字体的设计通常是为了某些特定的目的，比如 'Spartan Classified' 字体是为了让报纸中分类广告内的小字能够看得更清楚而发展出来的。至今字体已有上千种。

字体通常分为衬线体（Serif）和无衬线体（Sans Serif）两种。衬线是一种字体的装饰方式。这类字体的每一个字母都会有一些小的突起，笔画的粗细也不相同，如图 3.1（a）左半部所示。一般常见的字型有：Courier、Garamond、Times New Roman、Georgia 等。图 3.1（b）上部所示为 Georgia 的衬线体字型。由于人眼观看使用衬线体字母写出来的句子会感觉比较流畅，所以衬线体很适合作为书写文本的字体。无衬线体字母没有衬线，有点像用麦克笔书写而成，没有多余的装饰（见图 3.1（a）右部），通常这类字体看起来比较现代。因为从罗马时代就有衬线体的字体型态，历史悠久，看起来有一点古典的感觉。常见的字型有 Frankin Gothic、Futura、Helvetica、Tahoma（见图 3.1（b）下部）。一般无衬线体适合作为标题，除此之外，还有为数众多的各种手写体和特殊字体。

2. 风格

一种字通常具有几种不同的风格（Style）。可以使用不同风格的字来达到不同的表现目的，比如可以用粗体字（Bold）、斜体字（Italic）或下画线（Underline）风格来强调这些字。

3. 点

点（Point）是用来表示一个字母或数字的字体大小。一点大约是七十二分之一英寸。另外一种量测法是用铅字（Pica），一铅字是 12 点或者 6 铅字是 1 英寸。一个字体可以用不同的大小印出。图 3.2 所示为一个 12 点和 24 点的 Times New Roman 字体以及标楷体字体的例子。

12-point **24-point**

江南 **江南**

△图 3.2　12 点和 24 点的例子

4. 字体文件夹

一个字体文件夹（Font）是特定字体、风格和尺寸的完整字母集合。比如 Helvetica、

Proportional

Monospace

△图 3.3　比例字体和等宽字体

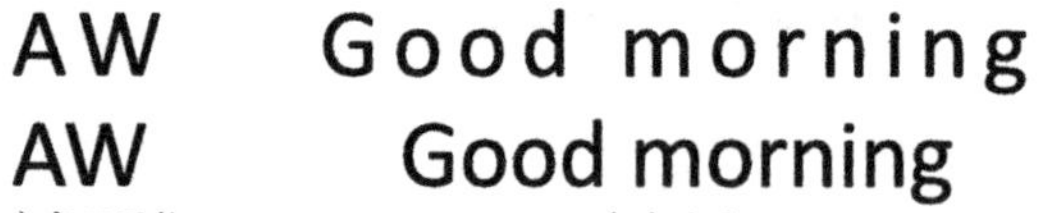

AW　　Good morning
AW　　Good morning

（a）字距调整　　　　（b）追踪

△图 3.4　字距的调整与追踪

Bold、12 点是一个字体文件夹。一个字体具有许多字体文件夹。

有 些 字 体 是 比 例 字 体（Proportional Font），即每个字母的宽度按照一定比例自动调整。另外一种是等宽字体（Monospaced Font），即每个字母所占的宽度相同。比例字体有 Helvetica、Times New Roman、Arial 等；等宽字体有 Courier、Monaco、中文、日文等。图 3.3 所示为比例字体和等宽字体。一般而言，比例字体比较易于阅读。但是早期的打字机和计算机显示由于技术上的限制，不能自动显示比例字体而显示等宽字体。近年技术上的突破，比例字体已经被广泛使用。

5．大小写字母

古希腊及罗马时期的字母只有大写字母（Capital，Small Letters），小写字母是在中世纪渐渐发展出来的。大写字母又称作上层字盘体（Uppercase），这是因为西方在过去活字印刷体时期，大写字体都放在检字抽屉的上层，而小写字母都放在下层，所以又被称为下层字盘体（Lowercase）。

6．字距调整和追踪

由于字母的形状不尽相同，有些字母排列在一起时会产生较大的空隙。比如大写字母 A 和 W 排列在一起时，字母间的空隙就比较大，调整这两个字母间距离的步骤称为字距调整（Kerning），如图 3.4（a）所示。也可以调整整行句子中字母的间距，这又称为追踪（Tracking），如图 3.4（b）所示。

7．行距和对齐

行距（Leading）也可以调整。一般而言，当一行中的字数增加时，行距应该加大才便于阅读。对齐（Alignment）则是调整文字至文字的边缘，如向左或向右对齐，也可以向中也就是同时向左右一起对齐。

3.1.2　计算机文字

使用计算机处理文字和传统的文字处理方法大同小异。文字处理软件让用户很容易的生成和修改本文中文字的特性，包括字体、字形和大小。文字处理软件通常提供一个功能选项窗口，用户可以很容易地对文本进行各种操作，如调整行距和对齐。

所有计算机的数据都是使用二位码来表示，也就是用一系列 0 和 1 的组合来表示。最常用的两种编码是美国信息交换标准码和万国码。

所有的计算机都能处理美国信息交换标准码，它的原始版本是一个 7bit 码，后来扩充至 8bit 码，使可表示的字母和符号多了一倍。使用美国信息交换标准码只能产生最基本的文本文件，包括字母、数字、常见的运算符号、标点符号和一些控制符号，比如，Notepad 就是一个常用的以美国信息交换标准码为主的文字编辑软件。

其他比较先进的文字编辑软件，如微软的 Word，则使用自己独家的编码系统以提供更多的符号和字形字体，同时提供强大的排版功能。如果计算机没有这个 Word 软件或兼容的软件，就无法阅读 Word 文件或者进行任何运作，虽然它们仍然可以直接输出一个纯文本档案。为了能够克服跨平台跨应用的问题，微软提出了丰富文本格式（Rich Text Format，RTR）。丰富文本格式不但包含美国信息交换标准码，还包含排版用的特别指令。微软的 Word 可以直接输出具有丰富文本格式的文档，并可在不同的平台上编辑。

美国信息交换标准码仅能表示英文字母、数字以及少许的希腊、拉丁字母。为了容纳更多语言的文字符号，在 1988 年提出了万国码。万国码是 16bit 码，可以表示 65000 个字母。万国码标准提供了码的次集合，它可扩充表示超过上百万个字母符号。万国码 3.0 版已包括 49194 个字母，几乎涵盖了古今所有的语言。现在万国码已广泛使用在所有的计算机系统和网页之中。

3.1.3　字体技术

字体技术是指在计算机显示屏和打印机显示文字的相关技术，基本上有两种方法：位图字体（Bitmapped Font）和轮廓字体（Outline Font）。

1. 位图字体

计算机显示屏是由像素单元组成的，它的显示分辨率是 800×600 像素，也就是 48 万像素。每个像素可由一个或者多个 bit 来表示。使用一个 bit 可以表示两种色彩值，通常是黑色和白色；使用 2bit 可表示 4 种色彩值。

使用位图字体时，所显示文字中的每一像素都是由一个二位码表示。这些像素码以位图方式投影到显示屏上来显示文字。由于这些像素码需要储存在计算机中，所以位图字体需要占用相当多的内存空间。

使用位图字体最大的优点就是可以精准编辑字中的每一像素。但是因为放大位图字体时通常会产生失真的问题，所以对于不同字体、不同字形和不同尺寸的字，通常都会单独设计它们的位图。如此一来，更加增加了内存的需求。除此之外，在操作时如果位图库中没有想要使用的字，也会造成不便。

2. 轮廓字体

轮廓字体是一种由一组产生字体的计算机指令集来取代用来投影字体的位图字体。相比之下，轮廓字体仅需要十分小的内存空间来储存，同时它也很容易产生不同尺寸、不同字体的文字。

PostScript 文档包括一系列产生文件的指令和参数，计算机可以执行此文档，以在显示屏显示文件或者由打印机打印出来。因为 PostScript 使用轮廓字体，占用的内存空间十分小，所以它在专业出版界已经成为一个标准。除此之外，当媒体设计中需要使用高质量印刷材料时，也会采用 PostScript 的字体。

3. 其他考虑

许多艺术创作者会使用手绘的方式设计不同像素的颜色，以画出文字符号，每个像素会以非常小的方块显示出来。垂直方向和水平方向可以使用一连串的像素很平滑地呈现出来。但是使用一连串的像素来描绘曲线会产生锯齿状的图形（Jaggies）。这时可以使用平滑字型（Anti-Aliasing）的方式也就是混合字体及其背景的颜色，以减轻锯齿效应。Photoshop 软件提供了平滑字型功能选项供用户选择，而 PowerPoint 会自动执行平滑字型过程，以产生平滑的线条。

几乎所有的计算机平台都支持美国信息交换标准码和万国码，如果一个媒体应用使用这两种码来设计它的文件，它的用户就不用担心兼容性或者字体不存在的问题。但是在某些平台上并不存在有些字体，这时计算机会自动选择另一种字体来取代缺失字体，这样会造成无法预料的结果。媒体设计师可以使用两种方法来解决这个问题，第一个方法是首先确定所开发的产品会用在哪些平台上，然后选用这些平台都支持的字体来设计该产品；第二个方法是随着媒体产品附加这个特别的字体，用户可以先下载字体，再运行此媒体产品。虽然不同的计算机平台可能支持相同的字体，但是由于兼容性的问题，相同的字体显示在不同的平台上仍然有所差异。比如微软 Windows 显示 Times 字体和麦金塔计算机显示的 Times 字体就不太一样，所以媒体设计师在产品开发完成后需要在不同的平台上测试，以确保一致性。

3.1.4　媒体文字

随着近年来计算机技术的突飞猛进，计算机文件成为传统印刷业的新利器。使用计算机可以使排版更容易，也更有效率。一般的用户可以使用 InDesign 或者 QuarkXPress 等数字出版应用软件来进行设计与创作。

媒体应用更是将文字的应用从静态的媒体扩展成动态的媒体。现在能够将文字以动态的方式链接到其他的媒体，并以交互式的形态呈现出来。随着用户的互动文字会在显示屏上改变颜色、旋转或以动画的方式呈现，它们也可以链接到图表、图片、声音和视频。

1. 文字和图像

媒体设计师可以用两种文字：可编辑的计算机文字和图像文字。

可编辑的计算机文字也就是由文字处理器或文本编辑器产生的文字，操作媒体设计师可以很轻松地对这类的文字进行如修改、搜索和重新排版的处理。

图像文字实际上就是一个图像。设计师使用图像文字能够设计出具有不同艺术特效的艺术字，图像文字的这个特性很适合用来设计商标或者醒目的标题。由于图像文字是以图像的方式呈现，计算机无法辨识它们的"字"意义。使用图像文字可以让设计师充分发挥他们的艺术才能和想象力，其创造的结果通常具有原创性。因为它们是由像素组成的，所以可以在任何平台上无失真地呈现，这样可以保证设计师的设计原味。因此，有时设计师会将可编辑的文字转换成图像文字。

2. 文字和声音

文字和声音的链接有两种基本方式：语音识别和语音合成。

语音识别通过分析人类说话建构每个字的模型，当人说出一个字后，计算机会加以比对以找出相对应的字。语音识别可以取代传统的键盘输入的方式，使操作更加方便。由于语音识别技术需要结合许多计算机相关的技术，如人工智能和声音处理，目前技术还不够成熟。微软的 Windows 和苹果的 OS X 都提供了语音识别功能，用户可以使用简单的语音指令，如"切换到微软 Windows"和"读我的邮件"来控制计算机的操作。但是，应用软件的表现仍然有待加强和改进。

语音合成则是将输入的文字以声音方式

输出。过去几年出现了许多语音合成应用产品，如微软 Windows 和苹果 OS X 提供的文字到声音（Text To Speech，TTS）功能。使用此功能，可以任意选择某些文字或句子，计算机会将它们"读"出来。

3. 超文本和超媒体

超文本（Hypertext）和超媒体（Hypermedia）是在 1963 年由 Ted Nelson 提出，直到 20 世纪 80 年代 Tim Berners-Lee 发展全球信息网（WWW）后才付诸实现。

超文本是一个链接文字，也就是经由一个文字链接到另一个文字。这个链接可能是很直接简单的，如选择一个字直接链接到这个字的定义；链接也有可能是十分复杂的，比如链接到一个内容清单。许多应用会提供协助功能让用户选择他们希望的链接方式。当搜寻特定的课题，可能会链接到另一个超本文的链接列表，列表上的超本文链接则会依照和课题的关联紧密度依序排列。用户可以依循着超本文链接继续搜寻相关资料。

超媒体是组织媒体元素的信息架构，如 Word 文件可以链接到图像、图片和语音文件。超媒体提供了非常强大的搜索、储存和组织信息功能。超媒体加上全球信息网提供了人类在信息交流的新管道和方法，人们通过它可以取得在线教育的材料、商业信息、广告和各种食衣住行等各个方面的信息。

4. 超文本链接标示语言和扩充型超文本链接标示语言

浏览器，如微软的 Internet Explorer 以及苹果的 Safari 和 Firefox，是在计算机客户端执行的软件程序，它可以从远程的服务器获取信息并将其显示出来。超文本链接标示语言（HTML）是一种标准语言，用来描述浏览器如何链接、显示文字和媒体数据。

HTML 可以用来描述网页的架构，包括段落、图像和表格。除了 HTML 之外，还可以使用级联样式表单（Cascading Style Sheets，CSS）描述网页。CSS 表单是一个文本文件，它为浏览器提供一系列指令，用于描述如何显示网页。当需要改变网页中内容的字体、字型和字体大小时，用户只需要修改 CSS 表单即可，不需要修改 HTML 的程序码。使用 CSS 表单可以简化建构和维护许多不同的网页。

扩充型超文本链接标示语言（XHTML）是 HTML 和扩充型标示语言（XML）的混合体。XML 是一种元语言（Metalanguage），用来描述一组规格和规则以产生另一种语言。设计师可以依据他们的需求使用元语言设计特别的语言，然后使用这种语言进行浏览器的编程。XML 可以提供许多数据处理功能，比如从不同的数据源（如其他网站上的信息）进行搜寻和排序。

5. 便携文档格式

便携文档格式（Portable Document Format，PDF）是由 Adobe 提出的能够保留原始排版文件的格式。无论使用何种平台，PDF 格式都能够保持文件显示的一致性。PDF 格式支持多种类型的媒体信息，也给用户提供许多交互功能，包括声音、动画、视频、超链接，以及提供给视障人士的语音文档等。由于具有这些功能，PDF 已经成为当今电子文件交换的标准了。

Adobe 包含的两个相关应用软件，第一个是 Acrobat 软件，用户需要付费才能使用。使用此软件，用户可以将文件转换成 PDF 格式，加入超媒体的功能，如声音和交互，以及应用的选项，如密码保护和数字签字；第二个是 Acrobat Reader 软件，它可以用来开启和阅读文件。此软件可以在所有平台上执行，而且是免费的。

小结

文字通常是最有效率的沟通媒体。它不但可以表达明确的说明，还可以描述抽象的观念。文字是媒体应用中非常重要的元素。计算机文字传承了传统文字的特色，包括字体、风格、大小等。使用计算机处理文字和传统的文字处理方式大同小异。计算机文字最常用的编码有两种：美国信息交换标准码和万国码。美国信息交换标准码主要以英文为主，但万国码 3.0 版包括了 49194 个字母，足以表示古今中外所有语言中的字符了。

计算机文字的显示技术有两种：位图字体和轮廓字体。使用位图最大的优点就是能够精准编辑文字中的每一像素，但是位图会占用较大的内存空间；反观轮廓字体，因为只需要储存用来产生文字的计算机执行指令，所以需要的储存空间相对小得多。Adobe PostScript 采用轮廓字体，因为能够在任何平台上保持文字显示的一致性，所以被大众接受并成为当今电子文件的标准。

媒体应用更是将文字的应用从静态媒体扩展到动态的形式。使用超文本可以将一个文字链接到另一文字或文件。使用超媒体能够经文字链接到其他的媒体，如图像和声音，并以交互的方法呈现出来。使用图像文字，可以让设计师充分发挥他们的艺术才能和想象力，设计出具有多种风格的艺术字。文字输入也可以利用语音识别和语音合成技术进行替换。语音识别可以取代传统的键盘输入的方式；使用文字到声音的语音合成软件，输入一些文字或句子后，计算机便会将它们"读"出来。最后，使用 HTML 和 XML 可以结合文字和其他媒体信息，有效建构和维护网页。

3.2 数字艺术范畴的文字

本节首先介绍：文字作为文本在设计思维表达中的地位和作用；接下来介绍在设计视野中，文字图形化的意义和表现手法，并讲解中英文文字的具体图形化方法。阅读完本节后，读者可以了解数字媒体艺术中文字的文本表达和图形化设计，并可以通过文中介绍的方法，尝试进行设计文字和文本的策划练习。

3.2.1 内容策划与文本表达

文本是民族文化和思想的表达方式，也是文化产业的核心资源。文本创新是一切创新形式的基础，艺术表达的构思最初就是从文本的构思产生的，创意重在"表达"二字，而基础的文本表述就是设计师头脑中记忆储存的灵感产生的基础，是作品理念表达的第一步。例如，影视动画的文字剧本、创意的核心理念、广告的策划和文案、互动设计的交互脚本以及创新发散过程中的思维导图等，都是通过文本的内在关联，创新表达视角、逻辑描述等得以实现的。作为表现形式创新的基础，文字描述犹如建筑大厦的蓝图，为创新和创作奠定基础，为团队协作统一思想理念。

1. 影视动画的文字剧本

剧本是一种文学体裁，是戏剧艺术创作的文本基础，编导与演员根据剧本演出，与剧本类似的词汇还包括脚本、剧作等。剧本是以代言体方式为主，表现故事情节的文学样式。剧本是舞台表演或拍戏的必要工具之一，是剧中人物对话的参考语言，是一门为舞台表演服务的艺术样式，区别于戏剧和其他文学样式。

动画文学剧本的写作不同于脚本与导演阐述。在写作文学剧本时，不仅需要构思情节动作，还必须给导演留下一定的想象空间。它的基本格式是：标题、故事梗概、场景和

Lion King 狮子王 中英文剧本

From the day we arrive on the planet
从我们出生的那一刻
And,blinking,step into the sun
睁开眼踏进入阳光
There's more to see than can ever be seen
那儿有你看不完的东西
More to do than can ever be done
有你做不完的事
There's far too much to take in here
有太多不容易此这体会经验的事
More to find than can ever be found
有找不完的宝藏
But the sun rolling high
可是太阳高挂在天空
Through the sapphire sky
在蓝色彩多多的天空中
Keeps great and small on the endless round
不论伟大与邈小都保存下来
It's the circle of life
那是生生不息
And it moves us all
由感感动了你我
Through despair and hope
的绝绝望与希望
Through faith and love
历的价价心心爱
Till we find our place
直到我们找到归属之地
On the path unwinding
在我们已知的种种之中
In the circle
在那生生不息之中
The circle of life
生生不息
It's the circle of life
生生不息
And it moves us all
由着令我们感动
Through despair and hope
的绝绝望与希望

Till we find our place
直到我们找到归属之地
On the path unwinding
在我们已知的种种之中
In the circle
在那生生不息之中
The circle of life
生生不息
Life's not fair,is it?
生命真不公平啊!
You see,I... Well,I shall never be king.
你看我呢，永远都当不上王
And you shall never see the light of another day.
而你永远都见不到明天了
Adieu.
再见
Didn't your mother tell you not to play with your food?
你们妈妈没有教你，不要玩弄你的食物
What do you want?
你想干什么了?
I'm here to announce
我是来这里宣布
that King Mufasa's on his way.
大王木法沙要来了
So you'd better have a good excuse.
所以对你今天早上，没有出席哪个仪式
for missing the ceremony this morning.
最好找个借口
Oh,now,look,Zazu. You've made me lose my lunch.
你真真的午餐都没了
Ha! You'll lose more than that...
等又王踩你餐餐之后
when the king gets through with you.
你不完的东西还会更多
He's as mad as a hippo with a hernia.
他就像只拉肚子的河马一样愤怒
Ooh, I quiver with fear!
我怕的全身发抖

Drop him.
刀他，吐出来
Impeccable timing,Your Majesty.
你来得可真是时候，王陛下
Why,if it isn't my big brother...
这不是我大哥吗?
descending from on high to mingle with the commoners.
屈尊降贵的，来跟我这普通人厮混
Sarabi and I didn't see you at the presentation of Simba.
我跟沙拉碧在辛巴的，介绍仪式中没有看到你
That was today?
那是今天吗?
Oh,I feel simply awful!
我觉得好害羞啊
Must've slipped my mind.
我八成是忘了
Yes,well,as slippery as your mind is
是嘛，你怎的不只如如
as the king's brother... you should've been first in line!
身为大王的弟弟 你应该站在第一个
Well,I was first in line... until the little hairball was born.
我原本是第一位 直到这个小毛球出生
That hairball is my son.
这个小毛球是我儿子
and your furry king.
他是你未来的国王
Oh,I shall practice my curtsy.
我该学学我的礼节吧
Don't turn your back on me,Scar.
千万不要背对着我，刀疤
Oh,no,Mufasa.
不，木法沙
Perhaps you shouldn't turn your back on me.
或许是你不背对着我好点
Is that a challenge?
这是一个挑战吗?

I wouldn't dream of challenging you.
我哪教向天王挑战呢?
Pity. Why not?
可惜，为什么呢?
As far as brains go,I got the lion's share.
要说脑袋的话 我是有狮子的智慧
But when it comes to brute strength...
说到蛮力嘛...
I'm afraid I'm at the shallow end of the gene pool.
恐怕我就是基因遗传 比较不明显的例子了
There's one in every family,sire.
每个家庭都会有这个问题 陛下
Two in mine,actually...
事实上我家有两个
and they always manage to ruin special occasions.
而且他们总是想尽办法 就坏特别的场合
What am I going to do with him?
我该拿他怎么办?
He'd make a very handsome throw rug.
拿他做地毯会非常好看
Zazu!
沙狸
And just think,
而且想一想
whenever he gets dirty... you could take him out and beat him.
每次弄脏的时候 你可以拿出去打一打
Dad! Dad!
爸，爸
Come on,Dad,we gotta go! Wake up!
快起来，我们要走了吧!
Sorry.
对不起
Dad. Dad.
爸，爸
Your son is awake.
你儿子已经醒了
Before sunrise,he's your son.
在天亮前，他是你儿子

人物。图 3.5 所示为动画片《狮子王》的剧本片段。

图 3.5 《狮子王》剧本片段▷

2. 广告软文

相对于硬性广告，广告软文一般是由企业市场策划人员或广告公司的文案人员来负责撰写的"文字广告"。软文营销就是指通过特定的概念诉求，以摆事实讲道理的方式使消费者走进企业设定的"思维圈"，以强有力的针对性心理攻击迅速实现产品销售的文字模式和口头传播。软文是基于特定产品的概念诉求与问题分析，对消费者进行针对性心理引导的一种文字模式，从本质上来说，它是企业软性渗透的商业策略在广告形式上的实现，通常借助文字表述与舆论传播使消费者认同某种概念、观点和分析思路，从而达到宣传企业品牌、销售产品的目的。对应产品在市场上走过的导入期、成长期、成熟期，软文的诉求分别是宣扬品类概念、产品力、品牌及服务，这一对应节奏不能过早，也不能滞后，恰到好处的软文内容会为产品带来恰到好处的宣传效果。

好的品牌软文能够从心底激发消费者的共鸣，让消费者觉得你懂他，他便会产生对品牌的认可，并产生优先选择的行为。

无需多言，一句软文，直激人心，品牌定位、价值观以及面向的人群呼之欲出。

好的软文要具备核心三要素：产品卖点、软文主题和内容素材。挖掘可植入软文的核心卖点，抓住产品的 1~2 个卖点进行包装。这些卖点必须是产品最有特色而且最让人印象深刻的点，越独特、越具体越好。选择主题时，需要先找产品对应的目标人群，针对目标人群的特性和喜好来下笔。除此之外，还需有清晰透明的文字质感，语句简洁、直接、表达力强，并含有明确的信息标识使读者能够快速的记住，并增加文案的可信度，当然，也需要让用户阅读时能够产生阅读的快感，如图 3.6、图 3.7 所示。

△图 3.6　网易新闻广告

△图 3.7　大众点评海报广告

结绳
记事 —→ 仓颉
造字 —→ 陶器
符号　　　　甲骨文 —————→ 钟鼎文（金文）—— 石鼓文（大篆）

△图3.8　汉字的演化

音乐艺术通过节奏和旋律的隐喻来表现艺术主题，建筑艺术通过布局隐喻，绘画艺术通过线条和色彩隐喻，影视艺术通过镜头、音响和蒙太奇隐喻，文学艺术则主要是同构情景、叙事、对话与描写来进行隐喻表现，从而将艺术家内心抽象的情感具象为一种艺术形式。由此可见，同构情景、叙事、对话与描写都是文本表达的重要和核心手段。

3.2.2　文字形态的设计与图形化传播

在二维的视觉设计中，文字设计被认为是能够影响整体设计气质的一项重要表现内容。原因在于文字内容在传达过程中的两方面属性：一方面文字具有字义，大众阅读文字内容时，通常关注的是文字传达的字义；另一方面是文字的图形属性，不管是中文还是英文，不同的字体及组合方式都意味着不同的形态表达。而形态往往又具有丰富的心里暗示。这些暗示与字义在结合的过程中便表现出千变万化的内涵，也帮助人们将丰富的图形理解能力运用至对字义更丰富的联想上。

中文作为象形文字的典型代表，以方块外形作为形态主体。许慎的《说文解字》中记载"神农氏结绳为治而统其事"，结绳记事为最早的记载方式，随后由仓颉造字到早期

的陶器符号一路演化为被认为是最早的文字形式——甲骨文。从此，原始文字脱离了任意绘形、任意理解的阶段，产生了一批具有一定意义、可以记录语言的单字，从而成为中国象形文字的开端。汉字的演化过程如图3.8所示。

作为象形文字，中文具有更有趣的形和意的结合方式，区别于西方语言用音表意的特点，中文不但用音表意，其形态也能表意，从设计角度来看具有极大的表现空间。例如，图3.9中的"城府"二字通过笔画的借用，前后虚实关系的表现，较直观地表现了"城府"二字的词意内涵，十分有趣。又如图3.10中的"素然"与"红玫瑰"二词通过笔画和文字形态的设计，一个表现得妩媚灵动，一个则淳朴素简。这种差异的形成主要来源于基础的图形感给人的联想与心里暗示。

细笔画让人产生精致、轻飘、灵活、无份量之感；粗笔画则给人粗旷、厚重、笨重、实在的感觉；尖笔画跳跃、激烈、刺激感强；圆笔画温和柔软更具有亲和感。以此类推，笔头的形态、笔画的走势、笔画之间的组合关系以及字和字之间的组织关系，均能通过人对于图形基本的联想来达到传达文字图形内涵的目的。

△图 3.9 "城府"字体设计　　△图 3.10 两种字体设计的对比

△图 3.11 广村正彰的图形文字设计

　　图形是世界通用的语言，因为人类最基本的感知是类似的，除了典型的由文化差异造成的理解上的差异，图形基本可以作为无国界的传播语言，而文字和语言是有国界的，在传播的过程中会由于语言的差异造成极大的传播障碍。文字形态的设计即是在表达字义的基础上增加图形理解的传达通道，打破语言文字的国界障碍，在同一语言文字区域做到传播更快速、信息量更聚合、个性更鲜明，从而为各类品牌服务。图 3.11 所示为日本设计师广村正彰的图形化文字设计，目的就是通过图形语言强化文字的内涵并无障碍传达。

1. 中文的图形化手法

　　汉字的印刷字体主要有宋体、黑体、仿宋和楷体。这四类字体作为汉字印刷字的基础字体，在传统书法字向印刷体发展的过程中，形成了特有的笔画形态特征。

　　宋体。宋体在印刷体中历史最长，成熟于明朝，是使用最广的印刷活字。其特点是外形方正，笔画横平竖直、横细竖粗，横画和横、竖连接处有装饰角，点、撇、捺、挑、勾的最宽处与竖画粗细相等，尖峰短而有力。横、竖画的粗细比例为 4：1 或 3：1，竖画的宽度为字格宽度的 1/7 或 1/9，画顿角最高处与竖画宽度相等，横画向竖画转角处的顿角比横画顿角稍小。宋体的基本笔画如图 3.12（a）所示。宋体字体规矩稳重，典雅工整，严肃大方，具有古朴、端庄稳重之感，适用于比较庄重、严肃的内容及场合。

　　黑体。黑体又称"方体字"，出现于清末，特点是外形方正，笔画粗细一致，起落笔均呈方头。黑体字结构严谨、笔画单纯，方正有力，朴素大方，有强烈的视觉冲击力。黑体的笔画宽度大致均等，一般为字格长度的 1/8，可以根据笔画的多少加大或减小笔画的宽度。黑体的基本笔画如图 3.12（b）所示黑体字朴素端庄，没有任何装饰的特点，是创意字体设计的基础字体，适用于需要强调的标题、广告用语、路牌等。

　　仿宋体。仿宋体是摹仿宋版书的一种字体。由丁辅之、丁善之兄弟发明，特点是字体挺拔自然，字形秀美。仿宋体所有笔画粗细基本相同，字身略长，起落笔有顿角，横画向右上略翘起，点、撇、捺、挑、勾尖峰较长。仿宋体的基本笔画如图 3.12（c）所示。仿宋体常见于书刊的小标题广告、包装、样本上的说明文字。

　　楷体。楷体是传统的楷书在印刷字体中

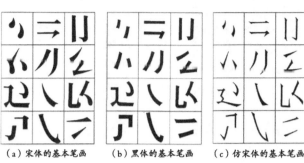

（a）宋体的基本笔画　　（b）黑体的基本笔画　　（c）仿宋体的基本笔画　　（d）楷体的"永"

△图 3.12　四类字体的基本笔画

的延续，它笔迹有力、粗细适中、笔画清楚、易读性很高。楷体的"永"字如图 3.12（d）所示。

此外，隶书、魏碑等字体现也都有成系统的印刷字体。在中小学的启蒙教材中大量使用，是幼儿学习中国汉字最实用的印刷字体。

从中文的字体结构来看，汉字全体字组合模式可分为四大类 13 小类。

（1）并列结构

① 左右并列结构，如银、枝、灯。

② 左中右并列结构，如鸿、淋、衔。

（2）上下结构

① 上下结构，如朵、泉、灾。

② 上中下结构，如煎、塞。

（3）包围结构

① 全包围结构，如困、囵、团。

② 上三包围结构，如闲、闻、阅。

③ 左三包围结构，如匡、臣、匠。

④ 下三包围结构，如函。

⑤ 上左包围结构，如厢、床、庄。

⑥ 上右包围结构，如氮、句、可。

⑦ 下左包围结构，如遮、毯、勉。

⑧ 下右包围结构，如斗、头。

（4）框架结构，如坐、乘、巫。

汉字轮廓形似方块，但是由于笔画不同，字体轮廓的形状会呈现不同的形状，所以在视觉均衡上会有些许视觉偏差，尤其是单体字和合体字组合笔画会显得不好看。图 3.13 所示为文字设计的基础就是在不同形状的字形上调整和处理，让它们看起来更加完整、均衡。图 3.14 中的等高、等宽的三角形、正方形、圆形在视觉上是不等大的。针对这种视觉上的偏差，通常使用顶格、缩格、出格等方法来平衡字体。由于整体结构不同会产生的视觉差异，所以解决的办法是，把具有视觉放大效果的外包围形态进行缩格处理，使整体向内稍微缩紧；将具有较多虚空间的形态，稍向外放出一点，使整体稍微扩大，如图 3.15 所示。这种微调能够使本来视觉不等大的字体形态，看起来更加均衡、等大、视觉更完整。

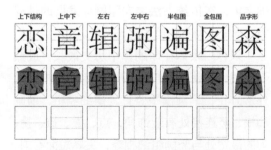

△图 3.13　不同结构的字体重心

△图 3.14　汉字的基本型

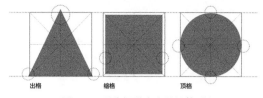

△图 3.15　平衡视觉大小的具体手段

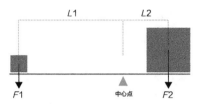

△图 3.16　杠杆原理 $F1 \times L1 = F2 \times L2$

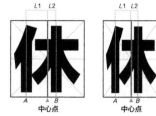

△图 3.17　字的垂直中心

汉字，特别是左右结构的汉字，可以借助杠杆原理来分析字体结构不同带来的视觉上的平衡与不平衡感。杠杆原理：动力 × 动力臂 ＝ 阻力 × 阻力臂，简单理解就是距离中心点越近，$F2$ 越重，才能与离中心点远的 $F1$ 平衡，如图 3.16 所示。

结合汉字方格，中心点就是方格的垂直中心，例如，图 3.17 中的"休"字，右侧"木"的垂直中心为 B，单人旁的垂直中心为 A，只有 B 与中心点的距离越近，A 与中心点的距离越远，整个字体组合的字体重心才平衡、均衡。当字体变形时，把字体拉长或压扁都是同样的道理，需要细调偏旁部首让重心更平稳、均衡，视觉更加完美。单独看每个字都有一个独立视觉重心，设计字体就是要兼顾每个字体的重心，让整体更加平稳、均衡。

字体的框架结构犹如人的骨架结构，是支撑文字基本形态的架子，不考虑笔画轮廓形态，依据架子的不同，不同字体就已经呈现出不同的外观。在字体骨架的基础上，笔画的外形轮廓能为文字呈现出更多不同的个性状态，如图 3.18 所示。

字体骨架与笔画外形共同的变化，特别是加入图形化元素之后，能为中文字带来千变万化的姿态和丰富的情感表现，如图 3.19

与图 3.20 所示。

△图 3.18　字的不同外形轮廓与不同风格

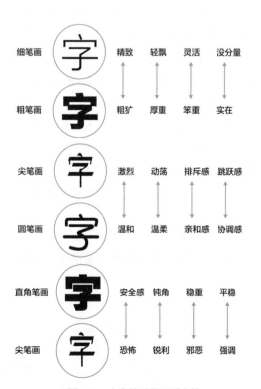

△图 3.19　文字笔画的不同个性

△图 3.20 不同笔画特征为文字带来的不同外观

△图 3.21　连笔设计　　　　　　　　　　△图 3.22　笔画借用

下面介绍一些常见的、有效的文字造型方法。综合运用结构、笔画形态和图形感等因素，从文字的情感与内涵表现角度出发，进行造型。

（1）连笔

通过连接文字组合中局部的笔画，将本来分割的单个方块字通过连贯的笔画形成一个视觉整体。连笔设计需要在文字组合的结构中找到合适的笔画基础形态，再通过变形、局部分割等手法将原本没有关联的笔画贯穿使用，并符合文字组合的内涵，如图 3.21 所示。

（2）借用

笔画借用是针对两个字以上的词组，为了通过图形感来表达词组内涵而将局部类似的笔画合并或省略，一个笔画服务于两个或几个文字，形成意味深长的图形感表现，如图 3.22 所示。

（3）置换

通过具有相似感的图形置换文字中的局部形态、局部笔画或整个文字，置换的图形必须与文字内涵一致，并能够通过图形放大文字的内涵表达，如图 3.23 所示。

△图 3.23　笔画置换

（4）文字象形

文字象形是图与文最深度的结合，图即是文，文即是图，通过图文结合，直观、快速、强烈地传达内涵，是文字设计中常用的手法。因为中文字本身就是以象形文字为主的文字，所以图文结合能产生意想不到的趣味性，如图 3.24 所示。

（5）附加图形

文字标题，特别是较为抽象的文字标题往往在设计上难以体现叙述的内涵。这时，附加图形也是一种简便、有效的手法，在原

△图 3.24　文字象形

△图 3.25　文字附加图形

△图 3.26　文字的结构与重构

△图 3.27　文字的肌理表现

△图 3.28　文字的立体表现

有文字的基础上添加直观图形，用图形来增强原有标题文字的表述能力，如图 3.25 所示。

（6）解构与重构

解构与重构是一种常见的设计手段，在文字中这几种都可以使用，拆解原有笔画通过新的规则将这些笔画、图形重新组合，形成特定的含义表达，如图 3.26 所示。

（7）肌理

文字的肌理是在字形设计的基础上通过特殊的肌理感觉，为文字赋予特殊的感觉与意义表达，如图 3.27 所示。肌理的使用服从于文字内涵与背景。

（8）立体

在二维空间中创建三维错觉是平面设计的重要手法，文字设计运用立体手法，可以使文字产生有趣的空间感，突出其图形的特性，如图 3.28 所示。立体手法多种多样，不同的表现也会形成不同的体块感觉，形成设计的趣味性。

（9）文字堆砌

堆砌的手法特别适合同时具有中英文文字，并且字数较多，需要形成整体的情况。需要注意的是，中文与英文的字体只有从形态上相契合，才能形成有机的图形组合，如图 3.29 所示。

△图 3.29　堆砌手法的设计

（10）虚实

虚实是利用"图"和"底"的关系，巧妙利用文字组合中正形和负形的关系，形成文字设计的巧妙感，以符合文字组合需要表达的内涵，如图 3.30 所示。

△图 3.30　运用虚实关系的设计

中文字体的设计首先要从字义出发，有明确的目的和功能；其次协调一致，适度灵

（a）埃及文字

（b）楔形文字

△图 3.31　文字的起源

△图 3.32　新罗马体　　　　△图 3.33　卡洛琳体

◁图 3.34　哥特体

图 3.35　活字印刷▷

活，保持匀称的设计节奏感，易于识别辨认，外形的设计程度根据字义来确定。

2. 英文的图形化手法

拉丁字母起源于图画，脱胎于复杂的埃及象形文字（见图 3.31（a））。大约 6000 年前，埃及产生了每个单词都有一个图画的象形文字。象形文字虽然是最初的文字符号，实质上它们是事物高度概括的图画，也称"图画文字"。希腊人在与腓尼基人的交往中，吸取了埃及、腓尼基的文化，创造了希腊文字，成为现代拉丁文字母的雏形，在后来的发展过程中，罗马字母继承了希腊字母的一个变种，并把它拉近到今天的拉丁字母，从这里开始了拉丁字母历史上有现实意义的第一页。

新罗马体（Times New Roman）被《泰晤士报》首次采用，也叫泰晤士新罗马。这个字型由于其中规中矩、四平八稳的经典外观，很快博得了大众的青睐，获得了极大的成功。它可能是最常见且广为人知的衬线字体之一，对后来的字型产生了深远的影响。之后尽管泰晤士报已不再使用 Times New Roman 字体，但 Times New Roman 字体已成为经典字型之一，迄今仍广泛使用在图书、杂志、报告、公文、广告、屏幕显示等方面，

如图 3.32 所示。

到公元 4 世纪，由于对快速书写的需要，出现了对大写字母笔画省略、压缩或直线改圆线，比例较小的小写以安色尔体为代表。公元 8 世纪产生了卡洛琳王朝时期的卡洛琳体，这种字体完善而又统一，当时在欧洲被誉为最美观、实用的字体，并对欧洲的文字发展起了决定性作用。在历史上形成了拉丁字体发展的黄金时代，这种小写字体的结构规范一直被沿用到现在，如图 3.33 所示。

从公元 13 世纪开始，哥特艺术风格对欧洲的文字形式发生了深刻的影响，为了区别于其他字体，一般也叫它折裂字体，如图 3.34 所示，哥特体在文字装饰性的表现上虽迈开了一大步，但它的书写、识别功能很难像装饰性那样得到后人的好评。

15 世纪中叶德国人发明铅活字印刷，对拉丁字母形体的发展起到极为重要的影响，基于当时活字印刷字体的刀刻制版工艺，当时字体的结构、笔形变化主要源于刀刻中的运刀势态，开创了拉丁字母的新风格，如图 3.35 所示。

在一套完整的字母体系中，数字也是重要的组成部分之一，阿拉伯数字是 11 世纪从印度经由阿拉伯传到欧洲的。早期的希腊、

△图 3.37　以标准字体为
基础的装饰

△图 3.38　连笔、组合、局部色块

△图 3.39　字母装置化

罗马文件中是没有标点符号的，文章中的句子用小点分开。直到 15 世纪，随着印刷业的发展，标点符号才逐渐变得专业化。

英文字体可分为衬线体、非衬线体和手写体等几大类，与方块形的汉字不同，拉丁字母包含方形、圆形、三角形 3 种基本形及其组合变化，因此不可能被纳入同样大小的方格之中，除此之外，拉丁字母自古横行排列，故字高相对统一，而字面的宽度因字而异。这种尺度的差异可称为"字幅差"。从基本形态上可以分为三类：方形（H、N）、圆形（O、Q）和三角形（A、V），如图 3.36 所示。

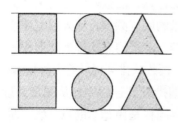

△图 3.36　拉丁字母的基本外形

当代的英文字体设计主要建立在衬线体和非衬线体基础上，有以下几类常见的设计手法。

（1）以标准字体为基础的装饰

与中文设计中的肌理类似，这个方法是通过材质感来增强文字基本形态的表现。与中文不同的是，拉丁字母的基本形态比较简单，单纯的笔画组合留出较多的空间余地来表现质感。以标准字体为基础的装饰手法也是英文设计中较为常见的手法，如图 3.37 所示。

（2）连笔、组合、局部色块

拉丁字母在创建连笔和组合的过程中，更容易形成笔画间全新的组合方式，但由于英文字母本身的识别性较强，因此灵活性更强，如图 3.38 所示。

（3）字母装置化

英文简约的形态更方便通过装置化的思路来形成设计的惊喜感，如图 3.39 所示。

（4）字体组合＋花式变化

通过文字之间有机的组合和风格化的笔画变形形成整体的文字面貌，如图 3.40 所示。

（5）字母填充形态

将字母组合通过适当的变形，填充至具有特征的图形轮廓中，一方面能突出大图形

△图3.40　字体组合
+花式变化

△图3.41　字母填
充形态

△图3.42　立体

△图3.43　虚实

的整体表现，另一方面还具有文字的可阅读性，如图3.41所示。

（6）立体

拉丁字母形态比较简约，有利于表现各种空间立体形态。通过一个轴向的拉伸，来产生有趣的空间感，适当的结合材质更能做到形态和质感上的双重隐喻，如图3.42所示。

（7）虚实

虚实关系主要体现在文字设计中"图"和"底"互换的过程中，如图3.43所示。

3. 文字群的编排与阅读习惯

文字除了从单体形态上考量其表现形式，另一视角是在文字形成文字群，也就是常见的段落、分行、短句等文体时的整体表现。通常文字群在Word文档中是以"对齐""行距""字距""字号"等方式表现，看似简单常见，但编排得当与否将直接影响到读者阅读与理解的效率。其次，编排时的形式同样能起到图形化表现的作用，用于体现文字群表现出来的情绪内涵、阅读的节奏感等。

对于传统媒体，如书本、报纸、杂志等，人们正常的阅读距离是30~35cm。因此通常9~12磅大小的文字适合正文使用。一般小于6磅的文字会难以阅读，老人则难以看清小于

10磅的文字。中文的行距应控制在半个到一个字符之间，确保段落的行间距大于字间距，以保证阅读的流畅性。字间距大于行间距，通常会造成难以阅读或误以为竖向阅读的问题。中文书籍正文每行排印20~35个字比较合适，西文每行平均7~10个单词，有40~70个字符，比较容易阅读。少于此会造成读者视线频繁移行，从而导致人目光长距离水平移动而疲劳。

在文字群编排的过程中，单个字符或成组字符的大小、位置及与周边的留白关系能有效形成阅读过程中的节奏感。这时空白就是很好的停顿，而紧凑的位置关系会形成焦急与紧张的阅读频率，让人感觉到节奏上的连续跳跃。字符的点状排列能形成间歇的跳跃节奏，而线状排列可以给人流畅感。因此，在文字编排设计过程中，从图形角度来看，与单体字同样是由基本的点、线、面元素的构成的变化，使文字群在表达过程中呈现出丰富的图形感，传达出一定的情感特征，如图3.44所示。

文字编排中的字族概念："族"是族类的意思。设计学中一个字族是指一组专门设计的、一起协调使用的字体。最典型的字族由4种字体组成，而它的名称通常取自于字族中

△图 3.44　文字的点、线、面排布

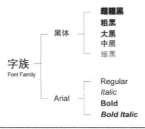

△图 3.45　中文和英文的字族

"常规"分量的正文字体。正文字体、粗体、斜体和粗斜体 4 种补充字体构成一个完整的组合。例如，Times New Roman、Bodoni 或 Helvetical，每个字体类型中均包含 4 种补充字体。需要说明的是，一些字族少于 4 种字体（如 Century Old Style 就没有粗斜体），但是通常有很多字族包括 4 个基本字体以外的字体。流行的字体常常会包含许多组成部分，在无衬线体中尤其如此，因为它们比衬线字体更易于以不同的分量和宽度进行再设计，如图 3.45 所示。

同一版面中的文字编排，大标题、中标题和正文等通常需要运用字族中的字体进行区分和排列，设计上的统一性使得字族中的文字具有共同的结构和笔画特性，也比较容易形成统一的视觉感受。在一个版面中通常不建议混合使用 3 种以上的字体，这样容易造成设计风格混乱和视觉的凌乱感，如图 3.46

所示。两个案例海报中的文字编排，就很好地兼容了字体的不同形态，突出重点，通过大小关系的控制，引导阅读流程。搭配不同字体时，注意它们之间的包容性，既要有区别，又要协调统一。中西文混排时，注意字体风格协调，英文要选择英文字库，不要使用中文字库中的英文字形。

（1）中文的编排

中文字是方块字，一个文字单位通常为一个正方形或长方形，也是由于这个特点，同等大小的字号，一行中文比一行英文的行高要更高一些，不如英文句子容易形成线性的视觉感受。线性感不仅有利于视觉阅读，也更具形式美感，这也是为什么在现代印刷字体背景下，英文字似乎具有"天生的"设计感的原因。因此，在中文的编排中，对于字间距和行间距的控制尤为重要，适当缩小字间距扩大行间距能使中文段落形成"线性

△图 3.46　版面中的文字编排

△图3.47 具有中国传统线性形式感的文字编排

△图3.48 具有中国传统形式感的文字编排

感"，一方面便于阅读，另一方面形成线性的形式美感，如图3.47所示。

中国文字发展历史源远流长，中文书法字体结构丰富多变。中文编排有丰富的内在资源可以借鉴学习，如图3.48所示。

（2）英文的编排

纯英文的版式比中文具有更大的自由度，字母不管是单体还是组合，都很容易寻找到点、线、面的形式感，如图3.49与图3.50所示。

（3）特殊的编排

文字编排的首要职能是为阅读服务，因此，易读性是文字编排的第一要点。但是有些文字的编排似乎并不符合易读的第一需求，这样的编排通常是将文字作为图形样式进行设计组织，而此时的文字易读性就让位于画面表现的艺术性，设计者通过特殊的编排方式既赋予画面文字的阅读感，又具有图形的形式美感，产生趣味横生的画面效果，如图3.51与图3.52所示。

△图3.49 英文的编排

△图3.50 英文的编排

△图3.51 英文的特殊编排

△图 3.52　中文的特殊编排

小结

文字是集含义与图形暗示于一体的综合表达手段。从设计角度来看，文字首先是作为表达思想的文本，属于广义文学的一部分，通过结构化的、具有目的的方式为艺术表达服务；其次，文字是传达内涵的符号集，是版式表现中的重要元素，而最特别的是图形属性。从纯粹的设计表现角度，文字的内涵和图形表现应该是相辅相成的，图形表达内涵，内涵成为图形化的依据，使文字的设计表现更具表现空间和趣味性。

在数字媒体中，文字亦是不可或缺的媒体表现形式，一部分的基本设计思路延续了传统媒体设计中的具体手法，但是随着媒体形式的发展，文字也迎来了广阔的表现空间，特别是由平面空间进入三维空间中，原有平面中对三维的探索，反过来也可以转变为在三维空间中探索平面的图形趣味性，表现手段丰富多样，等待广大设计者去完善、丰富。

习题

1. 如今媒体应用将文字的应用从静态的媒体推广成动态的媒体。现在能够经由文字以动态的方式链接到其他的媒体，并以交互式的形态呈现出来。在未来，数字媒体应用上有哪些文字相关的应用和挑战？

2. 用笔、尺等工具辅助书写印刷字体，书写时注意笔画细节和字体结构。

3. 尝试临摹书中的字体设计案例，在这个过程中体会文字笔画的变化与组合方式。

4. 关注各种媒体上的文字段落，看看它们的字型、字间距、行间距有何不同，留意具有艺术美感的文字排版案例。

第4章
数字媒体的表现形式之二——图像

图像是非文字的形象表示法。图像涵盖的范围十分广，包括简单的素描、图表、图形、标识、绘画、相片以及电影或动画中的一帧图像。数字媒体应用了大量的图像来表现媒体信息，为了使计算机和网络平台能呈现各种图像，图像必须以数字化方式呈现。

图像也是视觉传达的主要形式，是静态信息的主要传播通道。整合了图形、色彩、空间、表现手法等要素的图像，能通过视觉直观而综合地传递信息，形成整体视觉印象，表达情绪、情感，进而产生联想。但是，由于其主要通过视觉通道传播，所以也必须具备符合视觉原理的形态，才能有效传播。

图像设计的技术过程是通过手工绘制、计算机合成处理，或者影像技术等手段完成图像的诞生和再加工，是利用复合方式进行的创造性的图像处理方法。图像的内容折射出设计者的情感、观念和技术水平，并通过此对观看者产生直接的情绪影响。图像被广泛应用于各类媒介中传播信息，常见的有广告、包装、展示和影视等信息载体，随着新媒介的发展，也拓展出更多的应用场景，并由全静态向微动态等新领域发展。图像的表达直观而生动，是人们通过视觉获取信息的主要手段，并因为其形象的表达和人眼对图

像天生比文字内容具有更强、更快速的传播特征，也能在某种程度上影响观看者的情感，形成共鸣并加深印象。

4.1 数字技术范畴的图像

本节首先介绍传统图像的基本概念，包括图像的形态和再生过程；接下来介绍二维计算机图像的点阵图和矢量图形态；最后介绍三维计算机图像的基本概念。阅读完本节后，读者就会对数字化影像的表示法以及如何使用计算机平台进行二维/三维数字影像的运作，包括生成、编辑和绘制的工作有一个完整的了解。

4.1.1 传统图像

本节介绍传统图像的基本概念，包括图像的形态，如线条艺术（Line Art）、综合色调（Contones），以及图像再生过程的基本概念，如条形屏（Linescreen）、半色调（Halftones）和印刷四色（CMYK Color）。

1. 线条艺术

线条艺术使用一系列的线条组合来绘制图像。由于每一条线都不同，所以线条艺术

（a）线条艺术图像　　　　　　　（b）灰阶图像

△图 4.1　图像表现方式

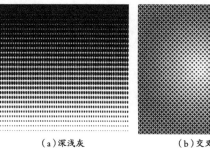

图 4.2　半色调▷　　　　　　　（a）深浅灰　　　　　　　（b）交叉形

不是一个连续的色调。它通常只使用黑色和白色两种颜色，有时也可能使用不同的组合，如蓝和黄。在计算机图像中，我们常称线条艺术为 1bit 以及位图（Bitmap）。图 4.1（a）所示为一个线条艺术图像的例子。

2. 综合色调

综合色调也是产生图像常用的方法。综合色调是指一个图像由连续变化的颜色渐变组成。传统的黑白相片就是一个从白到灰再到黑的色彩深浅变化的综合色调图像。在计算机图像上综合色调图像被称之为灰阶（Grayscale）图像。图 4.1(b）所示为灰阶图像。

传统的图像通常使用相同的制作过程直接模仿原始范例（Masterpiece）完成。比如一个画家可临摹原始图像，相片则由原始图像的负片直接复制。使用这种方法可制作高质量的复制品，但是并不适合大量复制。所以，必须使用更有效率的方法来复制不同种类的绘画、相片以及在书、杂志、报纸中使用的图像。

3. 条形屏

使用木刻是制作线条艺术图（如复制负片）的方法。这种方法十分费时，效率很低。另一种效率比较高的方法使用非常小的点，再通过安排这些小点来复制线条图像。这种方法使用印刷技术进行复制。当使用比较大的点时会产生比较粗糙的图像复制品，而只有使用比较小的点，才能产生比较接近原始图像的复制品。这些用于印刷的点的大小又称为条形屏或每英寸线条数（Lines Per Inch，LPI）。报纸印刷采用比较大的点，大约为 85LPI。杂志印刷采用较小的点，大约为 150LPI 或更小的点。

4. 半色调

可以用墨点来复制综合色调图像。半色调是其中一种方法，它利用黑白色调的比例来显示不同的灰阶。比如，在白色背景上加入比较密的黑点在视觉上会呈现出比较深的灰色；反之，加宽黑点之间的距离，则视觉上是比较浅的灰色如图 4.2（a）所示。这些黑点的大小不一定相同，比如可以在白色背景使用比较大的黑点来显示比较深的灰色；也可以用点以外的不同形状来显示黑色，比如，图 4.2（a）所示为线形的半色调图像，图 4.2（b）所示为交叉形半色调图像。

5. 四色印刷

可以使用墨点来复制彩色的图像，四色

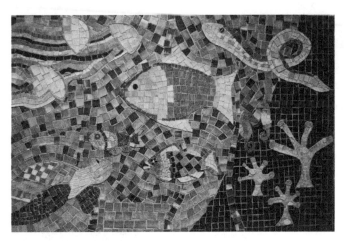

△图4.3　马赛克的例子

印刷是常用的方法。四色包括青色（Cyan）、品红色（Magenta）、黄色（Yellow）以及一个关键色。该关键色通常是黑色（Black），四色又称为CMYK色。使用这4种很小的色彩点做不同的组合就可以产生许多不同的色彩，比如混合相同数量的青色和品红色色点就能生成蓝色。

人类的视觉感知是通过减法（Subtractive）的过程感觉到色彩的存在。当光源投射到物体表面，图像中的色料会从光线中吸收对应的色彩，而人的眼只能看到剩下的色彩。计算机显示屏上的色彩正好相反，它采用加法（Additive）的过程产生色彩，也就是说，它将不同量的红光、绿光和蓝光（RGB）加在一起产生不同的色彩。当需要打印在显示屏中看见的图像时，必须将显示屏使用的RGB色彩格式转换成CMYK色彩格式才能打印出来。由于转换这两种格式可能会产生误差，因此会造成显示屏和印刷图像的色差问题。

4.1.2　二维点阵图像

二维图像有两种形态：点阵图（Bitmapped）和矢量图（Vector Drawn）。点阵图适于表现细致的图像，如相片和绘画；矢量图则适用于很多绘图的应用，如简单的图像、

标识以及精致的艺术创作。

点阵图很像传统的马赛克图。马赛克图是由许多彩色的石头、玻璃或砖块组成的，如图4.3所示。也可以用像素（Pixel）组成点阵图。像素通常是一个小方块，可给每个像素一个色彩的编码。这个编码的比特数决定一像素有几种颜色，比如，1bit的编码允许像素有两种颜色，3bit的编码允许像素有8种颜色。每像素的颜色和在矩阵格子中的位置都用编码方式记录起来，然后将这些像素投影到相应的格子中组成点阵图。

1. 三种点阵图

点阵图有3种：线条型、灰阶型和彩色型。因为计算机产生的线条通常只有黑色和白色两种颜色。所以它的像素只需要1bit用以区别两种颜色。线条型点阵图很适合一些黑白分明的图像，如图表和签名。也可以将灰阶型或彩色型的点阵图转换为线条型的点阵图，如设定一个临界值，当像素色彩编码大于这个值时，设定此像素为黑色，反之为白色。由于线条型点阵图的色彩编码只需1bit，所以它的档案相对比较小。灰阶图像由黑色、白色和许多不同阶层的灰色组成。计算机灰阶色彩编码通常是8bit，也就是说它可

代表 256 种由浅到深的灰色，这对于许多绘画和印刷的非彩色图像是足够的。彩色点阵图由彩色像素组成。每像素的色彩编码比特数决定它可以表示几种颜色，我们又称它为图像的比特深度（Bit Depth）。最常用的图像比特深度有两种：8bit（256 种颜色）和 24bit（16.7 百万种颜色）。如果图像的色彩要求不高，8bit 就足够了，如果是达到相片质量的高要求，则需要使用 24bit。

当使用 24bit 深度时，计算机屏显示的色彩取决于如何混合红、绿和蓝 3 种基本色彩。每一种基本色彩由一个 8bit 编码来表示，比如，红色的 8bit 编码值为 0 时代表黑色，为 255 时代表亮白色，为 1~254 时代表不同亮度的红色，当红色和绿色编码值为"0"，蓝色编码值为"255"时会产生亮黄色。可以使用更高的色彩编码比特数表示不同的色彩特效，比如可使用 32bit 的色彩编码，其中每一个基本色彩用一个 8bit 色彩编码表示，剩下的 8bit 编码可用来表示色彩透明度或其他特效。

画家一般使用调色盘选择绘画时所需的色彩颜料。当画家使用计算机作画时，计算机也会提供调色盘（Color Palette）的功能，通常使用 8bit 的查找表（Look Up Table）来指定调色盘。因为麦金塔和 PC 使用不同的 8bit 调色盘，所以这两个计算机屏显示的图像色彩会有所不同。然而网页应用通常会在不同的计算机平台上执行，为了确保网页在不同平台的显示一致的色彩，可以使用网页安全（Web Safe）调色盘设计网页。网页安全调色盘就是选用这两种平台都支持的色彩，这样，在这两种平台上显示使用此调色盘设计出的网页时，会得到一样色彩的图像。

2. 点阵图质量的考虑

点阵图档案包含组成一个图像所有像素的资料。这些档案的大小取决于点阵图质量

的要求。比如一个显示在分辨率 800×600 像素显示屏的黑片图像档案大小大约为 60KB，然而显示在同一显示屏的高画质彩色图像（每像素 24bit 色彩编码）则有 1.4MB。当使用高质量图像时，点阵图档案会变得很大，这对于数字媒体应用程序如储存空间和处理器是很大的负担。设计人员在设计时应仔细考虑计算机平台的效能和资源，以选用适当的点阵图形态。

点阵图的质量取决于两个因素：第一个因素是像素的密度，又称为空间分辨率（Spatial Resolution）；第二个因素是每像素可以显示的色彩数，又称为色彩分辨率（Color Resolution）。影像显示在显示屏的空间分辨率是指每英寸的像素数（Pixels Per Inch，PPI），而印刷图像的空间分辨率则是每英寸的点数（Dots Per Inch，DPI）。扫描器、数码相机以及图像软件都可选择不同的空间分辨率。一般地，使用越高的空间分辨率能够生成越清晰的图像，但是资料量较大时也意味着需要较大的储存空间。反之，使用较低的空间分辨率生成的图像虽然比较模糊，但是资料量也比较少。图 4.4 所示为不同空间辨识率的图像效果。选择适当的空间分辨率，以权衡图像质量和图像资料量在数字媒体应用设计上十分重要。

（a）300PPI 的图像　　　　（b）72PPI 的图像

△图 4.4　不同 PPI 的图像

选择空间分辨率另一个考虑是与设备的

相容性（Device Dependent）。图像显示在输出组件的尺寸取决于该元件的空间分辨率。计算机显示屏的空间辨识率通常比较低，比如苹果计算机的显示屏为72dpi，PC的显示屏为96dpi。打印机则使用比较高的空间分辨率，为300dpi。假设有一张由空间分辨率每英寸300dpi的打印机印出来为3英寸×4英寸的图像，当这张图像显示在苹果计算机屏上时会放大4倍。如果想要在苹果计算机显示屏上看到一样大小的图像（3英寸×4英寸）需要将图像的空间分辨率从300dpi减小到72dpi。这个过程又称为重新取样（Resampling）。数字媒体应用常常需要生成不同空间分辨率的点阵图像，以匹配不同的输出组件，如打印机、投影机和显示屏。

重新取样是提高或降低一个样本取样数的取样过程。提高取样数，以提高空间分辨率的过程称为上行取样（Upsampling）；降低取样数，以降低空间分辨率的过程称为下行取样（Downsampling）。使用上行取样可以增大图像的显示尺寸，但会增加样本像素的数量。由于在上行取样的过程中，计算机需要猜测增加的像素色彩所以产生影像的质量通常会比原始图像差。反之，使用下行取样可以缩小图像的显示尺寸从而减少样本像素的数量，产生的图像比较小，所以质量也会比较好。从上述分析来看，使用下行取样会得到质量高且像素数比较小的图像。从数字媒体设计的经验角度来看，当获取原始图像时，应尽可能采用最高的空间分辨率。

当在显示屏上调整点阵图像大小（Resizing）时，可以看到上行取样和下行取样的效应。放大点阵图像，计算机必须产生更多的像素，以填满较大的显示空间，从而造成图像质量比较差的结果。反之，当缩小点阵图像时，通常能够维持原图像的质量。也可以只调整点阵图像的大小而不重新取样，但是当过度

放大时，图像会出现锯齿状的失真，如图4.5所示。

△图4.5　过度放大产生锯齿状的失真

色彩分辨率是可以表现每一个像素的色彩数。简单的图像一般不需要太高的色彩分辨率，比如只需要使用16种色彩就足够，每像素只需要一个4bit的码来表示。对于一些需要许多色彩的图像，如相片，每像素可能有上百万种的色彩变化，需要使用更多比特数的码来表示不同的色彩，也就是使用比较高的色彩分辨率。但是高色彩分辨率需使用更多的比特数，因此数字图像档案也更大。

较低的色彩分辨率意味着可使用的色彩数比较少，当图像使用到调色盘中没有的色彩时，必须选用调色盘中最接近的颜色来替代，这个过程又称为量子化（Quantization），也就是使用舍入法（Rounding Off），将样本编成数字码中最接近的值。比如，一个灰阶图像使用8bit的色彩分辨率，当减少到1bit色彩分辨率时（只显示黑白两种颜色），量子化过程重新将暗灰色（色彩分辨率大于128）设定为黑色（色彩分辨率等于1），浅灰色（小于128）设定为白色（0）。图4.6所示为灰阶图像和量子化后的黑白图像。

对彩色图像进行量子化时，由于使用舍入法可能会产生色彩带（Color Banding）的现象而无法显示如原图像一样的平顺色彩。比

（a）灰阶图像　　　（b）量子化后的黑白图像

△图 4.6　灰阶图像和量子化后的黑白图像

△图 4.7　利用抖动处理生成的灰阶

如，相片采用 24bit 的色彩分辨率，能显示许多细节，如不同层次的阴影以及植物和水的表面波动；当量子化到 3bit 色彩分辨率时，只能用 8 种色彩来显示原来的上百万种色彩，这样只能生成比较粗糙且缺乏细节的图像。

有两种方法可以缓解低色彩分辨率的现象：颜色索引（Color Indexing）和抖动处理（Dithering）。颜色索引是指提供特殊的调色盘，从而可以优化低色彩分辨率图像的色彩显示。适应性索引（Adaptive Indexing）、感知性索引（Perceptual Indexing）和网页安全调色盘（Web-safe Color Palette）是 3 种常用的颜色索引法。使用适应性索引调色盘时，色彩的选择是依据原图像中主要色彩的分析结果，比如原图像使用许多种的绿色，索引调色盘就会提供比较多的绿色。使用感知性索引，色彩的选择取决于色彩对人眼的敏感度。网页安全调色盘提供 216 种颜色，可在不同网页浏览器和不同计算机平台上显示相同的色彩。

抖动处理是结合不同颜色的像素，以生成另一个不存在颜色的过程。其主要的构想就是在一个小区域组合一些不同颜色的像素，利用人眼感知的特性使之看起来像另一种颜色，如组合了一些红色和黄色的像素看起来像橘色。也可以利用不同形状、不同间距的

黑白色像素，使之在视觉上看起来像不同深浅层次的灰色。图 4.7 所示为利用抖动处理生成的灰阶图像。

由于大部分计算机平台仅提供 8bit 的色彩分辨率，所以网页设计人员常常采用颜色索引和抖动处理，以此减小图像档案并提升它们的应用效能。随着计算机技术的不断进步，在未来，等到计算机平台都能提供 24bit 的色彩分辨率时，这些问题就不存在了。

3. 点阵图像的来源

数字媒体设计人员通常通过绘画程序（Paint Program）、数码相机、扫描、剪贴图（Clip Art）以及截屏（Screen Grabs）5 个主要来源获取点阵图像。

绘画程序是专门用于生成和编辑点阵图像的软件工具，如 Corel Painter 和 Adobe Photoshop。设计人员可以使用这些软件创造原始图像或者编辑修改已有的图像。绘画程序提供各种绘画的功能，如生成不同的形状、上色、调色以及擦除、模糊、浮雕等特效。由于数字相片也是点阵图像，相片编辑是绘画程序中的常用功能，可以使用它对相片进行各种编辑，如旋转、调整亮度和对比，甚至可以修改图像上的每一像素。除此之外，

绘画程序也能根据不同的需求转换并储存点阵图为不同的格式。

数码相机使用电荷耦合器（Charge-Coupled Devices，CCDS）捕捉图像的信息，如色彩和亮度。每个图像的空间辨识率是以百万像素（Megapixels）为单位的，比如 1000 万像素的数码相机能够捕捉 4216×2368 像素的图像。普通用途的数码相机的空间辨识率在 1000 万~1500 万像素之间，专业的高画质数码相机可高达 4500 万像素（8944×5032）。使用较高的空间分辨率会产生比较大的图像档案，数码相机会提供空间分辨率的选项功能，以选择较低的空间分辨率（比较小的图像档案）。数码相机包含不同大小的内置存储器和移动式记忆卡（2GB 到 64GB），保存在这些记忆体中的图像可通过通用串行总线（Universal Serial Bus，USB）或火线（Fire Wire）接口传输到计算机。

在数字媒体应用中，扫描（Scanning）是将原始模拟图像转换成数字版本的常用方法。除此之外，剪贴图（Clip Art）也是常用的方法。绘图软件都会提供这个功能，使用此功能时，用户可以很容易地从现有的公开图像中截取部分来使用。这些剪贴图通常没有版权问题，因此不用付权利金。但是有些仍有版权要求，设计人员在使用剪贴图前需要进一步了解以避免法律纠纷。最后一个常用的方法是截屏（Screen Grabs），由于显示在计算机显示屏上的图像都是点阵图，所以可直接截取下来使用。绘图软件都会提供屏幕输出（Screen Dumps）功能，用户可以下载和编辑显示在屏幕上的任何部分。使用截屏图像时需要注意，截屏图像的空间分辨率比较低，不适合用于再放大或印刷输出。

4. 点阵图格式

点阵图的格式通常有 3 类：用于图像编辑程序的原生（Native）格式、通用型点阵图格式和元文件（Metafiles）。原生格式是指绘图软件内部使用的格式（如 Photoshop 的 .psd 格式），这些格式包含了许多用于编辑运作的指令，原生格式只能由特定的软件使用，一般的软件和计算机平台是无法使用的；通用型点阵图格式是可以运行在不同平台、不同软件程序上的通用格式；元文件则是包含点阵图和矢量图两种图像的格式。

点阵图像相当大。这对于常用于在网络传输的数字媒体应用而言是个很大的负担。点阵图像会在传输前先通过压缩过程产生比较小的压缩文件，等需要使用时再通过解压缩还原成原始的文件。

PICT、BMP、TIFF、JPEG、GIF 和 PNG 是常用的点阵图和元文件格式。设计人员在设计规划时，需选用与它们使用的软件程序和计算机平台相匹配的格式。

PICT 又称为麦金塔图片格式（Macintosh PICTure Format），适用于苹果计算机平台上大部分的应用。视窗点阵图文件（Windows BitMaPped File，BMP），适用于 PC 平台上的大部分应用。加标记的图像文件格式（Tagged Image File Format，TIFF）是支持所有主要的色彩模式的跨平台格式，它最初主要用于满足扫描的需要。联合照片专家组（Joint Photographic Experts Group，JPEG）也是一个跨平台的格式，它能够高效率地压缩图像，现在被广泛用于数码相机中。图像交换档案（Graphics Interchange Files，GIF）是一个跨平台的格式，它提供无损的压缩功能，由于图像文件比较小，因此很适合低速网络传输。可携式网络图像（Portable Network Graphic，PNG）也是一个跨平台且提供无损压缩的格式，它现在是数字媒体设计人员十分喜欢使用的格式，其主要原因是使用它开发数字媒体应用不需要支付版权费用，使用 GIF 格式则需要支付版权费用。每一种格式都有它的特性以及历史渊源，设计人员应该先充分了解再选择最适合的格式。

4.1.3　二维矢量图像

点阵图是由一个个像素和它们的细节描述组成的；矢量图则是使用计算机执行一连串的指令将图像描绘出来。下面先介绍矢量图的基本概念，再介绍它的文件格式以及矢量图和点阵图之间的转换方式。

1. 基本概念

一个矢量定义为一个指定长度、曲度和方向的线。矢量图是由数学模式定义的形状组成，如矩形、圆形、三角形和多边形。绘图程序（Draw Programs）是生成矢量图像的软件，使用这些软件既可以绘制简单的图像，也可以绘制复杂的建筑图以及原创的艺术作品。图 4.8 所示为使用 Adobe Illustrator 软件绘制成的图像。

△图 4.8　矢量图像

使用矢量图有以下几个优点。

（1）矢量图的文件比同样图像的点阵图文件小了很多。比如，要生成一个 400×400 像素的蓝色方块，使用绘图程序可执行"RECT 400，400，BLUE"指令生成此方块，这个指令档案只需要 16 字节。如果使用点阵图，假设色彩分辨率为 8bit，这个图像的点阵图文件则需要 160KB。

（2）参数化（Parameterization），只需修改指令中的参数，就可以生成各种物体的变形。比如，执行"RECT 200，200，BLUE"可生成一个 200×200 像素的蓝色方块，而执行"200，200，RED"指令则会生成一个 200×200 像素的红色方块。

（3）矢量图在放大时比较平顺不会产生失真，不像点阵图会因为过度放大而产生锯齿状的失真，这对需要使用同一个但尺寸不同图像的应用很方便。

虽然矢量图形有上述优点，但是也有无法精准地修改图像中每一像素的缺点。如果需要进行相片质量等级的编辑修改，使用点阵图会比矢量图更合适。

使用绘图程序中的工具可以绘制各种形状的物体（Objects），也可以很容易地调整它们的大小、形状以及旋转物体。这些物体以图层（Layer）的方式绘出，上层的物体会覆盖下层的物体，编辑某图层的物体不会影响到其他图层的物体。编辑完成时我们可以把不同图层的物体集合（Grouping）成一个群体，这个群体可以视为一个整体进行编辑，也可以将群体打散（Ungrouping）还原为原来不同图层的物体组。

使用绘图程序绘出的图像和所使用的设备无关（Device-Independent）。不需要像在不同空间分辨率设备上使用点阵图需要不同的档案以保持一致的图像大小那样。只需要根据不同设备空间分辨率的规格重新设定执行指令来生成图像，便可保持图像的原始大小。

2. 矢量图的文件格式

和点阵图一样，矢量图文件格式分为 3 类。第一类是编辑程序的原生格式，如 Adobe Illustrator 的 ai 格式；第二类是通用型矢量图格式，也就是可以在不同平台、不同软件程序上运行的通用格式；第三类是包含点阵图和矢量图两种图像格式的元文件。

EPS、PDF 和 SVG 是 3 种常用的通用型矢量图格式。被封装的 Postscript 格式（Encapsulated PostScript）是 PostScript 的变体型格式，它可以支持页面预览，基本上使用 PostScript 的页面描述语言来绘制矢量图像。虽然它本身不能描述点阵图图像，但是可以包含其他点阵图像资料。手提式文件格式（Portable Document Format，PDF）是被广泛使用的跨平台格式，它可进行全页（包括文字和图像）编码，同时可接受矢量图和点阵图像。PDF 需要使用 Acrobat 阅读器预览，Acrobat 阅读器可以免费下载使用。可伸缩的矢量图像（Scalable Vector Graphics，SVG）是最新的通用型格式，它建构在可扩展标记语言（eXtensible Markup Language，XML）基础之上。XML 格式可以支持网页上的二维图像、静止的图像、动画以及不同形式的用户交互。

3. 矢量图和点阵图之间的转换

可以使用自动跟踪（Autotracing）功能，将点阵图像转换成矢量图像。自动跟踪首先分析点阵图像并将其中的形状筛选出来，然后用数学模式定义这些形状，并将它们转换成矢量图像。对于简单的点阵图，自动跟踪功能能够高效率地生成矢量图，但是当点阵图像含有许多复杂的组成形状以及色彩变化

时，所生成的矢量图像就无法保存原始图像的外观。图 4.9 所示为使用自动跟踪生成的矢量图。使用自动跟踪可以有效缩小图像文件的大小，从而大幅缩短下载时间。

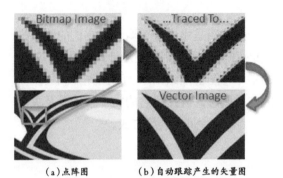

(a).点阵图　　　(b).自动跟踪产生的矢量图

△图 4.9　矢量图和点阵图之间的转换

还可以使用栅格化（Rasterizing）将矢量图像转换成点阵图。栅格化迅速、不断地对矢量图像取样后再转成点阵图像格式，Adobe Illustrator 就提供这个转换功能。或者也可以先将矢量图像显示在计算机屏上，再使用截屏的方式生成点阵图，设计人员通常先使用绘图工具生成矢量图像，由于矢量图像文件比较小，同时易于缩放，在设计时也便于修改，所以等到定稿时，才转换成点阵图，以便分发使用。

4. 点阵图和矢量图的比较

前面介绍了方阵图和矢量图两种二维图像的形态，点阵图和矢量图都有各自的优点和缺点，如表 4.1 所示。数字媒体设计人员需

表 4.1　点阵图和矢量图的比较

	点阵图（paint）	矢量图（draw）
优点	·精准表现复杂色调的图像 ·提供完整的图像编辑功能 ·宽广的艺术特效 ·精准的编辑能力（像素）	·平顺的缩放和形状改变 ·操作便捷 ·文件体积小 ·分辨率不会因不同设备而改变
缺点	·文件体积大 ·进行缩放、旋转时会失真 ·分辨率随输出设备改变	·复杂色调图像的细节表现比较差 ·没有图像编辑功能 ·较差的编辑能力

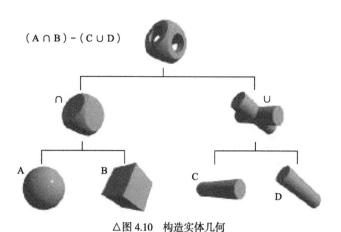

$(A \cap B) - (C \cup D)$

△图 4.10 构造实体几何

要充分了解这两种图像的特性以及它们设计的需求，才能选择最适用的形态。

4.1.4 三维图像

三维图像增强了用户的真实视觉效果。为了在平面显示屏和印刷上产生立体的效果，必须考虑并加入多种元素，如光源、强度和位置。在二维图像的生成和编辑上，计算机和绘图软件是设计人员的辅助工具。然而在三维图像应用上，绘图软件在设计过程中不但需具有辅助设计的功能，更需要有支持创作的功能。当设计人员提出构想时，它能使用许多复杂的计算方法进行运算，以生成三维图像。三维图像的生成有 3 个步骤：建构模型（Modeling）、表面定义（Surface definition）和场景组合（Scene Composition），以及绘制（Rendering）。

4.1.5 建构模型

建构模型是描述三维物体形状的过程，有两种主要的建构模型方法。第一种方法是利用基本物体（Primitives）来生成新的物体。这些基本物体包括立方体、球体、圆锥体、圆柱体以及其他由图像程序产生的三维物体。可以设定不同的参数，如立方体的宽度和球体的半径，以生成不同的物体，通过这种方式生成的物体可称为参数化基本物体（Parametric Primitives）。使用参数化基本物体可以缩放、旋转以及组合不同的物体来生成许多种类的物体。

可以对基本物体进行布尔运算（Boolean Operarors），以生成多种物体。用这种方式生成的物体又称为构造实体几何（Constructive Solid Geometry，CSG）。逻辑与（AND）、逻辑或（OR）和逻辑非（NOT）是 3 种基本的布尔运算。比如，一个球体 A 和立方体 B，A OR B 表示把对象 A 和对象 B 并集（Union）在一起。A AND B 表示对象 A 和对象 B 相交的部分。使用布尔运算加上参数化能力可以生成许多结构复杂的物体，如不同形状和色彩的物体（见图 4.10）。

第二种建构模型的主要方法是使用建模器（Modeler）生成物体。多边形（Polygons）、样条（Splines）、变形球（Metaballs）和公式化（Formulas）建模是最常用的 4 种建模方法。

多边形建模器通常使用直线边缘（Straight Edged）的多边形，如三角形和四边形来生成物体。设计人员首先确定物体的视角规格，然后使用计算机计算依据规格可视的物体表面，最后将此物体表面切割成小的多边形，再组合成物体的形状，图 4.11 所示

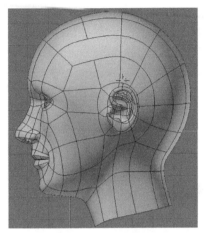

△图 4.11　多边形建模的例子

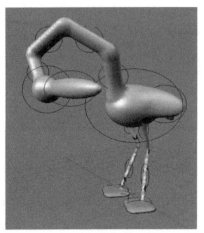

△图 4.12　变形球建模的例子

为多边形建模的例子。多边形建模和二维点阵图方式类似，二维点阵图由许多像素组成，而多边形建模则由许多小的多边形物体组成。如果把这些多边形物体切割得非常小，生成物体的质量就会相对提高。多边形建模最大的优点就是易于精准地编辑修改物体，它最大的缺点就是文件比较大以及缩放时会产生失真。由于一些三维应用，如游戏需要线上即时生成三维物体，所以物体的文件太大，运行时就容易出现问题。

样条建模是以曲线为基础，就好像用弯曲的木条或铁条来引导画出一条曲线一样。样条建模的方法有许多种，其中最常用的一种是非均匀有理 B 样条（Non Uniform Rational B spline，NURB）曲线，它和二维矢量图一样使用参数化数学公式生成图像。它的优点包括文件体积小和可以随意缩放图像并且不会产生失真。唯一的缺点就是无法精细修改图像。

变形球建模是通过组合许多团（Bolbs）的方式生成物体。团包括许多不同形状，如圆形、立方形、圆柱形等等。它们可能是正的或者负的，一个正的团就把它加到物体上，反之一个负的团就是把它从物体上去除，如图 4.12 所示。使用变形球建模就好像用黏土构建物体一样，它十分适合用来建构柔性边

缘物体，如人脸和动物的身体。

公式化建模首先由设计人员确定生成物体的数学公式，然后使用计算机执行公式自动生成物体。使用公式化建模，设计人员必须具备数学知识和编程的能力。图 4.13 所示为公式化建模的例子。

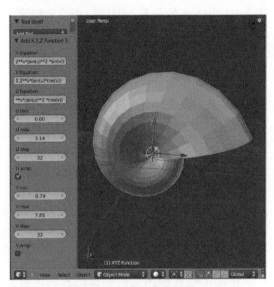

△图 4.13　公式化建模的例子

三维绘图软件通常提供不同种类的建模器供设计人员选用，设计人员必须充分了解每种建模器的特性以及优缺点。在设计过程中必须充分了解设计物体的特性、规格和在数字媒体应用上的要求，才能选用最适合的

建模器完成最有效率的设计。

当然，也可以使用两种方法直接将一个二维的物体扩展成三维的物体。第一种方法是挤压（Extrusion）法，它延伸二维形状的空间，以生成三维物体。比如，一个二维矩形向上延伸可以生成一个盒子物体，延伸一个二维圆形可以生成一个圆柱体。第二种方法是车床加工（Lathing）法，它将二维物体固定在一个轴上，然后旋转 360° 便可生成三维的物体。

4.1.6　表面定义和场景组合

1. 表面定义

建模仅仅定义物体的三维形状并没有定义物体表面的纹理，表面定义（Surface Definition）是指确定物体表面的纹理和质感。表面纹理可以是不同的材质，如布料、木料、石材、玻璃和金属。不同的材质有不同的颜色、不同的透明度和透光度。绘图软件都会提供一组物体表面选项功能，如形态、颜色和透光度（Opacity）等。

也可以使用图像映射（Image Maps）将图片和绘画图像映射到物体表面。常用的图像映射有扫描图像、点阵图或矢量图，以及凹凸贴图（Bump Map）。凹凸贴图是通过改变色彩的阴暗而形成的三维纹理。绘图软件如 Photoshop 都会提供生成凹凸贴图的功能。可以使用此功能首先生成一个凹凸贴图，如一个篮球表面，然后再映射到圆球体上，如图 4.14 所示。也可以使用图像映射来设计瓶子、盒子和罐子的商标或标签，甚至可以用此方法来设计室内装潢等。

△图 4.14　凹凸贴图映射的例子

2. 场景组合

场景组合（Scence Composition）包括安排物体和背景、加入环境效果以及光线。物体安排包括将对象放置在 x、y、z 轴坐标上，连接和群体集合它们。大部分三维图像的实现是依赖如何在不同物体上打光以及组合一系列物体场景实现的，包括决定采用哪种光源、光源的方向和光与物体相互间的关系。常见的光源有 4 种，第一种是泛光灯（Omni Light），也就各方向平均分布的光，如阳光；第二种是平行光源（Directional Light），也就是来自特定方向的光；第三种是聚焦光（Spot Light），也就是将光聚集在一小区域；第四种是体积光（Volumetric Light），这是一种轴光线，如放映机和路灯发出的光。可以调整每一个光源的特性，如亮度、颜色、衰减度和光线随着光源距离拉长导致的强度变弱；可以控制光线的色彩和强度，以生成不同的自然光源和人工光源；还可以控制光源的投射角度、反射特性以及物体阴影的型态，以达成预期的效果。

4.1.7　绘制

绘制是使用计算机生成场景的过程。一般有两种绘制：预先绘制（Prerendering）和即时绘制（Real Time Rendering）。预先绘制大多用于动画或视频中不太需要交互动作的静态图像；即时绘制则用于高度交互的三维应用，如 3D 游戏。下面先介绍预先绘制。

虽然绘制是设计三维图像的最后一个步骤，但是必须在设计过程一开始时便纳入考虑。安排物体时需要想象预期的场景、决定摄影机的拍摄角度、加入表面纹理和调整光线。可以使用一些方法以生成场景进行测试。线框绘制（Wire fRame Rendering）是最简单的方法，它使用一系列的线条来定义物体的形状。由于使用计算机画线条十分容易，所以很适合使用线框绘制来测试物体的几何框架。

在测试光线效果时必须加入物体表面，棋盘格（Tessellated）模型是生成物体表面的常用方法。它先将表面分割成多边形格式，然后使用不同的阴影计算方法，又称为着色器（Shaders），来计算生成这些多边形的像素色彩值。平坦着色器（Flat Shader）虽然能够很快绘制一幅图像，但是也会产生一些锯齿状的失真；平滑着色器（Smooth Shader）能够生成高质量的图像，但是文件较大时绘制时间会很长；长光线追踪（Ray Tracing）可追踪并计算每一束光线在场景中和物体互动的路径，以生成接近现实的物体表面；辐射着色（Radiosity）考虑不同波长光线和物体的相互关系，以生成更加接近现实的场景。当光从物体反射回来时，它的路径和质量可能会改变。比如，当光照射在一个白色表面上的蓝色物体时，它的邻近物体会产生微弱的蓝光。辐射着色使用数学公式计算色彩传输时的热辐射效应。由于光线追踪和辐射着色常用到复杂的数学公式，所以它的运算时间会比较长。

经过不断的场景测试和改进，最后的绘制过程将三维的资料转换成二维静态的图像或动画中的一帧图像。三维图像软件会选择许多功能以进行最后的绘制过程，同时，如果图像中存在很多效果时，可能会花很长的时间，如几小时甚至是几天的计算机运算时间，以生成图像。

三维图像设计是当今数字媒体设计中最具创新性，也最具挑战性的领域。可以使用现在强大的软硬件设备充分发挥和实现无数创意作品。设计人员不但需要精通各种绘制技术和过程，还要了解艺术家的思路和要求，才能持续不断地研发出更先进的三维绘制技术。

小结

综合色调和线条艺术为传统图像的两种形态。综合色调图像由一个连续变化的颜色渐变组成，线条艺术图像则由一系列不连续色调的线条组成。

可以使用条形屏为基础的点复制线条艺术图像。当条形屏数很高时，点比较小，因而才能够产生比较细致逼真的原始图像复制品。反之当条形屏数很低时，点比较大，因而产生比较粗糙的原始图像复制品。半色调是使用墨点来复制综合色调图像的一种方法，它利用黑白色调的比例来显示不同的灰阶。除此之外，四色印刷是使用墨点来复制彩色图像的一种方法，它使用不同组合的青、品红、黄和黑色（CMYK）小点，以产生许多不同的颜色。

计算机显示屏上的色彩是由不同量的红、绿、蓝光（RGB）组成。当我们打印显示在显示屏上的图像时，必须先将显示屏使用的RGB色彩格式转换成CMYK色彩格式，才能打印出来。

点阵图和矢量图是二维计算机图像的两种形态。点阵图很像传统的马赛克图，它是由像素组成的。每个像素的颜色和位置都用编码方式记录，然后将这些像素投影到相对应的格子中组成点阵图。点阵图分为3种类型：线条型、灰阶型和彩色型。线条型通常只有黑白两种颜色，灰阶型有256种由浅到深的灰色，彩色型则有高达16.7百万种颜色。

使用计算机作画时，计算机会提供调色盘的功能。通常使用8bit的查找表来指定调色盘。但是因为苹果机和Windows系统使用不同的8bit调色盘，所以这两个计算机屏显示的图像色彩会不同。然而网页应用通常会在不同的计算机平台上显示，为了达到色彩一致性，可使用网页安全调色盘设计网页。

第一个决定点阵图质量的因素是空间分辨率。影像显示在显示屏的空间分辨率是每英寸的像素数，而印刷图像的空间分辨率则是每英寸的点数。空间分辨率越高，生成的图像越清晰，但是文件越大，需要的储存空间就越大。因为空间分辨率的选择与输出组件相关，所以数字媒体应用常需要生成不同空间分辨率的点阵图以匹配不同的输出组件。可以使用重新取样来增加或减少样本的取样数，以解决匹配的问题。

第二个决定点阵图质量的因素是色彩分辨率。色彩分辨率可以表现每个像素的色彩数。使用较高的色彩分辨率可以表现更细致的色彩层次和变化，但也会产生较大的数字图像文件。使用较低的色彩分辨率且当图像需要调色盘中没有的颜色时，必须选用调色盘中最接近的颜色取代之，此过程又称为量子化。对彩色图像进行量子化时可能会产生色彩带的现象，可以使用颜色索引以及抖动处理的方法来缓解这一现象。

绘画程序、数码相机、扫描、剪贴图和截屏是获取点阵图像的 5 个主要来源。点阵图的格式通常分为 3 类：图像编辑程序的原生格式、通用型点阵图格式和元文件。设计人员在设计规划时需要选用与使用的软件程序和计算机平台相匹配的格式，以免文件格式不匹配。

矢量图是由数学公式定义出的形状再使用计算机执行一系列的程序绘制出的图像。使用矢量图有 3 个优点。第一，它的图像文件大小比点阵图像小了很多；第二，只要修改指令中的参数，就能生成各种物体的变形；第三，放大时比较平顺不会产生失真。它的缺点是无法精准修改图像中的每个像素。使用绘图程序绘制的矢量图和使用的输出组件无关，只要根据不同输出组件空间分辨率的规格重新设定执行指令，便可以生成一样大小的图像。矢量图文件的格式也分为 3 类：图像编辑程序的原生格式、通用型点阵图格式和元文件。

可以使用自动跟踪将点阵图像转换成矢量图，反之也可以使用栅格化将矢量图像转换成点阵图。点阵图和矢量图有各自的优点和缺点，数字媒体设计人员需要充分了解这两种图的特性以及设计的要求，才能作出最合适的选择。

生成三维图像有 3 个步骤：建构模型、表面定义和场景组合，以及绘制。建构模型是描述三维物体形状的过程。第一种建构模型的方法是使用基本物体来生成新的物体，构造实体几何是对基本物体进行布尔运算来生成多种物体的方法；第二种建构模型的方法是使用建模器生成物体。多边形、样条、变形球和公式化建模是 4 种最常用的建模方法。三维绘图软件会提供不同种类的建模器，设计人员必须了解不同建模器的特性，以选用最适合的建模器来高效地完成设计。

建模定义物体的三维形状，表面定义指定物体表面的纹理和质感，常用的方法为图像映像，即直接将相片和绘画图像映像到物体表面上；场景组合包括安排物体的位置和背景、加入环境效果和光线。

绘制是使用计算机生成场景的过程，一般可分为预先绘制和即时绘制两种类型。虽然绘制是设计三维图像的最后一个步骤，但是必须在设计过程一开始便纳入考虑。线框绘制是生成场景后进行测试的一种方法。经过不断地场景测试和改进，以确定最后的图像。最后的绘制过程可能需要耗费大量的计算机运算时间，当同时添加多个效果时，可能会花费几小时甚至几天才能生成图像。

△图 4.15　户外广告

△图 4.16　海报广告

4.2　数字艺术范畴的图像

　　数字艺术范畴的图像是意境与事件的重要表达窗口，高效传播的先锋。本节通过介绍图像在数字媒体传播过程中的原理和设计逻辑，来讲述图像的设计理念。再通过典型案例，介绍当下数字媒体领域中图像的新媒体特征，帮助读者在未来的设计中轻松应对不断变化的数字媒介。

4.2.1　情境隐喻折射出观念表达

　　贡布里希在他的论著《象征的图像》一书中提出图像有 3 种功能，即再现、象征和表现。在数字设计中，图像同样具有这些功能。其中象征手段和表现手段被广泛应用到艺术设计中，为信息传播服务。基于这一目标，象征和表现可以依据约定俗成的方式，也可以由设计师本人完成特殊的并容易被对象理解的隐喻设定。这种象征和表现的语言在艺术作品和现代广告设计中更为突显。图 4.15 与图 4.16 所示的是现代广告中运用图形隐喻来简单直白传达信息的设计作品。

　　数字图像合成通过图像复合给人们带来新奇的视觉体验，人们主要是通过视觉获取日常信息，而图片在视觉的传达过程中起着极其重要的作用，人们在单幅图片中即能快速获取大量的信息。设计手法中通常将不同内容通过后期合成重组到一张图片中，而被应用的部分最终在这个空间中合成为一个有机的整体，并通过各自的图像隐喻达到整体传达的效果，如图 4.17 所示。但往往好的设计效果都具有强有力的主要诉求，并通过一个表现主体来统合其余部分完成画面的主要诉求。越是单纯的表现越能体现主体的地位，强化表达。这也是单纯的画面反而更具有冲击力的原因。数字图像合成是艺术观念和超现实的画面构思得以表达的手段。下面介绍的几位艺术家，他们在各自的艺术理念下通过灵活的数字表现手段创作出一系列经典而风格迥异，又极具艺术性的数字图像作品。

△图 4.17　图像的合成

△图 4.18　菲利普·哈尔斯曼的图像作品

△图 4.19　杨泳梁作品

1．菲利普·哈尔斯曼

菲利普·哈尔斯曼（Philippe Halsman，1906~1979）出生于拉脱维亚，后移居美国。他是一位心理学家，也是超现实主义摄影的一位大家，他在超现实主义的观念摄影领域产生了震撼的影响。哈尔斯曼是一位没有经过专业训练自学成为大家的摄影师，他主要通过肖像摄影探索生命个体深处的灵魂，探索自己的内心世界，并将一些富有幽默感的奇思妙想和观念转换成意想不到的影像，如图 4.18 所示。

用哈尔斯曼自己的话说"如果一张人像不能体现人物内心深处，它就不是一张真实的肖像，只是一张空洞的画像。因此我的肖像主要目标既不是构图，也不是光的摆布，也不是在有意义的背景前表现主题，更不是新的视觉图像的创造。所有这些要素都能使一张空的照片成为一张视觉上有意思的图像，但是要成为一幅肖像照片，就必须捕捉人物的本质……这就是肖像摄影中的主要目标，也是高难度的。"

2．杨泳梁

杨泳梁（上海）的作品尝试将自己的审美方式和文人情结，与最新的技术结合起来，探索变异山水的可能性。他的摄影作品乍看之下仿佛是中国山水画，走近细看，才发觉他作品里的山石是由高楼堆砌而成的，树木和它们的影子都是建筑工地的塔吊。这些作品在传统摄影的基础上，运用后期合成技术，将拍摄的图像作为作品的素材进行重组，合成最终的图像，如图 4.19 所示。

杨泳梁从小接受传统文化的熏陶和训练，接触中国画和中国书法，大学学习平面设计和视觉传达。这些能力和素养得以互相渗透和融合，因此，当代技术与中国传统意境的结合，也就在个体的知识融合中自然地体现出来了。

"人造仙境"系列作品如图 4.20 所示，运用传统山水画面的构图和整体意境，组成内容却是城市中的建筑和环境，景观是人造的，看似仙境，但细节是冰冷的城市角落，洒脱山水间的快意和被困城市中的局促形成了鲜明的反差，也引出了人们对图像观看后的思考：一方面，在全球化的影响下，我们传统的文化逐渐地被改变和衰落；另一方面，也是对因快速的经济发展和城市建设带来的污染的思考。

中国当代社会水平飞速的发展和变化，

△图 4.20 "人造仙境"系列作品

不管是从社会的各方面，还是从表现的技术手段上，当代艺术家作为这些变革的经历者和感受者，在创作中观察、反思、质疑和应用，最终将自己的文化艺术思想通过作品展现在大众的视野当中，并由此引发观众的思考和共鸣。

3. 张榕珊

女插画师张榕珊（Jungshan，中国台湾）将中国水墨画的笔意通过 Photoshop 等数字工具进行完美而洒脱的演绎，画作中充满了写意画灵动感，极具戏剧张力，蕴藏着满满的中国力量，如图 4.21 所示。

4. Viktoria Solidarnyh

数字艺术家 Viktoria Solidarnyh（乌克兰），通过数字合成技术将完全不相关的画面糅合成具有奇幻意境的图像作品。随着数字合成技术的发展，类似的作品越来越多，但是对作品整体性的把握，考量着图像艺术家的表现能力。画面整体的姿态、透视、光影，以及材质感是提高画面真实度的关键所在，特别是细节部分的处理是让观者产生代入感的重要因素；而图像的产生，则可以通过天马行空的想象力，通过多个素材合成，如图 4.22 所示。

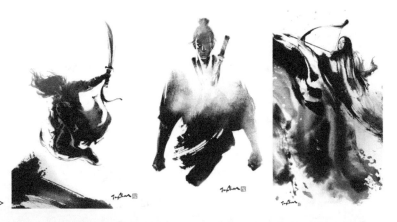

图 4.21　张榕珊的数字水墨作品▷

△图 4.22　Viktoria Solidarnyh 作品

4.2.2　图像的叙事能力

图像的叙事能力主要源于对现实生活的描绘，人们在阅读一连串的图像过程中，能将情节通过图片的串联形成完整的情境表述，最常见的表现形式莫过于连环画或漫画，即使只有很少的配文甚至没有文字，人们仍然能通过画面中与生活相关的场景或具有表征能力的符号而相对完整地理解其整体的含义。图形和图像的这一特征被广泛运用到新媒体传播过程中，如今广泛使用的表情符号，或是配文极少的长图都是通过关联图像之间的

△图 4.23　徐冰《地书》

叙事方式，而达成的认知上的共识。

用图像来叙事实质上就是符号学，是一种视觉语法。艺术家徐冰的《地书》（见图4.23）便是对图像叙事的极致尝试，在《地书》中，均以图形符号作为叙述主体，完全没有出现任何文字内容，然而由于所用图形都是我们日常生活中能见到的符号，在故事的阅读中完全没有因为语言而造成任何障碍，反而由于图形符号的通用性，《地书》成为了不依赖语言文字的叙事主体。

人类倾向于接受图像信息的天性几乎是与生俱来的，视觉心理学家卡洛林·M·布鲁墨指出人脑对外来刺激"毫无节制"地产生着含义，这种拼命朝向做出含意的奇特现象是从生命一开始便具备的。健康人只要一睁开眼睛就会有图景映入，并且导致触景生情以及生意，通过一定的时间，便会形成多层次的积淀，在心理图像层构成内视性的想象、联想以及幻想流。

当我们的眼睛观看图像作品时，其中的信息通过视觉传达到大脑中，而当我们把获得的信息传达出来时，需要使用文字语言。因此，在图像和语言的信息编码之间建立了可以相互转换的联系。表意的能指符号可以由"文字以外的其他因素构成，绘画的能指符号是由色彩、形状、线条构成的拟实物的能指，雕塑是以质料和形体构成能指；音乐则以拟声、旋律、节拍构成能指。这3种能指在本质上都是相同的"，因此，图像凭借它的信息编码能够传达出独有的文字信息。相反，语言也能使人在脑海中建立起图像，无论是"小桥流水人家，古道西风瘦马"的黄昏江南、"夜静春山空"的禅意山水，还是"泪眼问花花不语，乱红飞过秋千去"的儿女情长，通通都被语言阐释成绝妙的写意画。孔子的诗学也指出，作为语言艺术的诗，可以"观"，可以"多识于鸟兽草木之名"。

正是由于图像与语言存在的同与异，才使它们在文化发展过程中也相依存存。图像可以内化为思维语言，而语言可以在我们的脑海中描绘和建构出生动的图像。语言要素可以限制图像的解读，图像的说明可以固定对模糊的词语文本的理解。我们把图像与语言这种互相区别又互相依赖的性质称为语图互文性。

单个图像，往往倾向于单纯的直观呈现，独立性较强而时间上解释的意味淡薄，这就生成了表意效果的意会性。据语言学家分析，意会性的优点在于擅长表现微妙的意念流动，深层复杂情意内涵有时能够整体传送出去，

△图 4.24　宜家促销广告画面

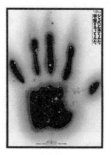

△图 4.25　佐滕晃一设计的音乐会广告

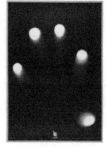

图 4.26　日本名古屋国际设计中心成立广告

片刻的造型或图像符号携带的含义，就能长驱直入直达内心，从而达到成功沟通的目的。很多创意出色的广告图像就是典型的例子。宜家的促销广告中通过日常消费品的组合来透露出宜家产品价格的亲民，在对应的打折海报中，通过直观的手法，让观者迅速地、直观地感受到 7 折的诱惑力。如图 4.24 所示。

在美国人类学家露丝·本尼狄克特创作的日本文化读本《菊与刀》中，"菊"与"刀"体现了日本民族性格的两个对立面。日本设计师佐滕晃一设计的音乐会广告，就是将"宏大"与"微小"两相矛盾的事物结合在一起，图像中的手掌包含了宏大的宇宙，手掌的小与宇宙的大形成了强烈的反差，简约现代的手掌图像中表现宇宙的精细与丰富，为广告图像赋予了强烈的视觉张力，如图 4.25 所示。日本广告图像中的"有"和"无"的矛盾表现在日本名古屋国际设计中心成立的广告图像中就是，以若有若无的指尖组成夜空中的星辰，手的形象若隐若现，若有若无，给人以无限的遐想空间，隐隐地表达出一种禅趣，如图 4.26 所示。

从消费市场角度看，日本是一个消费人口高度密集、物质资源极度匮乏的岛国，资源有限养成了日本民族的惜物与环保的传统。

特别是 1980 年，日本陷入了严重的能源危机以后，消费者普遍期望能够买到质优价廉的商品，倡导简约质朴设计理念的无印良品在这种情况下应运而生。2003 年，原研哉为无印良品设计的"地平线"系列广告，整个画面中只有一个近似黑点的人站在地平线上，其余部分都为空旷的自然风景，整个图像体现出简约、空寂的禅境，传达无印良品追求简约与环保的品牌理念，如图 4.27 所示。与其说无印良品是品牌理念，不如说它是日本民族的消费生活态度，是追求至简至素的"空寂"的禅趣设计。

很多图像符号来源于艺术象征，它们像代码一样通过传统延续下来。西方文化中的不少图像符号可以追溯到宗教经典中残存下来的图解。例如，带着雷电的是雷神朱彼特；轮子是圣凯瑟琳殉道的区别性工具；慈善女神则带着儿童，因为儿童为慈善女神的美德提供了实施的机会。然而大部分的图像符号来自作为集体记忆的民间生活或者宗教仪式，它们甚至已经沉淀于人们日常的无意识中，就像圣餐中面包和酒的形象。其中具体物象往往也会包含一些普遍含义，都包含了我们的文化确定和采纳的意义。

◁图 4.27 无印良品"地平线"系列广告

4.2.3 图像表现与观看

整个艺术史是一部关于视觉方式的历史，是关于人类观看世界采用的各种方法的历史。也许有人认为，观看世界只能有一种方法，即天生的直观的方法。然而这并不正确，我们观看我们学会观看的。观看是一种习惯、一种程式、一切可见事物的部分选择，而且是对其他事物的偏颇的概括。我们观看我们要看的东西，我们要看的东西并不取决于固定不移的光学规律，甚至不取决于适应生存的本能（也许在野兽中可能），而取决于发现或构造一个可信的世界的愿望。我们所见必须加工成为现实，艺术就是这样成为现实的构造。

1. 观看与行为

意大利美学家赛维（Bruno Zevi）认为，

在观看角度因时间的延续而产生位移的过程中，时间赋予传统三度空间一个全新的一度空间——"第四度空间"。

二维空间中的图像有单幅和多幅之分，但不管是单幅还是多幅，其阅读方式都是通过视点的移动来进行的。这一现象也可以称为图像阅读的视觉流程。视觉流程的形成是由人类的视觉特性决定的。人眼晶体结构的生理构造，只能产生一个焦点，而不能同时把视线停留在两处或两处以上。图 4.28 所示为人在观看一幅画面时的视觉焦点的移动。合理的图像设计可以通过形态、色彩、排列关系、对比关系、心理因素形成对视觉阅读的引导，如点状的形态能够引起关注、线状的形态能够引导阅读、散点的分布状态能够形成视觉观看的跳跃感。

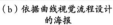

（a）依据单向的视觉流程设计　　（b）依据曲线视觉流程设计　　（c）依据导向性视觉流程设计　　（d）依据散点式视觉流程设计的
　　　　的海报　　　　　　　　　　　的海报　　　　　　　　　　　的海报　　　　　　　　　　海报

△图 4.29　单幅图像的视觉流程

△图 4.28　视觉焦点的移动

单幅图像中的视觉流程可以分为：单向的视觉流程（见图 4.29（a））、曲线视觉流程（见图 4.29（b））、导向性视觉流程（见图 4.29（c））、散点式视觉流程（见图 4.29（d））。单向的视觉流程使版面的导向简洁明了，通过水平或垂直方向的指引，直接诉求主题内容。导向性视觉流程通过诱导元素，主动引导读者视线向一定的方向顺序运动，由主及次，把版面各构成元素串联起来形成一个整体，使重点突出，条例清晰，发挥最大的信息传达功能。版面中的导向形式多样，有虚有实，有直接的形象表现，也有间接的心理暗示。曲线视觉流程能使构图变得更丰富，形式感更强。例如，圆形、弧线形给人以节奏韵律、优雅柔美的感受，能够营造轻松随意的阅读气氛。散点视觉流程是指图与图、图与文之间自由分散地排列，呈现出感性、无序、个

性的形式，这样的阅读过程常给人以活跃、自在、生动有趣的视觉体验。

中国传统绘画中的卷与轴，就是因为中国人有着对时空无限流转的基本观念而选择了移动视点的画法，观看随着卷轴的逐步展开和收拢、逐步卷收和展放的过程，而游走于由画面营造出来的时空感之中。

随着移动媒体的发展，一种多图叙事的新形式盛行起来，在四格漫画的发展下又出现了一种新的漫画体裁——条漫。顾名思义，条漫就是一条横的或竖的小漫画，如图 4.30（a）所示。一般情况下，条漫在内容上继承了四格漫画的风格，也是文图结合。由于没有格数的限制，条漫的篇幅可以更长，所以其在故事情节上略微细致化。一边滑动屏幕，一边观看图像，显然此时的观看与行为形成了密切的关联。由于这种形式具有在移动端观看的便捷性，也被频繁用于广告表现中，如图 4.30（b）与图 4.30（c）所示。

2. 观看与情绪

图像中的色彩关系能够极大地带动观者的情绪。在通常情况下，不同颜色能唤起不同的感情。例如，一组冷色调的图片能够给人冷静、冷漠的大体印象，而对比强烈的色

（a）条漫　　　　（b）广告长图　　　　（c）百雀羚广告长图局部　　　◁图 4.30　动媒体特有的图像样式

彩关系仿佛能将矛盾或激烈的感受带入观者的思维。由此可见，色彩因素能够极大增强图形元素的表述力。同样的图形画面，通过应用两组带有明显情绪特征的色彩关系，即能表现出截然相反的情绪感受。明确的色彩意图能帮助图片表述情感，而不明确甚至混乱的色彩关系会削弱画面中图形的表述能力，甚至彻底打乱画面的主次关系。Stephen Criscolo Flickr 是新锐摄影师之一，他的作品兼具色彩和情绪，让人不由自主地展开对背后故事的遐思，如图 4.31 所示。

△图 4.31　Stephen Criscolo Flickr 摄影作品

4.2.4　图像的新媒介特征

1. 数字绘景

在影视艺术创作中，影视绘景作为其视觉效果创作手段，具有非常重要的作用，是影视美术的组成部分，在影视画面的整体视觉控制的框架内，寻求自我创作空间。数字绘景是随着电影行业的需求以及网络技术的不断更新与提高而诞生的技术，也叫 MattePainting（遮景绘画）。最初，数字绘景就是将事先设定好的景物画在玻璃上，然后将其平行的摆在镜头前的适当位置，后面再加一些或动或静的景物模型，从而拍摄出常规手法无法拍摄到的场景。比如层峦叠嶂的高山，连绵不绝的亭台楼阁、透漏着蛮荒气息的巨大石头城、建造在外太空的基地等。随着数字合成技术的发展，计算机制图逐渐接替了原有的粗糙实物遮景绘画方法，如图 4.32 所示。

概念设计师明确需要的景物、怪兽、光效，然后由电脑画师将其在计算机中通过绘画、合

△图 4.32　MattePainting 艺术家 Dylan Cole 的作品

成、3D 建模做出来，最后和演员们搭配在一起应用。数字绘景由其无限的创造能力成为现代影视的必备要素。MattePainting 对个人艺术修养的要求非常高，尤其是在影视级别，艺术家必须对真实、设计、氛围、空间等都很了解并具有较好的把握能力。因为 MattePainting 不只是绘画，它同时包括拍摄、布景、三维等综合知识和能力的运用，而其最重要的一点就是真实。

2. 全景照片

　　全景照片（Panoramic Photo 或 Panorama）通常是指符合人的双眼正常有效视角（大约水平 90°，垂直 70°）或包括双眼余光视角（大约水平 180°，垂直 90°）以上，乃至 360° 完整场景范围拍摄的照片。传统的光学摄影全景照片，是把 90° 至 360° 的场景（柱形全景）全部展现在一个二维平面上，把一个场景的前后左右一览无余地推到观者的眼前，更有"完整"全景（球形全景），图 4.33 甚至将头顶和脚底都"入画"了。随着数字影像技术和 Internet 技术的不断发展，可以用专用的播放软件在互联网上显示，并且用户可以用鼠标和键盘控制环视的方向，可左、可右、可近、可远。使人感觉就如同在真实环境中一样，好像在一个窗口中浏览外面的大好风光。

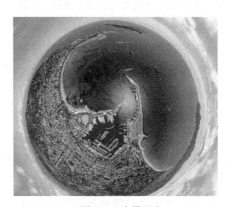

△图 4.33　全景照片

3. 动图

　　动图（Motion Graphic，MG）也就是运动的、移动的图形和图案。它是图形设计结合影像表现的随着互联网和数字传播手段的发展应运而生的新形式。从名称上可以看出，动图以图片或图形表达为基础，通过短时间的动态而起到增加传达效用，吸引关注的目的，特别是在高效传播的过程中，动图因为小于动画的体量和大于图片的表达力而得到飞速发展。动图主要应用在网页 Banner、动态表情图和加载等待项等处。

　　从广义上来讲，动图融合了平面设计、图形设计、动画设计和电影的语言。从表现形式来看，动图具有丰富的特性，表现手段多样，几乎可以囊括所有的静态表现手段和艺术风格，它是基于时间流动而设计的视觉表现形式。它介于平面图形设计与动画视频设计之间，在视觉表现上使用基于平面设计的规则，在技术上使用的是动画制作手段。时间短则几秒，长则十几分钟，结合了传统的平面设计的静态视觉表现优势和动态影像的叙述能力优势。动图与动画的区别就在于一个借助动态来增强叙述力，另一个则是叙事性地运用图像来为内容服务。

基于传统媒体的平面设计着重于在二维空间进行布局与规划，动图从静态画面上看采用了平面设计的组织方法，但由于其载体从纸媒介转变为屏幕之后，时间元素的加入使得动图的表现力大幅增加，可以通过一个小情节，在几秒到十几秒的时间内通过图形语言的变化来阐释含义。

屏幕载体的使用拓展了原有纸媒的空间，对于平面设计来说，纸张的长宽是限定的，当然也有一些情况是使用纸张折叠、翻页等形态来叙述图形语言的变化性的叙述，但是对于屏幕载体来说，虽然屏幕的长宽比例也是固定尺寸，但是动态的设计方式，可以让观众认为在屏幕框的背后，屏幕内的空间是无限的。这个无限不仅存在于平面，同样存在于空间。因此，在屏幕空间内，运用动画原理，可以简单将图形的动态概括为增量运动、变形和三轴运动，复杂的图形动态也可

以使用镜头语言增加表述力。

在信息传达的过程中，图向来是优于文的，这是由现代人对于传播效率的要求决定的。文字的阐述，特别是大段文字的表述，通常需要花时间细细研读，但是图片的传播，不管是信息量，还是包容性，都要优于文字阐述。动图则是富媒体时代的新产物，它融合了图片、图形、影像、文字、声音等媒介手段，带给人们综合感官的传播效用。它时而生动有趣，时而严肃理性，通过富媒体的综合应用，快速产生代入感，形成共情，成为了新媒体的主要表达方式之一。

小结

图片是意境与事件的重要表达窗口，人通过视觉能够直接读取图片中整合起来的多重要素，如图形联想、色彩联想，空间联想等。因此从传播学角度看，人们超过70%的信息接收都是通过视觉通道获取的，而图像作为信息综合体，是理想的表达窗口。随着数字媒体的发展，图像从内容到形式都有了突破，如全景照片在视觉尺度上的拓展、动态图像在时间维度上的拓展等。但不变的是图像通过视觉传播的原理，在此原理的基础上，设计者可以遵循视觉原理提升图像的传播效率，规划传播顺序，营造情境，形成强有力的情绪感染。

习题

1. 三维图像设计是当今数字媒体设计中最具创新性，也最具挑战性的领域，可以使用现在强大的软硬件设备充分发挥和实现无数创新作品。在此创作过程，技术人员要如何和艺术家合作，以了解艺术家的思路和要求，使用现有的设备或开发新的技术加以实现？

2. 运用 photoshop 工具进行数字图像合成的练习，尝试表现出独特的画面意境。

3. 运用 PS、AE 等软件尝试制作简单的动图，并为自己定制一套专属的表情包。

第5章
数字媒体的表现形式之三——声音

数字技术彻底改变了声音的生成、使用和分布。从 20 世纪 80 年代激光唱片的发明到 21 世纪初互联网和 MP3 的发展，数字音频改变了整个相关的产业。随着计算机软硬件技术的快速发展，现代计算机已具备了精致复杂的声音信号生成能力。这也为数字媒体应用开发人员提供了宽广的表现机会。声音可以表达不同的心情和步调，配合其他的媒体元素可以为电玩游戏或者其他交互式数字媒体产品提供绝佳的沉浸式体验。

在人的五感中，听觉作为重要感官承担着丰富的情感感知功用。在现代媒体手段中，将视觉和听觉结合形成多媒体，可见视觉和听觉这两个感觉通道对人们的生活影响巨大。因此，在数字媒体艺术表达环节中，声音成为了必不可少的角色。当我们浏览网站时，通常由于一段或悠扬或忧伤的背景音乐而被带入另一番情绪境地；或在聆听一档纯声音节目时，人们会因为主持人的声线而产生个人的偏好。由此可见，声音作为一个媒体要素，能极大地影响人们意识世界中的情境。

声音设计这个词最早源自沃尔特·默奇（Walter Murch）在《现代启示录》中的声音创作，这个名词的提出为了强调经过设计的声音为这部影片做出的突出贡献。沃尔特·默奇对声音的创造性使用改变了人们对电影声音的传统看法，使声音和其他电影要素一样，成为影片设计的元素之一，深刻影响着电影的创作。

5.1 数字技术范畴的声音

本节首先介绍什么是自然的声音以及它们的组成元素；接下来介绍什么是数字化声音，包括采样型和合成型两种声音；最后讨论这两种声音的使用和比较。在阅读完本章后每个读者对数字声音及其应用应该有一个完整的了解。

5.1.1 自然声音

声音是由物体振动产生的声波，通过空气、固体或液体的介质传播并能被人或动物听觉器官所感知的波动现象。最初发出振动的物体叫声源，声音以波的形式振动传播。最简单的声波又叫纯音（Pure Tone），纯音可由音叉（Tuning Fork）产生，它可以用一个简单的周期性（Periodic）波形来表示。这种周期性波叫作正弦波（Sine Wave）。一个正弦波捕捉到声音的二个主要特性：振幅（Amplitude）和波长（Wavelength），如图 5.1 所示。振幅是声音的能量，也就是声音的音量，通常用分贝（Decibels，dB）来表示。通常，分贝数越高，音量就越大。一般人的听觉范围大约是3~140dB。频率是在一个时间区间内波形重复的次数，它的单位为赫兹（Hertz，Hz）也就是每秒中波形重复的次数。频率被视为声音的音高（Pitch），也就是高频率会产生较高音高的声音，反之低频率产生较低音高的声音，一般人的频率为20~20000Hz；音长是声音的时间长度。

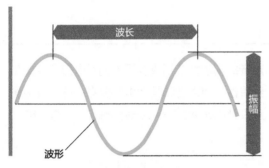

△图5.1　振幅和波长

大部分声音波形比简单纯音波形复杂得多。不同的乐器弹奏相同的单音（Note）会产生不同的波形，通过这个特性，我们可以分辨出不同的乐器。交响乐的声音更是由非常复杂的不同波形混合而成。正弦波是声音学理论中最基本的波形，我们可以混合不同频率的正弦波产生各种不同的声音。

传统的声音记录可将声音通过麦克风隔板振动的轨迹刻画在腊制的滚筒上，再生声音时，可使用唱针沿着滚筒上的轨迹产生振动，振动产生的电子信号通过扩音器放大由扬声器发出声音。经过多年的改进，仿真式声音系统越来越进步，在声音的捕捉和再生上已达到高保真（High Fidelity）的水平。然而，在数字媒体应用上，仍然使用这些模拟式声音扩大器和扬声器来输出数字声音。

5.1.2　数字声音

数字声音由一系列离散的信息元素组成。

有两种类型的数字声音：采样型（Sampled）和合成型（Synthesized）。采样型声音是对已有的仿真声音进行数字化录音，它产生的文件包括许多表示声音波型的文件信息，如振幅、频率的数值；合成型声音是使用计算机产生的声音，它的文件包括控制计算器产生声音的指令。数字媒体开发人员通常使用采样法捕捉自然的声音，如人的说话声和鸟叫声，再使用合成法制作音乐组曲和音乐特效的制作。

1. 采样型声音

在进行声音数字采样时，使用模数转换器（Analog to Digital Converter，ADC）来捕捉并记录声音波型许多不同振幅的信息。模拟型声音由连续改变化的电压模式组成。模数转换器会以每秒成千上万次的速度对此声音的电压值进行采样并记录其数字值，图5.2所示为采样的例子。当再生还原此声音时，可以使用数模转换器（Digital to Analog Converter：DAC）将这些数字值转换成对应的电压值，再经扩大器和扬声器将声音播放出来。

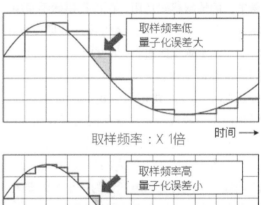

取样频率：X 1倍　　时间➡

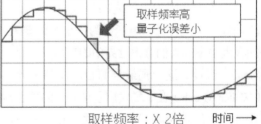

取样频率：X 2倍　　时间➡

△图5.2　采样的例子

数字采样使用一组离散数字样本代表声音的原始波形。由于采样时只能在连续变化的模拟声音上采取有限数量的样本值，所以一些声音的信息在采样时会丢失。采样型声音的品质取决于两个因素：采样分辨率（Sample Resolution）和采样率（Sample Rate）。

2. 采样分辨率

模数转换器测量声音振幅时，使用固定的比特数，这个比特数又被称为采样分辨率。数字声音的分辨率范围一般为 8~32bit。其中最常用的是 16bit 的激光唱片音频标准以及 24bit 的数字化通用磁盘音频标准。

8bit 可以代表 256 个不同的振幅。这足以表示人发出的声音，但是无法精确表示演奏音乐的宽广音域。由于只需要非常小的文件，所以数字媒体应用通常使用 8bit 分辨率表示简单的音频。激光唱片音频标准中的每个样本使用 16bit 表示，它可表示 65000 多个不同的振幅，数字化通用磁盘则使用 24bit 可表示高达 1600 多万个不同的值。使用太低的采样分辨率会造成两种失真：量子化（Quantization）失真和剪短（Clipping）失真。

使用过低的采样分辨率进行声音数字化会产生量子化失真。进行采样时，每一振幅样本都必须给予一个编码值，假如只有少数有限的编码值，不同的振幅值会给予相同的编码值。量子化也就是使用舍入法给予样本最接近的编码值。过度的量子化会产生嘶嘶叫或模糊不清的背景噪声。解决此噪声的唯一方法就是提高采样分辨率，比如使用 16bit 分辨率取代 8bit 分辨率。

剪短是另外一种波形振幅的失真。声音采样设备的采样分贝范围是固定的。声源超过这个范围，也就是超过默认的最高编码值，

此时过高的振幅是无法编码的。图 5.3 所示为剪短失真的波形，当波形振幅超过最高编码值时会被切平，播放时会产生刺耳的声音。为了避免剪短失真，在录音前可先预测录音设备并调整到可以接受的最高声音振幅。进行混音（Mixing）时，也可能发生剪短失真，此时可以降低每个混音音轨的音量来解决这个问题。除此之外，也可以选用较高的采样分辨率，如 24bit 以增加波形振幅值的范围。

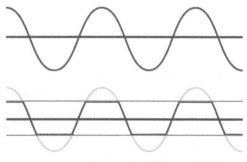

△图 5.3　剪短失真的波形

3. 采样率

采样率是在单位时间内的采样数目。如前文所述，1Hz 表示每秒集一个样本。由于通常机器每秒会采取数千个声音样本，声音采样率也常用千赫兹为单位。采样率也决定了音频范围，也就是声音的品质。在数字录音时，可捕捉到最高的声音频率为二分之一的采样率。比如激光唱片每秒捕捉 44100 个声音样本（采样率为 44.1kHz），它能代表的最高音频为 22050Hz 或 22.05kHz。数字化通用磁盘的采样率为 96kHz，其可表示高达 48kHz 的声音频率。

如果数字录音的最高声音频率要求不高，就可使用较低的采样率，以减小其产生的文件，但也可能产生混叠（Aliasing）的问题。混叠是在采样后还原声音信号时产生彼此交迭的失真现象。混叠发生时，原始的声音信号无法从采样信号还原，因此无法准确重建

原始声音信号。图5.4所示为混叠的现象，其中高频率和低频率的正弦波在采样后有相同的样本值。为了避免这种情况的发生，采样前可先进行滤波的处理。此外，我们也用过度采样（Oversampling）方式解决此问题。

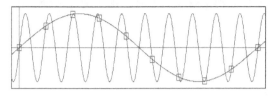

△图5.4 混叠现象

4. 采样声音文件

一个单声道的声音文件的大小可由采样率（kHz）乘以每个采样信号的大小（B）再乘以录音的时间（s）计算得到。比如一个单音道声音采样率为44.1kHz，每个采样讯号为2B（16bit），采样一秒钟产生的文件为88.2kB。如果是立体声，其文件大小为单音道的两倍。采样声音文件可能非常大，这对于数字媒体应用是一大挑战。比如一分钟激光唱片质量的声音就大约有5MB（16×44100×60=42336000字节），如果为立体声，则有10 MB。由于数字化通用磁盘标准采用更高的采样率（96kHz）以及更大的采样信号（24bit），所以会产生更大的文件。

降低采样率或者采样分辨率都可以降低采样声音文件的大小，这对频域不宽的声音，如人的说话声是没有影响的，但是对频域宽广的音乐演奏是不适用的。这时可以使用文件压缩来减少文件的大小，文件压缩分为无损型和有损型两种。常用的有损型编译码器（Codecs）采用不同的压缩技术来减少文件大小。利用心理声学（Psychoacoustics）中人的感知和声音特性之间的关系，可以更进一步压缩文件。比如最佳状况下，人可以听到20kHz的声音，但是绝大多数的人都无法辨识16kHz以上的声音，因此可以去除16kHz以上的频率，这不但不会影响声音质量，还能够大幅减少文件的大小。使用最常用的MP3压缩方式，在不影响原有激光唱片音质的状况下，可以减少80%的文件大小。除此之外，也可以使用可变比特率编码（Variable Bit Rate Encoding，VBR）进行压缩。它会依照声音的复杂度使用不同的采样率来编码。

5. 声音合成

声音合成是指由计算机下达指令给一个叫作合成器（Synthesizer）的电子设备来产生对应的声音。这些指令最常用的格式就是乐器数字接口（Musical Instrument Digital Interface，MIDI）。乐器数字接口是工业标准的电子通信协议，为电子乐器等演奏装置，如合成器定义各种音符或弹奏码，允许电子乐器、计算机或其他的舞台演出设备彼此连接、调整和同步，以实时交换演奏数据。乐器数字接口以数字码表示音乐的组合元素如下。

（1）指定的乐器。

（2）单音。

（3）音乐的强度和持续时间。

（4）不同合成器频道的连接指令，以产生多重乐器的音乐。

（5）其他控制功能。

这些乐器数字接口指令又称为信息（Messages），它可以指定哪个乐器接到哪个频道或者切换频道。大部分的乐器数字接口系统是多音色的（Multitimbral），也就是说，它可以同时处理不同频道的信息或者同时弹奏不同的乐器；它也可以控制单音的振幅、速度和长度；另外，它还能产生复调（Polyphonic），也就是能同时弹奏多个单音。

图5.5所示为一个简单的乐器数字接口系统，可以使用计算机声卡和音序器

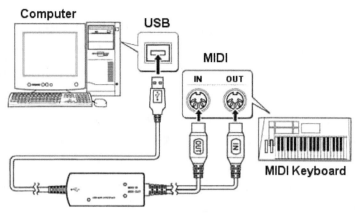

△图5.5　简单的乐器数字接口系统

（Sequencer）软件来模拟乐器数字接口系统。音序器可以控制乐器数字接口信息的流程，声卡包括合成器以及接到输入设备的接口，键盘和其他乐器则可以通过标准乐器数字接口接头接到声卡。这样就可以直接使用计算机来弹奏乐器。也可以使用计算机编曲，使用音序器软件可以编写曲谱，再通过编辑器进行编辑。使用乐器数字接口系统完全颠覆了传统编曲的方法，一个人便可以独立演奏各种乐器并整合成完整的乐曲。

6. 声音和互联网

由于过去许多软件，如 QuickTime、Windows Media Player 和 RealAudio 的开发和分布使一般用户很容易获取和使用各种形式的音频，加上网络速度的不断加快，用户可以便捷地在互联网上传输和使用音频数据。这些音频可能是采样式或者合成式，加上先进的压缩技术使得音频文件更小，因此在网络传输的时间更短。比如 MP3 格式使激光唱片质量的音乐文件大幅变小促进了音乐行业革命性的发展。

在互联网传输音频数据主要有以下两种方法。

（1）下载（Downloading）音频。通过一系列文件传输协议，音频文件由服务端（Server）计算机传送到客户端（Client）计算机，传输完成后文件存放在客户端计算机，然后客户端可以收听文件中的音频。

（2）串流式传播（Streaming）音频。使用这种方式当音频从服务端传到客户端时，实时听到音频，而音频文件不用存放在客户端计算机，从而不会占用客户端计算机的硬盘空间，十分适合使用互联网传输的现场直播型音乐节目。

5.1.3　采样与合成声音的使用和比较

声音采样和合成是数字媒体应用中处理音频的两种技术，接下来讨论它们的优缺点。

采样声音可以在计算机上播放、生成和编辑，它的优点如下。

（1）高质量。可以成为广为大众接受的激光唱片的声音信息以及数字化通用磁盘声音信息。

（2）易于生成。可以用传统的录音设备或声音捕捉软件录制。

（3）易于编辑。现有的声音编辑软件提供了完整的编辑功能以及图形接口，便于操作。

（4）播放质量的一致性。

采样声音虽然有上述的优点，但也有两

个缺点：它生成的文件非常大；由于编辑上的限制，无法编辑混音后的单独的声音信息。

相对而言，合成声音的主要优点如下。

（1）易于编辑。可以做到单音细部编辑，此外，它允许有经验的音乐专业人员独立完成音乐的制作和演奏，从而大幅度降低制作成本。

（2）它生成的文件比较小。乐器数字接口的文件比相对的采样式文件小了千倍以上。

合成声音的缺点如下。

（1）对操作者有音乐专业能力的要求。

（2）播放时质量可能不一致，声卡中合成器的质量可能差异很大，同一个音乐器材数字接口文件经由不同的声卡播放，质量可能不同。

（3）合成的声音无法精准地表现自然的声音，如人的说话声。当数字媒体应用需要人声或其他的自然声音时，最好使用采样式声音。

还可以结合采样和合成法来改善数字音频的使用。可以先编曲生成原始的乐器数字接口文件，再将它转换成采样式声音。这样不但易于编辑，也可以保持原始音频的播放质量。开发人员还可以使用音乐器材数字接口文件中的指令呼叫加入采样声音文件，只有需要播放自然声音时才加入，这样不但保持了自然声音的质量，而且不会产生过大的文件。

小结

比起传统的仿真声音形式，数字型声音有许多优点，包括高质量的备份、耐用性、随机获取数据的能力、易于编辑和分发。

产生数字声音的基本方法有两种。第一种是采样式声音，它由从现存的声音中采取的许多样本组成。采样式声音能够有效保存高质量的自然声音，也易于产生和编辑，还能提供可靠的播放质量。但是也具有文件过

大和有限编辑功能的缺点。

第二种是合成式声音，它是利用计算机产生的。合成声音使用乐器数字接口格式保存，这种文件比起相同的采样式声音文件小得多，它也允许有经验的音乐专业人员独自编曲和整合演奏。虽然如此，它在产生自然声音方面仍然无法做到十分精准。除此之外，有时在不同计算机系统上播放的质量也无法保持一致。

声音在数字媒体应用上是非常重要的设计元素。数字声音通过互联网以下载或串流的方式传输，而声音文件的大小直接影响到传输的速度。数字媒体设计人员在设计数字媒体应用时应该留意这些应用在声音质量上的要求，开发出有效率或比较小的声音文件。数字媒体应用的开发需要仔细规划以及进行必要的版本迭代，开发过程可遵循下列规则以达成设计目标。第一，明确应用声音的目的；第二，尽可能采用高质量的声音；第三，采用能产生最小文件的格式和保存方法；第四，事先考虑播放的环境；第五，避免过度使用声音；第六，组织声音文件并保存原始声音数据。

5.2 数字艺术范畴的声音

数字艺术范畴的声音是作品中引领情境的重要力量。本节主要讲述数字媒体艺术中声音对于情境塑造的作用和具体手段，接着介绍新媒体艺术表现中，将声音作为表现主体的艺术形式，通过听觉和多种感官的融合来表达声音的具体方式，并结合典型案例进行阐述。读者在阅读完本节内容后，可以全面地了解新媒体艺术中的声音。

5.2.1 声音的风格

风格是指艺术作品或艺术创作中显示出

来的艺术家的创作个性和艺术特色。主要表现在题材处理、主题熔铸、结构布局、情节安排、表现手法运用、语言运用等方面。它是一定历史条件下艺术家的思想气质、生活经验、审美情趣、艺术修养、艺术才能等精神特点的具体表现，在长期的生活实践和创作实践中形成，具有相对稳定性和一贯性，是艺术家创作成熟的标志。风格既有一定的时代性、民族性和阶级性，又有艺术家与众不同的独特性。风格化可以被认为是艺术家为抒发个人情感而对自己作品采用的能够彰显个人特色的手段。

　　"声音设计"的概念最早起源于美国的好莱坞。在好莱坞的电影工业王国中，作为创作声音的艺术家，声音设计师要对整部电影的声音构成进行总体策划和具体设计，首先要深刻理解剧本承载的故事内容并深入社会生活汲取创作灵感，然后通过与导演及其他主创人员的交流和沟通，再根据录音制作工艺规范有条理地设计出影片的"声音总谱"，即对声音的整体风格、基调、时代背景、声音蒙太奇、同期录音工艺、动效、音乐主题、转录背景音响资料等声画之间的对应关系或工序进行具体的设计。声音的制作人员实际上就是作为"声音导演"而存在。在全球化的语境中，声画的每一次变革都是科技发展的结果，网络技术、数字技术和多声道立体声技术的发展和应用促成了世界范围内制作精良的电影大片纷纷登场。

　　声音的风格可以分为写实主义风格和表现主义风格，写实主义指对自然或生活准确、详尽和不加修饰的描述。声音的透视关系也遵循现实生活的原则，尽量符合自然的特征。表现主义风格以声音的表现力为主要侧重点，通过不追求真实的、非客观的或者具有装饰性的手法，运用声音作为表达语言进行渲染和诠释。

1. 写实主义风格

　　写实主义风格的声音设计是以现实生活中的声音为参考，但并非全部复制现实生活，而是在真实生活的基础上获得艺术的真实，在声音表达影片情感的同时，更强调声音带给观众的真实感。写实主义风格声音设计通常从客观视点出发，声音的音色、音量、空间环境感等与它所处的空间环境一致，不做刻意的夸张和变形。影片声音的透视关系也遵循现实生活的原则，混响声、反射声的变化符合自然的特征。比如，声音在一个封闭空间内由远到近透视关系的变化，可以通过调整直达声与混响声之间的比例体现，充分利用声音的透视感营造出画面表现的空间环境。观众在观看电影时对环境声的感受是无意识的，观众不会关注影片场景的环境声是由哪些声音部分组成，只有当空间环境失实时，才会使观众跳出画面空间。在利用写实主义风格声音设计来展现空间变化时，对演员说话的声音做相应的混响处理，可以非常直观地表现影片空间的变化，无需使用更多的正反打镜头来交代空间环境。因此，写实主义声音设计以追求"真实感"为目标，从客观角度让观众感觉到真实。

2. 表现主义风格

　　表现主义风格是着重表现内心情感的声音设计方法，既可以用来表现剧中人的内心情感，即从主观视点出发揭示人物的内心世界，也可以是创作者的内心情感，即创作者的态度和倾向。表现主义声音的设计不以追求声音的真实感为目标，不重视声音的客观再现，而往往表现为对现实的扭曲和抽象化。还有一些表现主义声音设计没有任何现实依据，其目的只是渲染情绪气氛。从主观观点出发的表现主义声音设计是人物主观观点心理感受的外化，它体现了人物的某种幻觉或潜意识，强调的是无意识状态。这类声音设计不拘泥于客观声音的真实面貌，在声音的音色、音量、空间感方面，以及各种声音的层次组成方面，可根据表现的内容、情绪、情感等进行修改、夸张和变形。比如，恐怖电影营造紧张气氛使用的各种类型的音调，并不来自于某种客观声源，也不是剧中人内心听觉的外化，能够对剧情起到暗示作用，用来加强对观众的心理刺激。

5.2.2 声音的时空情感

"声音"在影视作品中的地位是极高的。普遍认为电影虽然是由画面影像化而来，但"声音"并不是电影中的配角，电影中的"声音"既可以掌控画面的情感和节奏，也可以改变同一画面中的情感和节奏。

声音在影片中主要通过发挥以下四种作用来表达影视作品中的情感。第一，声音涉及的是人的感官领域，"视听享受"意味着除了视觉感受之外，声音听觉上的感受是一直相伴于视觉感受的。例如，对比无声电影与有声电影就能很好地证明声音的优点，在有声电影中，声音充斥着整个画面，增强了观众对电影的整体感受；第二，声音能强有力地影响我们对画面的感受。音乐能够很好的给当时的影像画面定下情感基调，让观众更容易走进声音设定的影视情感中。例如，在一些打斗场景中，若画面的背景音乐是幽默的风格，这就让原本紧张的画面变得轻松，这是喜剧片利用声音"控制"画面"情感"的常用手法；第三，通过一定的特效声音处理，能够引导观众对特定音像增加关注度。例如，在相对平稳的画面和声音中，突然出现了一个反差极大的声音，观众就会立刻提高关注度到下一帧画面中去。这种手法在惊悚片中经常使用，让观众感受到惊悚、寒颤的情感；

第四，营造出期待的心态，这种手法往往用在恐怖片和悬疑片中。例如，在画面中出现开门的声音，观众会下意识地期待门后面的那个人是谁。

在理解声音对影视作品中情感的表达后，要深入剖析声音从本质上是如何表达和操纵情感的。从知觉性的角度分析电影声音部分情感表达的基本因素是音量、音调和音色。对这3个基本因素的把控与选择，通过混音、掌握节奏、掌握韵律的方式展现出影响的声音情感走向。因此通过学习音量、音调、音色的基础理论知识，可以进一步了解混音、节奏和韵律，最终总结出声音的各个要素在情感表达方面的理论和应用。

1．音量、音调与音色

我们通过空气中的震动感觉到声音的存在，而振幅则决定了音量的大小。例如，清晨城市镜头常伴随相对安静的低分贝的声音，但当镜头转移到上班时间段时，嘈杂的交通、人流声音就贯穿整个画面。或如一个凶狠的人与一位温文尔雅的人之间的谈话，两者的特征不但可以从表情、样貌、谈话内容中体现出来，也可以从音量的差异中体现出来。音量大小的反差手法在突发、突变等急剧变化的故事场景中经常使用，可以增加影片的观影情感。除了深层情感的表达之外，音量最简单直白表达的感受是距离感，音量的大小影响人们对距离的判断，声音越大，人们就会认为声源离自己越近，因此利用音量表达情感的基础是利用音量的大小表达距离。

音调由声音振动的频率控制，亦即声音"高音"和"低音"。音调还广泛用于表达电影情感，通过低音与高音的对比体现画面要表达的情感，或通过这种方式区分人物之间的情感。例如，尖锐的高音表达不自然、不和谐的感情，而低音往往能表达画面人物的内心独白。在《星球大战》中，声音剪辑师本·伯特（Ben Burtt）就是利用改变音调的手法，让观众感受到敌我双方战舰出现在画面中压抑的情感和正义的情感。双方战舰均使用了低音来表达战舰的庞大和厚重感，但反派战舰的低音更低，低哑阴吼让观众不寒而栗；而正义一方的战舰则是有节奏、积极的低音，给观众充满正义力量的感觉。

音色是声音各个部分的调和，赋予声音特定的风味和声调，音乐家称之为音色。音色是形成声音的"感觉"和"质地"的基础，形容某人声音尖锐或声音沙哑低沉时，这里针对的声音就是音色。在平时的生活中，可以通过音色判断熟悉的声音，这是基本的生活习惯。在影视作品中常会利用音色属性表达情感也是常用的手法。例如，不同的乐器之间的音色都是有区别的，不同乐器的音色在影视作品中适合的场景也是不同的。在充满诱惑的场景中，萨克斯的音色就是最佳选择。在充满希望、斗志昂扬的场景中，号声的音色则是导演和声音剪辑师偏爱的选择。

总之，声音的 3 个基本构成要素：音量、音调和音色三者之间的互动影响影片的观感，从而更好地传达电影本身的情感。这些要素让我们得以分辨和感受影片环境、场景、角色的各个声音传达的态度和情感，三项要素的相互作用增进了观众对影片的感受。在此基础上选择及操控声音，通过混音、控制声音的节奏、把控声音的韵律 3 种方法，能更好地传达出影片的情感。

2. 混音、节奏与韵律

混音、节奏和韵律是基于音量、音调和音色的前提创作的。混音、节奏和韵律三者均有其特殊的情感表达方式，在某种程度上，混音包含节奏和韵律要素，但是节奏和韵律

又能独立于混音之外表达情感语言。混音即是选择、操控声音，制作声音（与影像的剪辑相似）时从声音素材库中挑选出最合适最恰当的声音，也可以从各种声音素材中节选出某一段或某几段。如果要想引导观众的注意力，除了选择有特质的声音之外，如何把声音组合得恰到好处，也是混音的精髓之一。声音的剪辑既可以一个声音从上贯穿到底，也可以多个声音自由地组合在一起，更可以通过叠加等方式让多个声音同时发声。与视频不同的是，影视画面是不分左右的，声音可以利用声音装置在某个时间段的某个位置发出声音。混音可以增强画面要表达的情感。特别需要注意的是，有时候影视作品中的声音轨道比影像完成得更早，例如，在好莱坞或迪士尼的动画片制作中，通常会先将音乐、对白及音效制作好之后，然后再开始制作动画部分。

3. 声音与影像

掌握好声音与影像之间的节奏就是要将两者协调起来。节奏的定义虽然仅仅是速度和规律的界定，但在实际的影视作品操作中还是很复杂的。因为影像画面本身也有其原本的节奏，也是以速度和规律的不同来进行区分的。此外，剪辑声音和影像，也是对节奏进行二次创造，声音、影像与剪辑三者的节奏互相叠加，便营造了不一样的感觉。例如，长镜头可以使节奏减缓，短镜头拼接可以使节奏加快。通过控制节奏来表达影片情感。声音和影像的韵律所要表达的则是"不一致"，其实韵律就是导演可以选择在声音、剪辑与影像的节奏之间，做出不同程度的差异。使用的手法也很多，例如，刻意让声音与影像的节奏产生对立（画外音与画面内容毫无关联）、音乐与画面不搭配（枪战或打斗的画面，配上唯美的音乐，传达影片不一样

的意味）。通过这样的手法往往能传达出更深层次的情感。

5.2.3 视听的新媒体表现

1. 声音装置艺术

　　声音装置艺术就是以声音作为呈现主体的装置艺术。随着电子音乐创作技术的不断发展和进步，以及现代音乐形式和体裁的越发宽泛，"音乐"与"声音"的概念渐趋融合，其界限在21世纪的音乐领域尤其是电子音乐领域逐渐模糊，音乐创作语汇的元素不再只是传统音乐观念中的乐音范畴。例如，在电子音乐领域中，语言声、噪声、各种抽象化的电子音色等同样可以作为构成音乐作品的"音符"。因此，今天的新媒体声音装置艺术作品在某种层面而言，可以理解为以电子音乐为呈现主体的新媒体装置作品。新媒体装置艺术是在装置艺术发展历程中伴随新媒体的兴起而产生的，其最早起源于20世纪80年代录像技术的兴起。

　　以《微澜》为例，整首作品的视觉环境是一个暗光线的视觉空间，它与全曲相对的弱音量、长音符、缓慢的时间变化率以及低频段等音乐元素存在某种对应关系，恰到好处地与暗光线的视觉亮度相呼应。音乐联觉实证研究理论指出："频率越高的声音，给人的感觉越亮"，而《微澜》音乐的低频段表现形式通过暗光线的视觉衬托，加强观者听觉与视觉间的联觉体验，音量、音强、音长、时间变化率因素的向下趋势会给人视觉亮度由生硬到柔和的感觉，从而使多方面媒介元素形成某种默契，和谐并准确地引导观者的感受。其次，为了营造凝思的时刻，全曲的情态兴奋度又是相对舒缓、沉静的。这个装置作品中的情态兴奋度因素与全曲相对的低频段、低听觉紧张度以及低音强等音乐元素存在对应关系，以上3种音乐表情的处理都

表现出了相对低点的情态兴奋度，从侧面表现出音乐联觉中随着音强、听觉紧张度、音高等因素的向下趋势会让人的情态兴奋度处于低点的结论。作者有意识地加强各音乐元素与各媒介的统一、协调，从而强化观者的艺术感受，达到创作者的意图。再次，《微澜》需要在观者走进声音装置的同时如同走入一个沉静、微妙、充满联想的空间当中，因此音乐的空间感应该是相对宽广、深远的。创作者将4个音箱分别吊顶在展演现场的高空中，形成了相对宽阔的音场空间，同时结合音乐部分中相对的低音强、低听觉紧张度等音乐表情，创造了宽广、深远的音响场景。《微澜》对于音乐元素的处理都成功加强了观者的联觉体验，作者有意识地用音强、听觉紧张度的向下趋势来协调空间距离、空间容纳性的上升，从而塑造出宽广、深远的音响空间，如图5.6所示。

△图5.6 《微澜》联觉音乐实验作品

　　图5.7所示为创作于2001年，作品录制了都铎时代作家托马斯·塔利斯（Thomas Tallis）1575年所作的唱诗班作品《寄愿于主而无他》（Spem in Alium），由40部HIFI音响播放，每一部传送一位歌手的声音，所有的音响组成一个巨大的椭圆，参观者可以听到每一位歌手的声音，或者移动自己的位置到整个装置的中心来聆听合奏的声音。

△图 5.7　《寄愿于主而无他》作品

2. Audio-Visual 艺术形态

在国际上，Audio-Visual 艺术形态作品已经成为新媒体或数字媒体艺术学术界的热门研究内容。Audio-Visual 可以简单翻译为"视觉声音"，或称为"Audio-Visual 艺术形态作品"。Audio-Visual 艺术形态从通俗简易的角度，可以理解为概念视频，但其又与概念视频不同，Audio-Visual 艺术形态必须存在视觉影像和声音，而这两个元素之间必须有一定的关联。而概念视频强调的是"概念"，声音与视觉影像并非一定有关联，也可以为无声音元素。Audio-Visual 艺术形态是：必须以"纯"视觉影像和"纯"声音两者同时存在为基础，通过一定的装置和表演者展现出来的"视觉－声音"作品，如图 5.8、图 5.9 所示。

Audio-Visual 艺术形态中的声音，是经

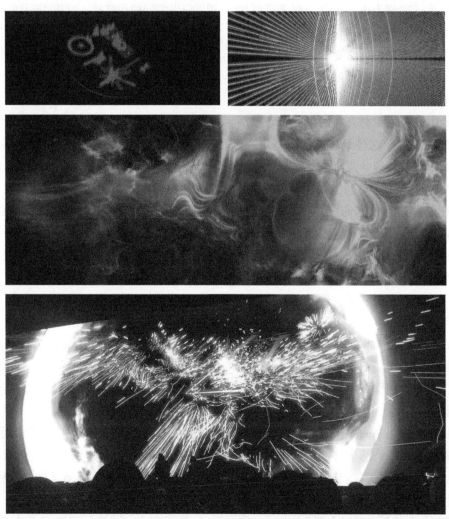

△图 5.8　Open Super Control 在 VICE 中国 2016 年末派对上海站 MAO 的演出现场

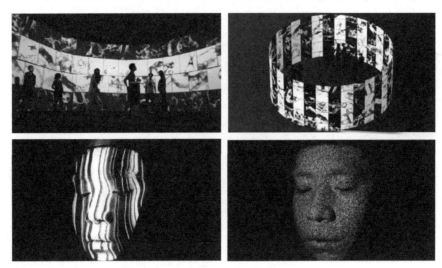

△图 5.9 "视觉 – 声音"作品

过软件的声码器编辑处理后得到的艺术声音，这种声音可以理解为电子声音，声音可以包含一定的韵律和节奏，这种声音脱离了我们对生活中声音的理解，它更专注于声音的本质，并不是常人听到的可以欣赏的音乐和歌曲，也不是我们在大自然听到的"原声音"。视觉影像中的视频素材，用简单的语言概括就是概念性影像，这种概念影像是基于点、线、面而形成的，包含点、线、面有意或随机组合形成的"图形"，也就是现实生活中那些不存在但略带科技感的图像。总而言之，Audio-Visual 艺术形态对视觉影像和声音的探索是一种艺术性的探索，是为了剖析动态画面元素构成与声音的创造本质，而非单纯地追求画面效果和声音质感，也非一味地讨好大众的商业化形式。

Audio-Visual 艺术形态的作品在创作过程中使用的技术主要有 3 种。视觉影像的制作技术、声音的制作技术和最终呈现方式的装置技术。

视觉影像作为 Audio-Visual 艺术形态的重要元素之一，其情感语言的表达要基于中"点、线、面的情感语言表达""色彩情感表达""图形概念特效化技术"，并以影视领域中的"剪辑"为依托。前三个部分均属于"原片"的范畴，但"图形特效"也可以与"剪辑"归为实际操作范畴。这些"原片"的操作、思维、视觉的起点就是点、线、面。在创作过程中，并不是只单纯地考虑视觉效果，还需要考虑作品整体的情感表达、与展示装置的视觉互动等问题。

形与空间是 Audio-Visual 艺术形态在形与形基础上的更进一步。形象的存在必须依赖于空间。与静态的平面图形相比，动态的图形更容易给人留下虚拟空间的感觉，而这种空间感往往伴有神秘的情感，三维空间的营造更加刺激人们的观感，也更容易让观众自身二次创造一定的感情，同时再配合虚拟空间中各元素组成的情感表达进行 Audio-Visual 情感表达的叠加或增益。在 Audio-Visual 艺术形态的作品中，也可以利用"空间正负形"等手法，让 Audio-Visual 作品更加生动，传达更有趣的情感语言。利用动态图形虚拟出三维空间的视觉效果，需要强大的技术支持，但脱离技术层面的问题，如果能把动态图形在虚拟空间中很好地展示出来，就一定会创造出意想不到的视觉刺激，增加了视觉影像的趣味性、多意义性、耐品味性、感官性。

总而言之，图形元素本身是有情感的，

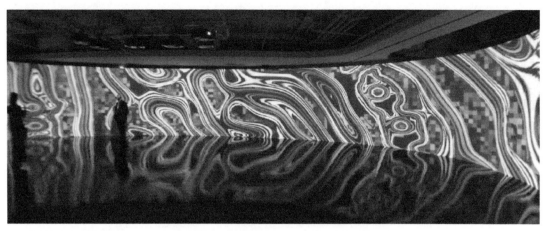

△图 5.10　一个超长屏的 Audio-Visual 艺术作品

通过"动态路径的添加""众多元素的动态组合""虚拟立体空间的营造"能增加或者改变图形原有的情感表达，并加强视觉影像部分的视觉冲击力和情感表达。

色彩的主要作用是增强视觉刺激和更好地传达作品所要表达的情感。从 Audio-Visual 作品的角度看，首先色彩并不是图形，它不做任何动态动作，但是它可以依附在一个图形上做空间上的位移或形体上的变化。可以这样理解：当人们看到一个色块在移动时，其实并不是一个色块在移动，而是一个块状的图形在移动，并且这个图形是附着了颜色的，附着的颜色在块状图形上被带着移动。因此探究色彩在 Audio-Visual 艺术形态情感语言表达中的作用，其实可以参考平面构成领域色彩对情感表达的相关理论。

在实际的作品创作中，没有声音创作在前，还是视觉影像创作在前，也没有以声音为主，还是以视觉影像为主的绝对性，声音和视频都是相辅相成并联系紧密的。因此，声音的情感语言表达可以具有其特有的生命力，也可以依附在视觉影像的节奏中。Audio-Visual 艺术形态中声音的情感表达手法的基准有 4 种：声码、原声、声音的混合、控制节奏和韵律。

在 Audio-Visual 艺术形态作品的创作中，艺术家们并没有拘泥于应用普通的投影技术。如今，随着 Audio-Visual 艺术创作者的不断尝试，Audio-Visual 影像呈现装置种类繁多，如超长多屏幕（见图 5.10）、天幕球形屏幕、360 环绕屏幕、全系投影装置、不规则屏幕、雕塑、真人等，甚至还有使用心电图屏幕作为 Audio-Visual 艺术作品的影像呈现装置。这些投影呈现装置本身不具备 Audio-Visual 作品的情感表达，但是可以通过这些装置传达出 Audio-Visual 艺术形态的情感。因此，创作传达特殊思想情感的 Audio-Visual 艺术形态作品需要挑选相适应的影像呈现装置。

3. 声音可视化

声音可视化的大背景是视觉工业时代的到来。视觉工业是以生产视觉产品、提供视觉服务为主要内容的产业形态。它以计算机图形技术为基本手段，以人造数字化影像为主要载体，以新媒体为主要传播渠道，以现代大工业生产方式为流程体系，以"一切信息可视化"为发展目标，是一种战略性新兴文化产业。

声音只是一种物理振动现象，却能够神

奇地挑动我们的情感。每个人都会对某种特定的音乐产生一定程度的情感变化，可能回忆起一段褪色的记忆亦或是愉悦心情。并且正因为声音的不可见，人们对其表现的神秘感更加增添了兴趣。而声音具有激发我们的大脑产生任何视觉对象的潜力，有时甚至影响力更大。可视化手段正是由于这个关联，通过对声音表现方式的转变，将原本只能听见的声音变成可看、可触摸，甚至可闻到的感官对象，它能为理解、分析和比较声音艺术作品形态的表现力和内外部结构提供直观视觉呈现的技术。可视化手段为声音在艺术表现、科学研究等领域增添了直观的可观察、可分析的新通道。例如，图5.11所示为一段音频在 Processing 中生成的物体，转换了声音的感官属性，使之从听觉对象变成了视觉和触觉对象，让人觉得新奇而有趣。

△图 5.11 一段音频的物理形态

瑞士设计师 Demian Conrad 将已有 200 年历史的声波实验"克拉尼图形"作为设计灵感为洛桑的卡莫拉塔交响乐团（Camerata Orchestra）设计了一系列的形象视觉，如图 5.12 所示。克拉尼图形由德国物理学家 Ernst Chladni 发明，他在小提琴上撒上沙子，然后用琴弓拉小提琴，结果这些细沙自动排列成美丽的图案，并随着演奏曲调频率的不同而变化。Conard 用计算机程序仿真克拉尼图形，创造出一系列结合乐团标志的黑白图案。

音流学（Cymatics）是另一种更直接地模拟声音振动的装置，就是研究与物理形态有关的振动现象，这种物理形态产生于某种特殊的传导体发出的声波的相互作用。将这一原理可视化，实际上就是将生成声音的振动中不可见的力场可视化的过程。图 5.13 是美国艺术家 Robert Howsare 发明的一种利用两个唱机制作的非传统的版画设备。虽然可视化手法很简单，但它产生了相当强大的视觉效果，与谐波记录器十分相似。下面介绍 4 个声音可视化的案例，通过对案例的学习，读者就可以了解世界范围内的艺术家们如何借助数字媒体手段完成声音到视觉的转换。

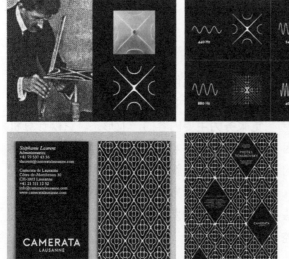

◁图 5.12 瑞士设计师 Demian Conrad 的视觉系统作品

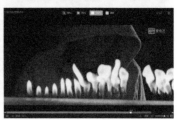

△图 5.14 《CYMATICS：Science Vs. Music》短片截图

△图 5.13 艺术家 Robert Howsare 发明的唱机

（1）《声音形象化：科学 vs. 音乐》短片（CYMATICS：Science Vs. Music）

新西兰音乐人、艺术家奈杰尔·斯坦福（Nigel Stanford）的《声音形象化：科学 vs. 音乐》（CYMATICS：Science Vs. Music）可视化短片为根据音流学（Cymatics）原理进行音乐创作的短片。他根据音流学现场实验，完成了这部真正意义上将乐声可视化的音乐短片。其中涉及了克拉尼金属板实验、软管实验、扬声器盘实验、铁磁流体实验、鲁本管实验和特斯拉线圈实验等 6 个主要实验装置，如图 5.14 所示。

（2）噪声椅：里约热内卢街头噪声（Noíze Chairs）

设计师 EstudioGutoRequena 和他的团队，将巴西艺术家设计的 3 款经典椅子，混合里约热内卢日常街头噪声的录音，通过 3D 打印技术制成数字模型。噪声椅作品综合了巴西当地的艺术与生活，将其重现为传达多重感官体验与文化内涵的艺术作品，如图 5.15 所示。

（3）虚幻天鹅湖（Swan Lake）

日本设计师、艺术家 Tokujin Yoshioka 的作品，总是能让人以为自己置身梦境中。他最擅长将虚无缥缈的东西实体化，把不属于人间的、像来自另一世界的书画中才会出现的世界，以触摸得到的形式真实地摆在

△图 5.15 设计师 EstudioGutoRequena 的噪声椅

△图 5.16　日本设计师、艺术家 Tokujin Yoshioka 的虚幻天鹅湖

观众眼前。Swan Lake 是 Yoshioka 个人展览 Crystallize 中的一个装置艺术，架高的玻璃棺木中，装着发光的水蓝色冰晶，这些结晶被放置在播放天鹅湖音乐的环境之中长达 6 个月，接受声波震动，自然生长成现在的样子。Swan Lake 看起来虽然像雕塑品，但 Yoshioka 认为它是大自然"画"出来的一幅水晶画作，如图 5.16 所示。

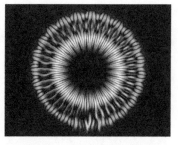

△图 5.17　座头鲸呻吟声图

（4）动物声音的可视化

马克·费舍尔（Mark Fischer）是美国加州 Aquasonic 声学室的主人。这位声学工程师将以鲸类和海豚为主的动物的声音转化为"微波"，然后利用声学软件为其着色，使它们的声音变成可视化的美丽图案。

图 5.17 是在夏威夷采集的座头鲸呻吟声的可视化图，费舍尔利用声学技术将座头鲸交配时的声音中的低频率呻吟声和哭声按逆时针方向以可视化的图形展现出来。图 5.18 是费舍尔通过"小波转换"显示的小须鲸的呼叫声。图中的绿点代表的一个个脉冲都更加清晰。费舍尔表示，"傅立叶转换通常使用得比较多，因此它成为研究声音时的唯一转换方式。但是，鲸类的声音可以有很多形态，这些都是在普通光谱图中看不到的。"（见图 5.19）

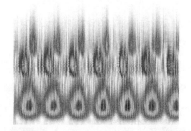

△图 5.18　小须鲸歌声声谱的小波转换图

（a）花斑原海豚歌声　（b）伪虎鲸歌声　（c）白吻斑纹海豚嘀嗒声

（d）座头鲸的声音　（e）蟋蟀的声音　（f）鸟的声音

△图 5.19　动物声音的可视化

小结

　　声音是数字媒体中重要的情绪助推器，传统媒体由于加入了声音表达而成为多媒体。听觉和视觉的共同作用丰富了人们的感官通道，而声音不仅可以为视觉服务，其本身也具有丰富的表现力，在数字媒体表达中，声音很多时候也可独立成为一种媒体表达形态，反向融合视觉，成为表达的主体。

习题

　　1. 数字化声音技术在过去二十年里有许多重大的突破，一个优秀的数字声音专业从业人员需要具备那些知识和素质？

　　2. 学习简单的声音编辑软件，或运用 AE 进行简单的声音编辑。

　　3. 寻找听觉与其他感官之间的联系，尝试思考一些有趣的关联方式。

第6章
数字媒体的表现形式之四——视频

视频又称为影片或影像，泛指将一系列的静态影像以电子信号方式加以捕捉、记录、处理、储存和重现的各种技术。电视和电影的出现，使人类的活动能够以影片的方式记录和保存，这对人类历史文明的发展有非常大的贡献。除此之外，它们也提供人类新的娱乐和教育平台。传统视频建构在模拟系统之上，通常是由专业从业人员使用昂贵的设备运作。近年来计算机和网络技术的不断发展与突破，视频技术已经由传统模拟式进入数字化时代。数字视频在当今数字媒体应用中是重要的不可缺的媒体元素。由于个人计算机、智能手机、数字摄影机的功能不断进步以及制作设备轻便且易操作，任何人都可以进行包括拍摄与编辑在内的视频制作，还能轻松地通过互联网发布和传送视频。

视频作为一种影像流，是时间的艺术，从技术手段上来讲，视频与电影并不相同，但是从表现手法上看，影与视都是属于对时间的加工和表达，是以表达为目的内容展现。

6.1 数字技术范畴的视频

本节，首先介绍传统电影和电视的基本概念，接下来，讨论数字视频的概念及其相关技术，最后介绍数字视频的来源并进行总结。在阅读完本节后，读者应完整了解数字视频。

6.1.1 传统电影和电视

电影是结合视觉、听觉和表演的一种艺术表现。传统电影利用摄影机和胶卷捕捉影像和声音，再加上后期的编辑工作形成。在电影中看到的连续画面，实际上是由一张张单独的照片构成的，利用了人类视觉暂留（Persistence Of Vision）的特性，也就是当肉眼的视线离开一张图像时，此图像不会马上消失而会在眼睛中保留大约十分之一秒。由于此特性，当人快速地看着一张张连续的照片时，会觉得图像是"动态"的。人们也发现以一秒钟放映24张图像是最适当的，又称为每秒二十四格图像，它至今仍是电影播放的标准。传统电影使用摄影机和胶卷记录声音影像，胶卷经过冲洗后剪辑，再用放映机播放，放映机产生的光线透过胶卷，影像就在银幕上显示出来了。

视频技术最早是从阴极射线管的电视系统逐渐发展起来的。传统的视频完全是在模拟系统下完成的。首先利用摄像机的光电转换功能将实际的景物影像转换成模拟视频信号，信号可以通过传输系统传送，也可以记录在磁带上，或者将信号转换成图像显示在阴极射线管的屏幕上。随着技术的发展，视频信号也从早期的黑白信号转变成彩色信号。

模拟电视是将连续动态的影像和声音转换成电子信号，使用模拟制式（如 NTSC、PAL 或 SECAM）将此信号进行调频后，附加上甚高频（VHF）或特高频（UHF）的载波以无线电的方式传送。当电视机接收到此电子信号时，会将它还原回动态的影像和声音再播放出来。

传统的电影和电视都是模拟形式的媒体。电影使用胶卷记录影像的形态和色彩，电视则使用模拟电子信号记录影像。由于近年来科技突飞猛进，数字技术逐渐取代了传统的模拟技术。当今数字媒体应用大多采用数字化视频，但是许多旧的媒体资料仍然以模拟式的媒介保存，为了仍然能够使用这些数据，数字媒体专业人员不但要了解数字视频，还需要认识模拟视频。

6.1.2 数字视频

数字视频是用数字方式记录、处理、储存、传送和重现的影像数据流。数字视频中的每一张图像是由许多像素组成，每个像素则由一个 24bit 的数码来表示此像素的色彩。一个最低屏幕分辨率（Screen Resolution）的计算机显示器使用 640×480 像素（宽×高）来显示一个图像，也就是说，一个图像需要使用将近 1MB 像素来表示。假设帧速率（Frame Rate）为 25f/s，每分钟数字视频的数据量高达 25MB，也就是一小时的影片有将近 83GB 的资料量。这对于计算机的运算和储存能力是相当大的挑战和负荷。早期的个人计算机无法处理如此大量的数据，通常都使用数字化通用磁盘播放器（DVD Player）播放数字视频。但是，随着软硬件技术的不断进步，当今的个人计算机、手持设备和智能型手机都能够轻松地播放数字视频了。尽管如此，如何透过网络传送如此大的数字视频文件仍然是一大挑战。由于数字媒体应用经常需要使用一些高质量的影片，如何有效使用这些影片以及处理如此大量的资料将是设计师的主要考虑与挑战。

屏幕分辨率、帧速率和压缩方法是决定数字视频质量的 3 个主要因素。屏幕分辨率是用来呈现图像的水平和垂直像素数，它可以决定用户所看到图像的大小；帧速率是每秒钟显示的图像帧数；压缩方法又称为编译码器，是一个特定的计算方法，用来进行视频的编码和译码，其目的是把视频压缩为比较小的文件。显示的面积越大、帧速率越高，需要的传输带宽越大，运算功能越强，此时一个强大且有效率的压缩方法就非常重要。

1. 屏幕分辨率

屏幕分辨率的高低直接影响到视频数据量的大小，也就是直接影响到数据的处理时间、传输速度和储存空间。设计人员通常会依照输出屏的需求来调整屏幕分辨率的高低，这又称为输出分辨率（Output Resolution）。一般高画质数字视频的输出分辨率为 640×480 像素。超高清晰度电视（Ultra-High-Definition Television，UHDTV）的输出分辨率则高达 3840×2160（4K）像素或 7680×4320（8K）像素。例如，iPhone 7 手机的屏幕大小只有 1334×750 像素，也就是使用 1334×750 像素的输出分辨率便够了。

2. 帧速率

早期电影的拍摄和播放帧速率都以 24f/s 为主，电视则以 30f/s（60Hz）为主，对一般人而言已足够，但对一些高动态的电子游戏则稍嫌不足，因为当帧速率低于 30 f/s 时，游戏画面就显得不连贯。为了提升播放画面的流畅度，现在的高清晰度电视已使用 50 或 60f/s 的帧速率，在数字电影方面，彼得－杰克逊的

"哈比人"电影系列已采用 48f/s 的帧速率。

为了减少在互联网上数据的传输量，现在最常用的串流式传播仅使用 15f/s 的帧速率，比起 30f/s 的传输数据量整整少了一半，也就是传输速度可以快一倍。以这个速度播放视频影像，对于大多数人是可以接受的。当低于 15f/s 时，可能会产生忽动忽停的状态，一般人很难接受这样的播放质量。为了加速视频传输的速度同时保证播出的质量，设计人员应该仔细测试以决定最适合的帧速率。

3. 视频压缩的方法

视频压缩通常包括一组编码器和译码器。编码器使用数据压缩技术将数字视频数据中冗余的信息删除，将其转换成压缩后的格式，以便传输和储存。视频压缩的方法有 3 种：帧内压缩（Intra-Frame Compression）、帧间压缩（Inter-Frame Compression）和可变比特率编码（Variable Bit Rate Encoding，VBR）。

（1）帧内压缩

帧内压缩将同一帧视像内的数据信息重新编码。在同一帧视像中，相邻的像素通常有很强的关联性，这样的关联性也就是空间上的冗余信息，使用压缩技术可以去除这些冗余的数据。行程编码（Run Length Encoding，RLE）压缩算法就是常用的压缩视频的无损压缩方法。另外一个常用在网页压缩图像的有损压缩方法是 JPEG，又称为联合图像专家组。JPEG 提供不同层次的从高质量到低质量的压缩选项，用户可以依据需求选用适当的压缩方法，也就是说，用户可以在视频数据量和播放质量之间做权衡与选择。原始的 JPEG 视频压缩版为 M-JPEG，它将视频影片中的图像，分别进行压缩，最后再将它们串联起来。最新版的 M-JPEG2000 则保留了以上方式所有功能和优点。

（2）帧间压缩

帧间压缩考虑相邻的两帧视像之间的关系，它们可能由于图像中的对象没有很大的变动而十分相似。这样只需要储存这两帧视像的改变差异即可，而不用储存整帧图像，从而大幅降低视频数据量。运动图像专家组（Motion Picture Experts Group，MPEG）是一个专用于视频的编译码器，它同时采用了帧内和帧间的压缩方法。MPEG 首先压缩并储存一些完整视频图像，称为帧内（Intra-Frames，I-Frames）对于接下来的视频图像，只保存和记录这些视频图像和 I-Frames 之间的差异，而去除相同的部分。这些差异的视频图像资料则称为预测帧（Predictive Frames，P-Frames）或双向帧（Bidirectional Frames，B-Frames）。P-Frames 记录比较大的图像差异，B-Frames 则记录比较小的图像差异。当解码还原视频时，可以以 I-Frames 为参考点，然后依据 P-Frames 和 B-Frames 中间差异信息，逐步还原两者之间的视频图像。

MPEG 同时采用帧内和帧间压缩方法，它产生的视频文件比仅仅使用帧内压缩方法的视频文件小很多，在网络传播速度上有很大的优势。所以当需要分布传递数字视频时，使用帧间压缩方法是不错的选择。但是使用帧间压缩可能无法保留每一帧视频图像的数据，当需要保存一份编辑用的原始视频数据时，使用帧间压缩方法可能不是适当的选择。

MPEG 是当今最常使用的视频编码方法之一，它有许多不同的版本，如 MPEG1、MPEG2、MPEG3 和 MPEG4。MPEG1 是第一个官方的视频音频压缩标准，被视频光盘采用。MPEG2 是一个广播品质的视频音频和传输协议，被广泛用于无线数字电视 – 进阶电视系统委员会（Advanced Television Systems Committee，ATSC）、数字视讯广播（Digital Video Broadcasting，DVB）、综合数码服务广播（Integrated Services Digital Broadcasting，ISDB）、数字卫星电视（如 DirecTV）、数字有线电视信号以及数字化通用磁盘中。MPEG3

原本是为了高分辨率电视（HDTV）而设计，但随后发现 MPEG2 已足够使用，便中止了此研发的工作。MPEG4 是 2003 年发布的视频压缩标准，主要是扩充功能以支持视频和音频对象的编码、3D 内容、低比特率编码和数字版权管理（Digital Rights Management）。

（3）可变比特率编码

一般数字视频编码方法都采用常数比特率编码（Constant Bit Rate Encoding, CBR）方式，也就是在整个视频的编码过程中，不管视频内容是什么，每秒都使用固定相同的比特数。可变比特率编码（Variable Bit Rate Encoding, VBR）则会依据视频内容的不同而使用不同的比特数进行编码。当视频内容比较复杂时，使用比较多的比特数，当内容比较简单时使用比较少的比特数。使用可变比特率编码可以得到比较小的视频文件，进而节省更多的储存空间。

数字视频文件格式的种类繁多，不同的格式用于不同的应用和需求。有些格式支持经由网络传输串流的视频数据，如使用 .rm 文件扩展名的 RealVideo 的格式；有些支持跨平台分布传输的格式，如使用 .mov 文件扩展名的 QuickTime 格式；有些则支持专业编辑和制作的格式，如 6mm 的磁带格式 DV。设计人员可以根据自身需求选用适合的文件格式。

6.1.3　数字视频的来源

设计数字媒体应用需要数字视频数据时，设计人员获得数字视频的主要来源有 3 个：现有的模拟视频转换成数字视频、自行制作的数字视频，以及向外购买的数字视频。

1．将模拟视频转换为数字视频

NTSC（National Television Standards Committee）是 1952 年由美国提出的模拟电视标准。此标准制定了所有有关电视播放和接收的规格，包括纵横比（Aspect Ratio）、扫描率、扫描方法以及传播技术。比如扫描率制定为 60Hz 或是每秒 60 次，显示分辨率制定为 525 条扫描线。NTSC 主要使用于北美地区。随后其他国家另外提出两套系统：PAL（Phase Alternative Line）和 SECAM（Sequential Couleur Avec Memoire）和 NTSC 竞争。PAL 使用于英国和许多欧洲国家，而 SECAM 使用于法国和苏俄。由于它们采用不同的规格，如扫描率为 50Hz 以及显示分辨率为 625 条扫描线。因此它们和 NTSC 系统是不兼容的，也就是说，在美国制作的视频影片在英国和法国是无法收看的，反之亦同。

到了 20 世纪 80 年代，由于录像机（Video Cassette Recorder, VCR）和视频摄像机（camcorders）的发明，提供了新的制作和分布传播模拟视频的方法。在此方法的发展过程中，陆续提出了许多格式标准，其中最重要的就是家用录像系统（Video Home Systems, VHS），VHS 采用 240 条扫描线的分辨率，S-VHS 则是 400 条扫描线。

将模拟视频转换为数字视频的取样方式和将模拟图像与声音转换为数字模式的方式很相似，都是在记录时使用模数转换器将模拟视频的电压信号转换到二位的数字值，在重现时再使用数模转换器将数字信息转换成电压信号。

由于长期以来累积的各种模拟视频影片数量十分庞大，转换这些影片至数字模式并加以保存的工作，目前只完成一小部分，相信这个工作在未来也会持续不断地进行。为了有效地保证高质量的转换过程，设计人员需要深入了解不同的模拟格式以及它们之间的差异性，除此之外，还需要充分了解不同数字化技术的特性，只有这样才能做到"对症下药"。

2．自行制作数字视频

自行制作数字视频通常有 3 个步骤：拍摄、剪辑和编辑（Rendering）。

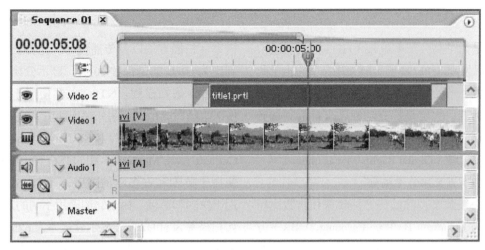

△图 6.1　剪辑时间轴

（1）拍摄

首先决定以及选用摄影机和相关的器材，如镜头和麦克风。可以使用专业的摄影器材或者是使用简单的手机进行拍摄。由于近年来手机摄影功能不断进步，再加上手机十分轻便而且操作容易，越来越多的人使用手机来拍摄数字视频。早期的手机由于储存器容量比较小，只能储存时间较短的视频数据，而今天手机的储存器容量已经大幅度增加，可以储存更长时间的视频。基于这个特点，有人甚至使用手机拍摄制作长影片。其次，镜头的选择对于拍摄质量也有很大的影响，虽然有许多软件可以模拟镜头的效果，但是质量还是比不上光学镜头。拍摄时的采音也是非常重要的，采音设备包括麦克风和其他的录音器材，如何有效使用这些设备以满足最后制作的要求，需要长期经验的累积。

储存器的种类很多，包括磁带、光盘和内存卡等。在拍摄之前，要决定使用哪种储存器来储存视频。除此之外，拍摄前还要决定采用的文件格式，以免事后出现文件不匹配的问题。

摄影的技巧十分繁多，本书不逐一介绍，其中，值得注意的一点是留意时间码（Time Code）的记录。数字摄影机在拍摄时有记录视像和声音的时间码，以"时：分：秒：帧数"格式显示，譬如"01：02：03：04"代表在第一小时、第二分钟、第三秒的第四帧图像。这就像是图像的位理地址一样，它给后期编辑工作提供了一个十分重要的线索。

（2）剪辑

传统影片的剪辑通常是在磁带上以裁剪、分割、切断和重新组合的方式进行。现在处理数字视频的后期剪辑都是使用影片剪辑软件进行。影片剪辑软件是一个应用软件，它以时间轴（Timeline）为基础，再将录制的视频片段（Clips）依据播放顺序在时间轴上排列。这些影片剪辑软件不但提供传统影片的剪辑功能，还提供了许多扩充的功能，如调整影片色彩、视觉特效以及音频同步等。

数字视频剪辑通常包括以下 4 个步骤。

① 从外面取得视频资料。将视频由摄影机导入计算机，通常使用通用串口总线（Universal Serial Bus，USB）或者 FireWires 和 Thnderbolt 接口进行传输，并存入计算机的硬盘中。

② 安排视频片段或安排视频的顺序。执行剪辑程序读取此视频文件，并使用剪辑程序的窗口整合这些视频片段，以建构一个故事板（Storyboard）或时间轴，如图 6.1 所示。

③ 修剪（Trimming）和分割（Splitting）

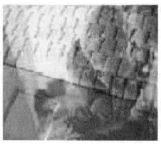

△图 6.2　视频溶解的例子

视频片段。开始剪辑。修剪和分割是两个最基本的剪辑工作。修剪是删除不需要的视频片段，分割则是将一个视频片段切割成好几个部分。未经剪辑的视频称为视频源（Source Video），而经过剪辑的视频片段串则称为主视频（Master Video）。

④加入过渡转变和特效。加入视频片段之间的过渡特效。过渡的方式非常多，主要分为四类：切除（Cut）、逐渐褪去（Fade）、溶解（Dissolve）和擦拭（Wipe）。切除只是把一个视频片段的结尾接到另一视频片段的起头，没有两者间的转折。切除是最简单的过渡方式，也是最常用的方法。逐渐褪去是从一个视频片段的结尾进入一个单色的影像，通常是黑色或白色，再进入另一视频片段的起头。这种方式代表主要场景的转换。溶解是将一个视频的最后一张影像和接下来片段的第一张影像混合，再进入第二个视频片段。这种方法提供微妙的转折效果，表示这两个相邻片段的连续和相关性，如图 6.2 所示。擦拭是用另一张图像来取代一部分的图像，如图 6.3 所示。

数字视频剪辑软件也会提供文字编辑功能，用来在视像上加入各种字体、字型和大小的文字，以及各类艺术字。除此之外，剪辑软件也提供了很多的特效，图 6.4 所示为一个特效的例子。

△图 6.3　视频擦拭的例子

△图 6.4　视频特效的例子

（3）编辑

视频剪辑过程产生的主视频并不是剪辑后的视频实体而是一系列的指令和指针。这些指令和指针代表了剪辑的动作和过程。因此剪辑的过程没有产生新的视频，也没有改变原始的视频。这样不但能保留视频源，还可以节省很多的文件储存空间。

视频编辑是转换主视频，以产生一个新视频文件的过程。由于要执行整个剪辑的过程，十分耗时。在编辑时，设计人员必须确定下述 5 个参数。

① 输出的选择，比如以数字化通用磁盘或网络方式分布传输。

② 编译码器的选择，它会直接影响到视频的质量和文件的大小。编辑器包括不同版本的 MPEG 以及适用于串流传输的格式，如 RealVideo。

③ 输出分辨率，它取决于所选用的显示屏，如高清电视为 1920×1080 像素。

④ 帧速率，降低帧速率可以减轻计算机的运算和网络传输的负担，但是也要注意确保用户观赏时的视频质量。

⑤ 选择常数比特率编码或可变比特率编码方式。最后，大部分视频也包括声音信号。这些声音信号的编码工作是与视频分开进行的，也可以选用编辑软件提供的不同压缩方法进行处理。

小结

数字视频是使用数码进行记录、处理、储存、传送和重现的视像数据，数字视频中的每一张图像是由许多像素组成的，屏幕分辨率、帧速率和压缩方法是决定数字视频质量的三大主要因素。屏幕分辨率是视像显示屏的像素数目，当显示屏比较大时，它的像素数也相对较多；当同一面积显示屏上有比较多的像素时，它显示的图像会比较清晰细腻。帧速率是视频中每秒播放的图像数，一般地，数字电视的帧速率是 30f/s，而通过互联网进行串流式传播仅使用 15f/s 的帧速率。视频压缩包括一组编码器和译码器。编码器使用数据压缩技术将数字视频数据中冗余的数据删除，再将它转换成压缩后的格式进行传输和储存。MPEG 是当今最常使用的视频编译

码技术。由于这 3 个因素的选择会影响到视频的质量，包括重现图像的画质和视频数据量的大小。当设计人员设计规划数字视频时，应该仔细分析数字视频的用途和需求，以选用最适合的屏幕分辨率、帧速率和压缩方法。

当数字媒体应用需要使用数字视频时，设计人员可以将现有的模拟视频文件转换成数字视频再使用。如果已经有现成免费的数字视频，就可以直接使用。如果有些视频需要付费才能使用，则需要和视频版权拥有人协商相关使用权和付费条件。由于现在视频制作的设备，如摄影机、剪辑软件，并不昂贵而且容易操作，设计人员也可以自行制作原创视频。

6.2 数字艺术范畴的视频

数字艺术范畴的视频是一种完整的情感叙事方式。本节介绍视频作为数字媒体艺术中的重要表现形式，其基本的内涵、作用，以及艺术表现手段，特别是在数字媒体视野下发展出的新特性，如交互、直播、虚拟现实等。

6.2.1 视频影像的叙事能力

1. 数字影像的叙事特点

一部好的作品，必须做到叙事与影像完美结合。故事的构成与影像的构成，有各种必需的成分、组织系统及运行规则。无论是故事电影、纪录电影或动画电影，叙事都成为视频影像的核心范畴之一。叙事艺术与叙事技巧的发展，往往从一个重要方面折射出电影发展的历程。

影像叙事是通过镜头来有效传递信息，它通过一种"可经历的过程"给观者仿真的人生体验。影像叙事即画面叙事，包含了叙事的时空感觉、视点确定、结构安排等。这种用镜头、画面叙事的方式与文学不同，它是具象的、艺术的，也通过技术手段，在叙

事中体现出了对时空的超越性、视点的居高临下、结构的多种多样、细节的强烈冲击等特点。影像叙事以实证求真为核心价值追求，更加侧重于通过真实再现、客观传递和话语实践方式来实现叙事效果。客观性和纪实性是影像叙事活动最为重要的两大特点，这些特点满足了人们对传播内容直观性和真实性的接受需要，使文字叙事相对而言成为一种辅助手段，正是因为影像叙事具有强大的吸引力，所以它可以将观者牢牢地锁闭在故事之中，使得影像叙事跃升为历史叙述活动的主角，成为当代地位最为显赫的话语形态。

数字影像创立新的叙事语言或方式，在沿用传统电影语言组织信息、表现经验的同时，其叙事方式变得更为多样化和多元化。电影语言转换了角色，与数字影像设立的新语言方式进行了新的组合。如今，成长在新媒体时代的青少年大多都是在丰富的电影、电视媒体中成长起来的，他们更习惯于从视觉语言而不是印刷文字那里接受信息。电视媒体的普泛性使得越来越多的信息通过画面影像的方式来传播，这样通过画面影像来观察世界、结构化时间、组织经验、表达情感、完成叙事的方式，自然而然成为人们最易于接受、使用的基本方式。只不过"拍摄"的方式、蒙太奇的重建、"镜头"的运动、时间与空间组合的原则、数据库的模块结构、超媒体资料的运用、叙事的形式等这些内容会发生变化而已。在这个过程中，传统的作为叙述语言的电影语言会渐渐淡化，作为艺术的电影会渐渐地边缘化，而作为新媒体时代影像语言的影视语言会逐步进入信息交流、传播的中心，并因其成为新媒体时代新文化的核心元素而变得更为重要起来。

传统的影像叙事元素主要有：色彩、光线、角色、场景、音效等。数字影像的产生加强了这一系列特征，并且增加了视觉特效，

可以对上述的各种叙事元素进行任意修改和组合。而使用传统方式组合叙事元素十分不方便，并且只能在很小的范围内进行特效加工，这种加工在很多时候都是不可逆的，而数字影像方式的场景可以进行任意的加工，而且可以随时调整，这个过程也是可逆的。数字影像使得画面极具自由，极大地扩展了叙事的时间和空间。甚至可以说，只要想象得到的画面，就可以用数字影像表现出来。区别于以往的实景拍摄，数字影像的场景完全可以用计算机虚拟出来。随着人们对现实场景好奇心的降低，人们越来越期待看到从未见到过的场景和画面。因此，画面开始走向意象化，数字影像制造出一个个影像"奇观"。数字影像的随意性使得我们可以任意产生或转换时空，这样叙事结构也可以不按照时间或空间的顺序来设置，可以按照某种逻辑在不同的"场"中编织。如同《罗拉快跑》中玩游戏一样可以随意倒流时间，使情节叙事可以按照某种可能性去发展进行。这就把线性的叙事方法发展成星形的叙事方法，即在某个时间节点进行分叉，衍生出更多的时间节点。虽然会让观众产生莫名其妙的时间感，但这也算是叙事方法中的一种新尝试。

新媒体艺术在叙事上打破了"时基"的束缚，凭借其特有的强大交互性，在叙事中可以按照非线性的手法自由地叙事，这样让观众可以自由、能动地解读一部作品。例如，通过群体，开放部分内容的创作，或者通过超文本链接给予不同的情节转换，抑或是精心设计可以自由浏览的情节网络，任观众自由选择。这些手段的运用都是为了突破传统的线性叙事，探索新媒体叙事的无限可能。

（1）群体创作形式

在群体创作形式中，叙事者的身份发生了改变。"Mr.Bag（袋子先生）"这则作品是由网络媒体发起的群众性新媒体艺术，所有

人只需用一个随处可见的牛皮纸袋挖两个可以透光的孔套在头上，你就可以成为主角，演出想要讲出来的故事，上传到 YouTube 上就可以成为这部作品 Mr.Bag 的一部分。像这样的新媒体艺术使得所有的观众都有可能变为参与者，而不再是被动地听高高在上的艺术家叙述他的作品，相反自己已经成为叙述者之一，自己主动参与叙事过程。这样一来新媒体艺术对于叙事过程完全开放，把所有的观众变为创作者，同时观众以一种游戏的态度能动地参与整个叙事过程，所有参与的创作者叙述的故事被整合之后，又重现在其他观众面前，成为一部全社会叙事的作品。

（2）超文本叙事

主动地寻找故事。"lind spot（盲点）"是一个以文字为主的新媒体艺术作品。故事主干非常简单，讲述一个神经质的家庭主妇等待丈夫回家的心情。但在每一页，有多个超链接，观众在阅读主干故事的同时，可以选择点选不同的超链接，进入故事的子架构，其中会出现与主干故事相呼应的子故事情节，以文字、图片、动画或者声效的方式来表达。有时候，读者甚至可以选择文字填入句中。

这种活泼的叙事架构，让一个单纯的故事多样化。在同一个画面中，多重文字与图像同时并存，子故事情节与主故事线交叉互动，打破了传统文字叙述的刻板模式。最吸引人的就是那些有趣的超链接，它们并不只是依附于主线发展支线，而是独立提供了很多有趣的故事，如故事人物历史、性格、嗜好介绍，或者是用图片对环境的描述，或者干脆只是一个吓人的音效。所有这一切，总是会让观众充满好奇地寻找可以继续点下去的超链接，带有能动性的阅读作者想要讲出的故事。

（3）完美的非线性多媒体事件

依靠"规则"叙事的艺术。Samorost 是在网络上非常流行的新媒体艺术作品，它是一款基于网页形式的非线性多媒体事件，也可以简单地理解为在网页上玩的探险游戏。主角是个穿着睡衣睡帽的小矮人，他住在一个只属于自己的星球上，有一天他发现，对面新出现的一个星球正在威胁着自己的家园，于是他坐着火箭来到了对面的星球寻找解决危机的办法。玩家需要依靠眼力和逻辑分析帮小矮人"牵线搭桥"，从而顺利进入下一个地点，如图 6.5 所示。

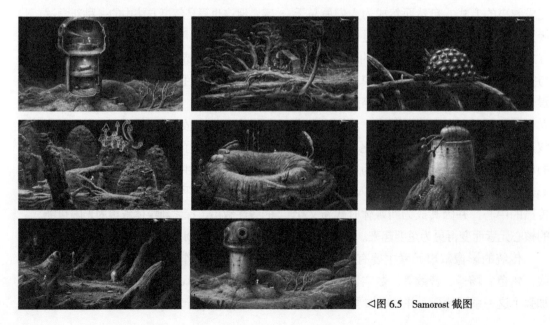

◁图 6.5　Samorost 截图

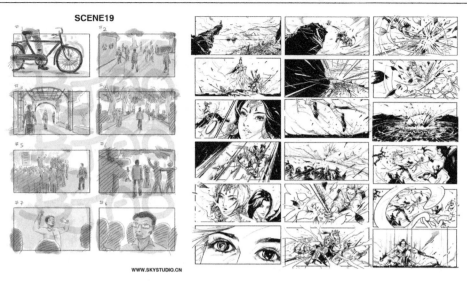

SCENE19

WWW.SKYSTUDIO.CN

△图 6.6　故事板

就它的叙事方式而言，这种叙事与传统的线性叙事方式非常接近，因为整个故事的发展都是以动画、音效、音乐的方式来讲故事，弱化了故事性，作者只给出简单的故事主干，基本上没有在故事的安排上下太大的功夫。但是观众的注意力和兴趣点也不是在故事上，因为它出色的交互性，控制和操作更大程度地吸引了观众的注意力，观众更乐于反复尝试解开那些被精心设计的谜题。因此在新媒体艺术非线性叙事的概念中，故事不再是唯一制约作品好坏的因素了，交互性的优势依然可以展现出作品的品质。

2. 数字影像的叙事手法

画面语言、有声语言和造型语言是影像叙事的三大要素。镜头是影像语言的基本单位，不同镜头表达不同的内容。镜头内部的调度、镜头组合编辑实现的"过程性"以及镜头画面本身的象征、隐喻功能的运用是叙事过程中画面语言的组织，画面语言在整个影像叙事中起到建构叙事框架、还原叙事线索的作用。画面的选择、构图、分割和整合就成为了串联影像逻辑结构，是实现影像微观、中观和宏观层面既自然统一又逻辑有序的有力保证。如何合理地安排上述 3 个要素

取决于对影像叙事规则的把握程度。在叙事过程中，不仅视觉的画面要加以艺术和技术的修饰，听觉的声音同样经过了艺术与技术的加工。在描述环境、烘托气氛、衔接镜头时，也可以使用丰富多彩的音乐形成画面无法表达的各种意境，用声音增加画面的真实感和艺术感。因此，一个成功的作品不仅是影像的堆砌，还是在对影像叙事规则积极、准确、纯熟的把握基础上，合理构建各要素，既要将事件讲清楚，又要使其富有美学意义和艺术感染力。

大多数的视觉故事都是从文本开始的，剧本提供了所有的对话、动作，甚至后期拍摄时镜头移动的方式，是故事用画面展开并进行下去的全盘计划。计划的下一部分就是想象每一个场景，也就是故事的视觉画面，具体要展示什么，画面包含什么。对于叙事性的影像来说，故事板（见图 6.6）是必不可少的，它的使用贯穿了整个好莱坞动画发展的历史，是导演最重要的前期策划工具之一。

画面的基本元素是镜头构图，整体的影片是由连续的画面构成的，这些画面以不同的方式结合在一起讲述一个宏大的故事，而每个画面又都可以看作大故事中的一个个小故事。因此，每一个分镜头画面都是构成影

121

片的要素。

镜头通常有全景镜头、中景镜头、特写镜头、大特写镜头几种。选择不同的镜头，观众与物体或者任务能有更加深入、亲密的互动，或者更加近距离地看到某一事物。例如，全景镜头可以让观众不必移动太多目光就能在画面内看到整个目标或物体；中景镜头能够带着观众沿着画面空间中的斜轴与演员或物体更接近，中景镜头通常拍摄人物腰部以上的部分，距离足够近，能让观众看到角色的面部表情，产生关联感，同时也能够看到演员的肢体语言和故事发生环境；特写镜头通常取人肩部以上的画面，帮助观众建立和人物之间情感上的亲密性；大特写镜头创造出观众与拍摄对象之间极为亲密的感觉，能让观众沉浸到角色的精神与情感世界中，但也可能会因为过于关注重点信息而错失整体的信息。

镜头的特殊角度可分为低角度镜头、高角度镜头、斜角镜头。采用低角度镜头时摄像机的位置较低，通过向上倾斜来表现画面，从而制造出具有威胁感的气势；高角度镜头相反，摄像机由上向下倾斜，这一技巧会让人物变得软弱无力；斜角镜头则通过倾斜感制造运动、不安定的感觉。

通过镜头的移动，能够创造出镜头中对象的故事，这也是影像叙事的主要手法。

6.2.2 视频影像作为艺术表达手段

1. 早期的影像艺术

早期的视频艺术随着电视机和摄像机的逐渐普及，开始摆脱胶片昂贵带来的创作局限，大量使用视频和录像技术，引起了艺术中的另一场媒介革命，形成了以电视等为展示工具的视频艺术。这种新的艺术样式从横向上吸纳了装置艺术和行为艺术的表现方式，加入了诸如身体、电视机等新的媒介材质混合构成视频装置艺术。从纵向上它注重挖掘创作主体的自身主体性，在对主体性的展示过程中将主体性拓展为观念性和自我认同性的两类视频艺术。随着信息社会的纵深化发展，基于计算机技术的普及，早期影像艺术很快又演变成了数码艺术和网络艺术，从而创造出全新的虚拟性的审美体验。

白南准（Nam June Paik）一直被视为影像艺术的鼻祖。从激浪派的行为艺术，到20世纪60年代早期对电视媒介的应用，再到20世纪70年代的影像和多媒体装置，白南准在影像发展成为一门独立艺术形态的过程中，发挥了很重要的作用。他自小就开始学习古典钢琴，之后曾在东京大学学习作曲。他在毕业论文中介绍了开创十二音体系的现代主义音乐代表人物阿诺尔德·勋伯格（Arnold Schoenberg）。在德国继续深造音乐史的同时，白南准遇到了勋伯格的学生——激浪派艺术家、先锋派古典音乐作曲家约翰·凯奇（John Cage）。凯奇把他介绍给马塞尔·杜尚，此后对白南准行为艺术的发展带来了"重大影响"。但是，凯奇还扮演着更为重要的角色，白南准曾说过："1957年是凯奇元年（Before Cage）。1947年是凯奇公元前10年，而柏拉图（Plato）生活在凯奇公元前2500年而不是公元前500年（Before Christ）。"随后，白南准被介绍给乔治·马修纳斯（George Maciunas）和约瑟夫·博伊斯（Joseph Beuys），并在1962年加入激浪派"大军"，从此秉承着杜尚和凯奇的精神创作观念艺术（见图6.8~图6.11）。

以嘲讽式的幽默和激进的艺术创作策略为特征的白南准解构了过去神秘化的电视语言、内容和技术。他是第一个将注意力集中在影像艺术媒介自身特殊性（物理和文化特性），并且探索其语言应用可能性的艺术家。图6.7所示为他的装置作品《我绝不阅读维特根斯坦》，作品由七种颜色的彩条刷成，四个

△图 6.7　白南准的《我绝不阅读维特根斯坦》

△图 6.8　《无题》电视、音箱、
钟、电子装置

△图 6.9　《天体》

△图 6.10　《越多越好》由 1003 个显示器
和钢结构制成

△图 6.11　白南准

角上挂着四台电视显示器，观众无法一下将作品整个收入眼中，也无法同时收看四个屏幕。这样的摆设方式与距离感，与维特根斯坦的名言"凡不可说，应当沉默"有着某种诙谐对应的趣味。

2. 数字媒介下的艺术表达

在数字媒介环境下，影像艺术结合互动形式，成为新媒体艺术的一种重要表达方式。在这种方式中，影像的形态更为灵活。它可以作为艺术表达的主体，也可以成为不可或缺的辅助手段，并且影像的表现载体由于新技术的发展，摆脱了原来屏幕的具体限制而可以完全无障碍地走入更多空间。这一变化极大丰富了视频影像的表现空间。因此我们可以越来越多地看到极富感官刺激的艺术形式。同时，互动技术的加入使得视频影像的传达不再是单线程的。在观众与视频影像的互动过程中，观众的体验和代入感得到极大的提升，视频影像不再是单纯的表达手段。王功新的九屏影像装置（见图 6.12、图 6.13）创作于 2010 年，由中国演员张曼玉（Maggie Cheung）主演，讲述一个跨洲移民的诗歌故事（见图 6.14）。

▷图 6.12　王功新《谁的画室》展览现场，9频道录像装置作品

▷图 6.13　王功新《雷哥的故事》展览现场，8 频道录像装置作品

△图 6.14　影像装置《万重浪》在 MoMA 展出现场

交互式视频的概念已经不新鲜，交互的方式也各不相同。不断创新的交互体验完美地迎合了大众对新鲜感的追求。交互式视频是指通过各种技术手段，将交互体验融入线性的视频的新型视频。它风靡于 2005 年，随着当时宽带接入速度的提升和多媒体播放技术的成熟（主要是 Flash），交互式视频也迅猛发展。最初主要是广告商赞助的广告视频，借用各种新奇的交互方式来吸引人们点击观看，增加产品的曝光度，可以认为是病毒营销的一种。无论如何，交互式视频的存在容纳了引发人们中断观看的因素，这种情况下的观看体验就需要创作者合理把握和适当筹划了。下面介绍 3 个交互式视频的案例，这些案例均打破了视频线性播放的常规特性，运用交互手段为观众增添了新的解读方式，提供了参与性。

（1）《Look Around》单曲 MV

红辣椒乐队（The Red Hot Chili Peppers）推出的单曲 Look Around 的 MV 中拖动鼠标，可以选择观看 4 个乐队成员在不同场景里的表演，点击房间里的家具，还能观看乐队成员拍摄 MV 时的现场照片，如图 6.15 所示。当时演艺界和科技领域都为之一震，甚至有歌迷为了看到 4 个人的完整表演和所有图集，前后看了 6 遍之多。

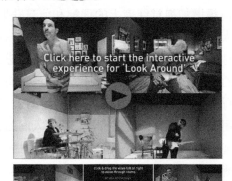

△图 6.15 红辣椒乐队（The Red Hot Chili Peppers）推出的单曲 Look Around

（2）流动的《星空》

工程师 PetrosVrellis 用 openFrameworks（一种开源的 C++Toolkit）实现了一段互动版的梵高名作《星空》（Starry Night），如图 6.16 所示。Petros 说："我开发了一个能生成"流动"效果的算法，约有 8 万个点能随之运动，速度场不是由计算机自动生成的，我不得不手动设置，要做到恰到好处非常困难……我在 1920×1080 像素 的分辨率下获得了每秒 30 帧的画面，用的是 Intel i5-2500K 的 CPU 以及 geforce GTX560 的显卡，多点触控跟踪借助了 ofxKinect 和 ofxOpenCV 背景音乐，花了很多心血，也有不少运气的成分。"

（3）《猎人与熊》

《猎人与熊》互动短片通过开放式的设置，将视频的结局交还给观众。不管观众选择猎人与熊一起跳舞、一起睡觉、唱歌、打架，甚至结婚、接吻或拥抱，视频都会演出相应的结局，如图 6.17 所示。事实上，这段影片

△图 6.16 互动版《星空》

△图 6.17 《猎人与熊》互动短片

是一则修正带广告,当一开始猎人在森林里遇到熊,会要观众选择是否猎杀?选择后,猎人会拿起旁边的修正带,将影片名称"猎人射杀熊"(A hunter shoots a bear)之中的"射杀"(Shoots)一字涂掉,然后开放给网友填入最想看到的情节。假如网友打错字,或是要求太苛刻,猎人与熊还会一起举牌"Error #404",告诉你"不要做无理的要求!"搞笑的各种结局一度让这则广告视频爆红网络。研究表明,互动式的视频广告能使广告记忆效果增强34%,并且有一半以上的访客会花30秒以上的时间互动。互动视频成功的因素除了内容有趣之外,最重要的是参与感。当参与者觉得自己可以参与其中,并且结果会因为自己的介入而有所不同时,便会留下深刻的印象并促成分享行为。

数字媒体艺术的美学体现在其综合性和丰富媒介的特征上,将文字、声音、图像和互动融为一体。因为本身就具有声音、文字、图像的视频影像,再加上互动要素,则成为更具有表现力的一种新媒体表达形式。

6.2.3 视频影像作为一种沟通模式

早前的视频通常作为单向传播的模式,即使在一些艺术装置中,互动的范围也非常有限,而近年随着网络视频直播技术的发展,视频逐渐成为可供实时沟通交流的方式。从视频电话、视频会议系统,到现在典型的网络直播室,各平台相继推出视频直播应用,使得视频传播技术为以视频模式进行的沟通提供了实现的可能。1964年,西方著名传播学家麦克卢汉在他的《理解媒介——论人的延伸》一书中提出"人类通过各种媒介延伸了自我的感官和神经",并且做出了"时间和空间在瞬时信息时代双双化为乌有,在瞬时信息时代人类结束了其分门别类的专业化工作并承担起收集信息的角色"的预言。

数字媒体的发展是与艺术、技术和传播密切相关的,视频直播的传播与沟通价值目前还远大于其艺术价值。视频直播拓宽了原有的语音沟通的媒介,沟通者可以通过实时的视频增加视觉纬度上的理解和信息获取,大大提高了沟通的效率。多对点、点对多、多对多的模式也慢慢随着技术的普及走进大众的生活中,切实改变了现代人的交流方式,使得"距离"不再是沟通的第一大障碍。其应用形式从儿童、老人的看护,家人间的越洋视频电话到网络红人聚集人气的直播间。逐渐由单纯的沟通方式发展出新的商业模式,由于此类沟通形态融合了几乎所有的媒体表达手段,其艺术性、商业性都有极大的发掘空间。

1. VR直播

VR式的观看体验使观众沉浸在全数字空间中,同样的内容,VR能传递的信息量和体验强度剧增,从而导致很多体验发生根本性的改变(见图6.18~图6.20)。

户外直播是主播感受和观众感受差距最大的领域之一,因为大部分户外的信息无法通过普通直播来传递。而使用成熟的VR技术之后,信息传输量剧增,能极大地拉近主播和观众感受的差距,崇高美那种客观物体的宏大、主体渺小的矛盾能很直观地传递过来,如此一来,风景直播可能成为户外直播的一大类,VR赋予了户外直播全新的含义。崇高美之所以无法被传统直播表达,很大原因就是崇高美本身就是通过极大信息量的冲击来达到震撼观众的目的,而传统直播的手段无法传递给观众这么多的信息量,导致传播效果急剧减弱。但是VR直播具备了实现崇高美传递的基础(见图6.21)。

VR直播和传统直播相比,最明显的一点就是,单位时间内获取有价值信息的数量

△图 6.18　VR 赛事直播

△图 6.19　VR 的沉浸感

△图 6.20　演唱会 VR 直播

△图 6.21　体验海底世界

明显上升，利用光场相机，可以完全将空间信息塑造还原出来，观众具有极大的观看的自由度，也赋予了观众探索数字空间的可能性。

2. 网络视频直播

网络视频直播系统是一种多媒体网络平台，是将音视频信号采集成数字信号，并经过网络传输的一种流媒体应用。网络视频直播吸取和延续了互联网的优势，并利用视讯方式进行网上现场直播。网络视频直播的最大特点即"交互"，由于直播在网络平台上进行，观众的自主选择与参与度得到了巨大的提升。网络直播的互动方式从文字到图文（国内多数网络直播互动均停留在此阶段），再到语音，现在已经进入了视频互动的时代。

网络视频直播的发展也催生相关产业的发展，最典型的就要数"网红经济"，通过视频直播，主播们可以实时与众多在线观众交流互动，期间视频传递了声音、画面、空间等要素，并将这些集合成为一个整体的信息，与参与者产生丰富的互动，如图 6.22 所示。

3. 短视频

短视频即短片视频，是互联网内容的一种传播方式，一般是在互联网新媒体上传播的时长在 5 分钟以内的视频传播内容。早在 2006 年，微视频这个概念就出现了，随之微视频占据了我国网络视频市场的大份额，广泛渗透到人们的生活当中。2006 年，网民胡戈的《一个馒头引发的血案》堪称"微视频"的开山之作。2007 年，微视频《还布兰妮自由》在 YouTube 上的点击量超过 1400 万；2009 年，让众多 80 后潸然泪下《李雷与韩梅梅》是根据初中英语教材中的男女主角创作的；还有 2010 年"筷子兄弟"的系列微电影《老男

△图 6.22　网络视频直播

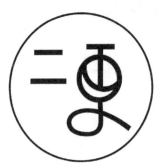

发现身边不知道的美

快乐·自由·爱

△图 6.23　二更 Logo

孩》和 2013 年的微电影《父亲》等，作为国产微视频的成功之作在网络上迅速走红。微视频的成功为移动短视频的问世和发展奠定了良好的内容基础和受众基础。2013 年，国内移动短视频问世了，它和微视频有相通之处，又有很大的不同。移动短视频是在移动互联网时代下微视频传播的新形式，它以移动智能终端（智能手机和平板电脑）为载体，以相应的手机 APP 为依托，实现了拍摄、制作、上传、观看、分享几大操作的媒介一体化，实现了视频的即时传播和比"微"更"微"的传播形态。移动短视频与 2013 年之前的微视频相比，最鲜明的特色有以下 3 点：移动化（即时性）、社交化和传播媒介的一体化。移动短视频最具革命性的一点，在于它重新定义了视频传播与影视表达的"语言规则"，移动短视频开启了视频的"读秒时代"。

不同于微电影和直播，短视频制作并没有像微电影一样具有特定的表达形式和团队配置要求，具有生产流程简单、制作门槛低、参与性强等特点，又比直播更具有传播价值，超短的制作周期和趣味化的内容对短视频制作团队的文案以及策划功底有一定的挑战，优秀的短视频制作团队通常依托于成熟运营的自媒体或 IP，除了高频稳定的内容输出外，

更有强大的粉丝渠道；短视频的出现丰富了新媒体原生广告的形式。

2016 年初，新媒体视频平台"二更"（见图 6.23）已完成超过 5000 万元人民币的 A 轮融资。"二更"成立于 2015 年 4 月，同年 5 月，二更合并具有百万级粉丝的深夜食堂，并将后者更名为"二更食堂"，现阶段的二更，拥有"二更视频""二更食堂""慢漫来""更城市系列"等多个新媒体品牌。建立了腾讯、优酷、搜狐、爱奇艺等视频门户及微信公众平台、今日头条、新浪微博、美拍、秒拍等分发渠道。当然，更特殊的是，二更在传统媒体的资源丰富使得它拥有传统线下投放渠道，如电视台、地铁、公交等端口。电视系统的衰落，促使了大部分电视人出走，在这个过程中，人们忽略了一批依附于电视台播出系统生存的传统影视人（除了电视台自制节目，许多时段的节目采取外包的形式），二更就是其中之一。

小结

视频是基于时间流的视听艺术，是多媒体的典型代表。视频中融合了视觉表现、声音表达与时间流，可以完整地表达事件。在虚拟现实出现之前，视频形式是最完整地融

合了多感官通道的媒体表达形式。而随着虚拟现实技术的逐渐成熟，视频也从矩形屏幕拓展为全沉浸式的体验空间，这也成为未来视频发展的新方向。

习题

1. 近年来，许多电影导演如詹姆斯·卡麦隆（阿凡达）、李安（少年派的奇幻漂流，比利·林恩的中场战事）、阿方索·卡隆（地心引力）等，不断追求摄影技术上的突破，他们的目的和目标是什么？这对数字媒体有什么影响呢？

2. 欣赏一部 VR 影片，思考虚拟现实空间中的影像，它的观看方式与矩形屏幕中影像的观看方式有何不同？

3. 分析一部经典影片中镜头语言的运用，尝试用快速表现的方法重现影片中的精彩镜头的构成。

第7章
数字媒体的表现形式之五——动画

动画是以一定速度连续播放一连串的静态图片，因为肉眼的残像现象产生错觉，而感觉到动态运动的图像。运用动画可以充分发挥人的创意，不但成为有效传递信息的媒体方式，也给人类提供一种新的娱乐方式。计算机和网络的快速发展，使动画的制作更加简易，制作成本也大幅度降低。传统动画也快速步入数字化的新纪元。近年来因为使用功能强大的计算机设备和动画应用软件，市场上相继推出许多高画质、高品质的动画电影和电玩游戏。甚至一般人都能够在家中创作个人的动画。这使得动画被更广泛地应用于数字媒体，动画也成为数字媒体应用不可缺少的基本媒体元素。

动画最早发源于 19 世纪上半叶的英国，兴盛于美国，是一门年轻的艺术，1892 年 10 月 28 日，埃米尔·雷诺首次在巴黎著名的葛莱凡蜡像馆向观众放映光学影戏，这标志着动画正式诞生，同时埃米尔·雷诺也被誉为"动画之父"。

动画的概念不同于一般意义上的动画片，它可以通过集绘画、漫画、电影、数字媒体、摄影、音乐、文学等众多艺术门类于一身而形成灵活而独特的艺术表现主体。动画是一种综合艺术，特别是在数字媒体的语境下，

动画衍化为更宽泛的概念，是从"动画是一种动态图形的表达方式"的角度出发以制造"运动幻觉"（简称"幻动"）为目的的一切表现手段。这种基于"视觉暂留"的心理现象将动画的领域从传统的动画片延展到一切动画应用领域，也就是"泛动画"。"视觉暂留"和"运动幻觉"就是"泛动画"的基础，也是其核心所在。

7.1 数字技术范畴的动画

本节首先介绍动画原理，接下来讨论传统动画以及定格动画，最后介绍计算机动画，包括二维数字动画和三维数字动画，以及总结。在阅读完本节后，读者对动画会有一个完整的认识。

7.1.1 动画原理

从旧石器时代的石洞壁画上，便看到人类通过绘画来表现分解动物动作的现象，壁画上的野牛被加上了多条腿，用来分解表现奔跑的动作。在埃及古墓画、希腊古瓶上，也发现过连续动作的分解图。另一个例子是发现于伊朗沙赫里索克塔（ShahrI Sokhta）的陶碗，它上面绘有 5 只山羊，旋转碗时，

可以看到这只羊跳上一棵树上吃叶子，如图7.1所示。这些早期的例子只是单独分解动作的图像，还不能被视为真正的动画。

△图 7.1　伊朗沙赫里索克塔陶碗

早期比较流行的装置还有中国的西洋镜（Zoetrope）和活动视镜（Praxinoscope），如图7.2（a）所示，以及十六世纪出现的手翻书，如图7.2（b）所示。西洋镜又称拉洋片，如图7.2（c）所示，是中国的民俗艺术。西洋镜是一个开了很多垂直狭缝的圆筒，在这个圆桶的内部附上一组连续的图像，当旋转此圆筒时，观者透过狭缝看到图像动态的移动变化，从而在视觉上获得动画的效果。拉洋片的表演者通常是一个人，使用的道具为四周安装有镜头的木箱，箱内装了完整故事的图片，并使用灯具照明。表演者操作图片的卷动，观者通过镜头看到画面的变化，表演者同时配上说唱以解释图片的内容。活动视镜则是沿用了西洋镜的观念并做了一些改进，

它在圆桶内部使用一圈的镜子取代西洋镜上观看用的狭缝，这样，图像移动时看起来会比较顺畅。手翻书是一本有许多张连续动作图片的小册子，翻动册子的图片页时，由于人眼的视觉残像特性而感觉图像动了起来。手翻书可说是最原始的动画。这些装置和技术可以使连续的图像产生类似动画的视觉效果。一直到19世纪电影摄影技术的发明以及快速发展，才带动了动画的发展。

7.1.2　传统动画

传统动画是指始于19世纪、流行于20世纪的动画模式和创作。传统动画的制作方式以手绘为主，绘制静止但互相具有连贯性的图片，然后将这些图片以一定的速度拍摄并记录成影像或影片。因为传统动画作品中的图片大多在纸上或者是赛璐珞（Celluloid或Cel）上，所以传统动画有时也称为手绘动画或赛璐珞动画（Cel-animation）。

传统动画大致有两种表现方式：全动作动画（Full Animation）和有限动画（Limited Animation）。全动作动画又称为全动画，是指在制作动画时不但要求各个动作的表现要精准和逼真，还要求有精致的细节和色彩。这种类型作品的制作工程庞大且成本高，但也具有非常高的质量。迪士尼早期动画作品是这方面的代表。有限动画又被称为限制性动画。不同于全动画，有限动画的制作较少要

（a）活动视镜和西洋镜

（b）手翻书

（c）拉洋片

△图 7.2　动画的起源

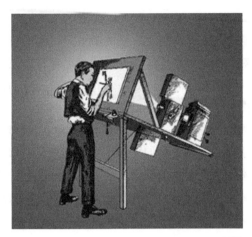

△图 7.3　转描机

求细节和大量精确逼真的动作。画风简洁平实，强调关键的动作，并配上特殊的音效来加强效果。这类型动画的制作时间和成本相对低了很多。有限动画开创了强调说故事方式的新动画艺术表现形式。虽然制作比较粗糙，但便于大量快速制造，所以非常适合用于制作电视动画。早期的日本动画几乎全部都是这一类型。

转描机（Rotoscoping）是为了解决早期动画制作中庞大工作量的问题而发展出来的动画制作技术。它的基本原理是先将现实生活中真实人的运动动作拍摄成胶片，然后在胶片上覆盖上纸或赛璐珞，再以描红复制的方式画下来，如图 7.3 所示。使用这种技术可以很快地画出非常逼真的动作效果，广泛应用在早期的动画制作中。这个技术现在仍然广泛用于电影、电视和广告的制作，只不过原来的操作工具已经被计算机和手绘板取代了。

传统动画的制作过程十分冗长繁复，一般地，每秒需播放 24 张图片，也就是一分钟 1440 张图片，一小时 86400 张图片。每张图片如果都是单独绘制，工作量是非常大的，所以如何简化动画图片的制作一直是动画片制作的最大挑战。赛璐珞动画制作方法就是为了解决此问题发展出来的创新方法，它的

基本概念就是使用多层次的赛璐珞片以组合成一张图片上的图像，如图 7.4 所示。在每一张赛璐珞片上可绘制不同的对象、人物和背景。把这些赛璐珞片重叠在一起，便可以显现完整的帧图像。使用赛璐珞动画制作法最大的优点是一部分赛璐珞图片可保存起来再次使用。如图 7.4 中已绘制了人在一个背景中的动作，如果要表达一个动物在同一个背景中的动作，动画绘图师只需要绘制一张动物的图片取代人物的图片，再使用同一张背景图片便可达成此目的，而不用重新绘制一张动物在此背景中的图像，从而大幅降低绘制图片的人力、时间和成本。经过精心地规划，在动画片制作完成后，许多赛璐珞图片都可以保存到档案文件数据库中，供未来的动画制作使用。

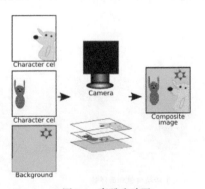

△图 7.4　赛璐珞动画

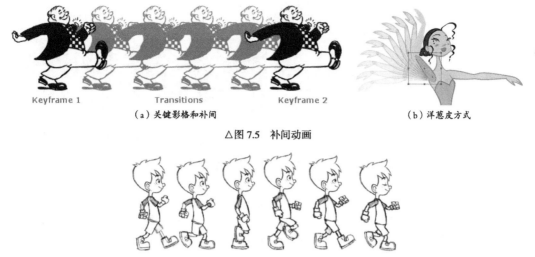

Keyframe 1　　　　　Transitions　　　　　Keyframe 2

（a）关键影格和补间　　　　　　　　　　　　（b）洋葱皮方式

△图 7.5　补间动画

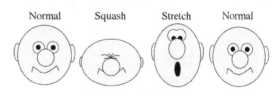

△图 7.6　循环走路的例子

赛璐珞动画制作鼓励分工制作的方式，在提升作品质量的同时也缩短制作的时间。其中，一个常用的技巧是关键帧法（Keyframes），将绘图的工作切割分配给不同的绘图师制作。主要的绘图师绘出主要动作的原始关键帧草图，如图 7.5（a）所示，keyframes 1 是起始的动作，keyframes 2 是结束的动作。绘图师的助理们再一步一步地绘出这两者之间一连串的转变图。他们可使用洋葱皮（Onionskin）方式，将关键帧放置在拷贝台上，再覆盖一张纸，以描绘接下来的动作图，就好像光透过洋葱片将关键帧的图像投影到白纸之上，如图 7.5（b）所示。这个方法又可称为补间（Tweening）。

除此以外，还有许多减轻动画图片制作工作量的技术和方法，如循环（Cycle）和拍摄两张（Shooting On Twos）。一个循环是指可重复使用的一系列重复动作的图像。例如，图 7.6 所示的行走图像，可以重复使用它来表现走很长的一段路。拍摄两张方法采用拍摄每张图片两次，也就是说，播放时同一张图片会连续播出两次，如此一来，原来动画的图片数可以减少一半。如原来 1 秒需要 24 张图片，由于同一张使用两次，实际上只需要 12 张就够了。使用这个方法后，对于一

般速度的动作，观者看不出太大的差异。但是当动作速度很快时，动画中的动作会显得不流畅，有点跳动的感觉。这时，可以采取混合拍摄两张和拍摄一张的方法来克服这个问题。

动画的另一个特点就是可以使用夸大的表情或动作来增强戏剧效果。比如一个人面部呈现出扭曲失真的表情，以强调这个人顶着强风走路。图 7.7 所示为传统动画中常用的两种表现方式：压扁和拉伸。

Normal　　Squash　　Stretch　　Normal

△图 7.7　压扁和拉伸的例子

传统动画通常是用画笔画出动画中的一张张图片画稿，使它们成为互相有关联、连续变化的动态画面，再使用摄影机一格一格地拍摄记录在胶卷之上，然后经过冲洗、配音、剪辑，最后再以每秒 24 格的速度播放出来。

传统动画的制作过程通常分为前期、中期和后期 3 个阶段。前期制作也就是筹备阶段，主要工作是订定动画的制作风格、制作

（a）黏土动画

（b）乐高实体动画的例子

△图 7.8 定格动画

内容、制作管理方式、编写剧本、主要人物造型设计、场景道具设计、美术风格设计、绘制分镜头台本、声音音效设计等。中期制作是整个制作过程中最费时费力的。根据分镜头台本绘制出每一个镜头的设计稿、分场的美术设计、绘制原画和背景、进行上色等工作。在声效制作方面，包括收集声效、角色配音、挑选音乐和创作音乐等工作。后期制作则包括整合绘制的图片，一一拍摄记录、剪辑，加入音乐、对白和音效，最后输出制作完成的影音作品。由于使用的材料和工具各有不同，其具体的实践流程也有所不同。

7.1.3 定格动画

定格动画（StopMotion Animation）是以现实物品为对象，然后使用摄影技术来制作的动画形式。依据不同物品的材质，这类动画又可以分为黏土动画（Clay Animation）、剪纸动画（Cutout Animation）、图像动画（Graphic Animation）、模型动画（Model Animation）、实体动画（Object Animation）、木偶动画（Puppet Animation）和真人电影动画（Pixilation），图 7.8（a）所示为黏土动画。

定格动画具有非常高的艺术表现性。制作时先对对象进行摄影，然后改变对象的形状或位置再拍摄，不断重复此步骤，直到完成一个场景的拍摄工作。最后将这些相片连接起来形成动画。定格动画制作技术又称为帧到帧（Frame To Frame）或者位置到位置（Position To Position）。

黏土动画可以使用黏土，也可以使用口香糖这类可塑性的材质来制作不同的角色，然后利用黏土的可塑性，直接在黏土上改变以达到动画的效果。

剪纸动画可以使用各种类型的纸张或布料来制作动画，它在视觉上感觉比较平面化。

图像动画使用报纸和杂志上的各种图画、相片和剪报来制作动画。这类动画经常被混合加入到其他的影片之中。模型动画则是使用做好的模型来制作定格动画。在早期的电影拍摄中，模型动画常被用来将无生命的物体通过动画仿真现实世界，和演员进行虚拟的互动。1933 年电影《金刚》的拍摄使用的便是这个方法。实体动画使用积木或玩具来制作定格动画。图 7.8（b）所示为使用乐高（LEGO）实体的动画例子。

木偶动画使用木偶来制作定格动画。制作木偶时可以加入可以运动的骨骼关节，这样就可以制作动画中需要表现的各种动作。

真人电影动画则使用人作为动画的角色，

同时配合一些无生命的对象，以表现超现实主义的效果。

7.1.4　计算机动画

计算机动画是使用计算机来制作动画的技术。近年来，计算机的普及和功能的增强，加上许多应用软件的支持，动画的制作步入了新纪元。计算机动画技术不但大幅简化了动画制作的过程，也提供了更多元化的表现方式。计算机动画设计有两种方式：计算机辅助设计和计算机生成设计。计算机辅助设计通常归类为二维数字动画，设计师可以使用绘图软件和手绘板，以手绘的方式绘出关键帧图像，然后将关键帧图像放置在时间表之上，设定移动的方式，最后执行软件提供的"补间"功能自动生成这两个关键帧图像之间的图像。使用计算机辅助设计可以缩短制作时间，但仍然保留了传统动画的主要设计元素。计算机生成设计则归类为三维数字动画，设计师使用三维模型，然后使用软件自动组合生成对象图像，再使用软件提供的"补间"功能，自动生成两个关键帧图像之间的图像。使用三维动画应用软件，可以自动生成任何符合物理法则的动作。如设计一个拍球的动作，设计师只需要设定拍球的力道和方向，执行软件中事先编好的相关物理法则程序，便可自动生成这个动作的动画图像。

1. 二维数字动画

二维数字动画借助计算机二维位图或者向量图建构、修改和编辑动画，其制作过程与传统动画制作十分相似。许多传统动画设计技术，如补间和转描机，都经过编程成为应用软件中的功能。早期二维动画在制作时仍用手绘方式画在纸上，然后扫描至计算机进行编辑，现在已经可以直接使用手绘板或在计算机显示屏上绘图和上色了。

转描机将影片中每个画格中的图像以描红的方式绘制成一个动画图片，通过它可以很高效率地产生动作很复杂的动画片段。现在所有的应用软件都提供转描机的功能，首先将影片转换成数字格式，然后使用图像编辑程序，如 Photoshop，加上一个透明层并在上面描绘图像的轮廓，接下来删除原来的图像，便可开始动画图像制作了，如图 7.9 所示。

△图 7.9　计算机转描机

使用动画应用软件，设计师可以使用"帧到帧"的方式来控制动画中每一帧的内容，包括加入帧、删除帧、改变播放速度、重复播放等等。这些动画应用软件，如 Flash 以及 Director，提供时间线（Timeline）窗口（见图 7.10），使用此窗口可以精准地控制每一个帧。除了上面所提的编辑功能以外，最常使用的功能是"补间"。

△图 7.10　时间线窗口

补间是由设计师先绘制关键帧，然后将

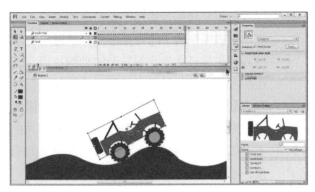

△图7.11 以路径为主的补间

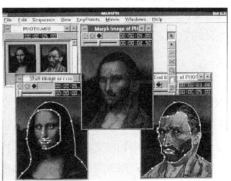

△图7.12 变形的例子

关键帧放置在时间线的两端，最后执行软件的"补间"功能，就会自动地产生这两个关键帧之间的帧图像。这个功能可以大幅降低绘图的工作量以及制作的时间。"补间"一般有4种形态，第1种是移动补间（Motion Tween），就是将一个对象从第一个位置移动到第二个位置。移动补间也可以采用路径为主的补间方式，依据事先设定的路径自动产生此路径上的影格图像。如图7.11所示，事先设定一条在沙漠巅峧行驶的路径，软件程序会自动产生车子在此路径上移动的影格图像。第2种是形状补间，也就是图像由一种形状逐渐转变成另一种形状。变形（Morphing）便是一个例子，它是由一张图像流畅地变成另一张图像的视觉效果，最常见的应用就是由一张人脸影像变化到另一张人脸影像，如图7.12所示。第3种是尺寸补间（Size Tween），就是由一个图像的尺寸逐渐变成另一个尺寸。第4种是阿尔法补间（Alpha Tween），也就是由一种色彩和透明度逐渐转变成另一种色彩和透明度。

2. 三维数字动画

三维数字动画几乎完全依赖于计算机制作。所有的角色对象都是由一系列的模型产生的，对象的动作也使用运动学模型自动生成。关键帧后可开始补间变形等设计过程，最后由绘制的过程产生最后的动画作品。三维数字动画的制作通常包括3个步骤：构建对象和场景、定义动作和绘制。

（1）构建对象和场景

设计师采用三维图像的设计方法构建对象和场景，包括模型、定义表面和场景组合。对象的建构可以使用不同形状的对象元素，如多边形、球体等。表面可以使用不同的材质，如木材、石头、金属、玻璃等，也可以设定材质的特性，如透明度和反光度等。设计师也可以建构场景，如摄影机的拍摄角度、灯火和背景环境等。有关细节，读者可参考第3.2.1部分。

（2）定义动作

三维数字动画中动作取决于许多不同的因素，包括摄影机的移动、灯火的变化、对象的移动、声音的变化等，几乎所有相关的因素都会影响整个图像画面。一个三维动画设计师通常会使用补间的方式做许多不同的尝试。比如使用不同的元素设计关键帧，放置在不同场景的时间点上，再使用计算机自动产生它们之间的帧，以完成一个动画片段。最后挑选最适合的动画片段作为最后的动画作品。

（a）肢体动作捕捉

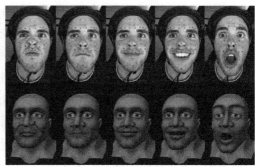

（b）面部动作捕捉

△图 7.13 动作捕捉

在所有的动作之中，人和动物的肢体动作是最复杂的。为了真实准确地表现人和动物的肢体动作，在过去研发出许多相关的模型和技术，其中动作捕捉（Motion Capture）和运动学（Kinematics）是最主要的两种技术。

动作捕捉是记录人或动物的真实动作过程，再把这个动作过程投射到计算机产生的动画角色上。在记录过程中，表演者在身体上安装了许多传感器，计算机会侦测表演者的肢体动作，并用此动作的信息来控制和设计动画角色的动作，如图 7.13（a）所示。使用这个方法可以捕捉到一般技术模拟不出来的复杂肢体动作，而设计出真实感非常强的拟人或动物的动画角色。在动作捕捉方面，脸部表情的捕捉尤其困难。图 7.13（b）所示为脸部表情捕捉的例子。比如在制作电影《纳尼亚史纪》（The Chronicles of Narnia）时，使用了 1851 个动画控制器，其中的 742 个是用来控制脸部表情的。

运动学主要是研究肢体的系统和肢体的动作。动物是由肢体系统中各个器官部位组成的，如手、脚、膝盖等。移动一个部位会带动其他相关部位一起移动。三维动画设计使用了两种运动学技术：正向运动学（Forward Kinematics）和反向运动学（Inverse Kinematics）。正向运动学是指一个动画对象由一组肢体组件组成，设计师可以控制并调整每一个肢体组件。比如，设计一个走路的动作，先转动一下髋关节，大腿向前移动，移动一下膝盖，小腿向后移动，最后拱起脚。正向运动学比较容易实践，但是操作起来比较费时，而且最后作品的质量完全决定于设计者的经验。反向运动学是指移动一个肢体部位时，与此部位连动的肢体部位会同时移动。这样设计师的操作变得比较简单，而且可以保持动画角色肢体动作的一致性。如果对人体构造十分了解，可以构建出更细微部位，如不同肌肉部位的连动性，就可以构建出更精准的模型，进而设计出更逼真仿人的动作。相同地，使用反向运动学，也可以设计出脸部表情的模型和动作。使用反向运动学需要精心规划以及具备创新编程的能力，同时需要比较强大的计算机运算能力和运算时间。

（3）绘制

如同三维图像，绘制是产生最后三维动画帧的最后一个步骤。绘制依据动画制作过程中产生的规格，如模型、表面定义、场景组合和动作等，产生最后的动画作品。绘制有事先绘制（Prerendered）和即时绘制（Rendered in Real Time）两种方式。事先绘制适合用在如动画电影等与用户没有什么互动的应用；而与用户有频繁互动的应用，如游戏，使用哪些动画片段取决于用户，就比较适合使用即时绘制的方式。

三维数字动画的绘制工作通常需要耗费大量的运算和储存能力，不是一般个人计算机能力所及的。一部动画电影包括上万高画质的帧，每一帧图像的生成需要大量的模型运算来产生各种图像的细节，如光线、动作、背景等。比如，Pixar 动画公司制作第一部《玩具总动员》（Toy Story）时，使用了渲染农场来进行最后的渲染工作。渲染农场包括一个有 117 台工作站的运算网络，每一台工作站具有至少两个处理器。渲染过程总共花了800000 小时的计算才完成，也就是说，如果仅使用一台计算机则需要 43 年的时间才完成。

三维动画游戏一般使用即时渲染的方式，它也需要使用图像运算功能强大的计算机或定制型游戏机才能够正常运行，如 PlayStation。这些游戏中动画的即时渲染通常使用 C++ 程序语言进行编程，并透过应用程序接口（Application Programming Interfaces, APIs），如 OpenGL 和 Direcr3D，呼叫执行即时渲染的工作。

3. 程序化动画

应用软件如 Flash 和 Director，提供传统动画设计的流程和互动的设计环境。设计师可以使用他们熟悉的传统设计手法，如关键帧的绘制、设定以及补间，下达指令由计算机软件自动生成，或者进行帧的编辑工作，如加入、删除和修改等。与传统动画设计流程最大的不同是计算机取代了传统的工具，如剪刀、画笔等。

计算机具有非常强大的可程序化功能。用户可以使用程序语言编写程序，然后执行这个程序自动的产生动画。这个方法又称为程序化动画（Programmed Animation）。一个

动画程序设计师不但需要具备程序语言的知识以及编写程序的能力，还需要了解动画中使用的移动原理和相关的数学技巧，才能有效地制作出程序化动画。

使用程序化动画有下述几个优点。

（1）动画文件比较小，因为它只需要储存产生图像的计算机指令而不用储存图像本身。

（2）易于修改动画的版本。设计师可以根据程序参数化的特性轻易修改动画。比如原来的动画中只有一只狗在草地上跑，设计师可以修改参数，如狗的数目、跑的方向和速度来制作出一群狗在草地上奔跑的画面。

（3）程序化动画可以支持非常复杂的互动模式。设计师编写程序以提供用户不同的选项，依据用户的选择提供不同的动画画面，也就是根据要求（On Demand）即时产生（On The Fly）动画。

动画应用软件也支持结合补间和程序化动画，例如 Flash 和 Director 中的脚本语言（Scripting Languages）ActionScript 和 Lingo，使用脚本语言可以先自动产生关键帧，再产生补间的帧图像，然后整合成一个完整的动画。

小结

动画自 19 世纪以来便流行于市，为人们提供了新的娱乐方式。计算机和网络技术的突飞猛进，促使了动画的快速发展。动画也由传统的动画时代步入了数字化动画的时代。更因为个人计算机的普及以及运算能力的大幅提升，一般人都能够在家中自行创作动画作品。由于动画有生动的表达方式，因此被广泛应用于数字媒体领域，更成为了数字媒体应用中不可或缺的基本媒体元素。

传统动画的制作方式以手绘为主，制作过程十分繁琐费时，需要大量的人力以及制作成本。为了简化制作过程，人们相继开发

出许多相关的技术，如转描机、赛璐珞动画、洋葱皮法、补间、循环、拍摄两张，等等。这些技术现在都可以使用计算机和动画应用软件实现，从而大幅地简化了动画的制作过程。

定格动画是使用不同材质的对象作为动画中的角色，然后使用摄影技术来制作的一种动画形式。定格动画具有很高的艺术表现性，动画设计师可以充分发挥他们的创意和想象力。定格动画中的角色大多以立体形态呈现。比如木偶动画以木偶来制作定格动画，木偶可以加入运动的骨骼关节，这样就可以表现不同的肢体动作，这些信息和经验也可以提供给三维动画制作参考使用。

计算机动画是使用计算机来制作动画的技术。计算机动画技术不但大幅简化了动画制作的过程，还提供了更多元化的表现方式。计算机动画设计基本上可以分为计算机辅助设计和计算机生成设计两种方法。

计算机辅助设计是用计算机技术取代传统二维动画制作技术，使制作时间大幅缩短，但仍然保留了传统动画的主要设计元素和方法。使用动画设计软件提供的互动设计环境，动画设计师可以使用他们熟悉的传统设计手法进行动画制作。如果他们也具有编程能力和熟悉相关的移动原理，他们可以更有效地开发出程序化动画。

三维数字动画几乎完全依赖于计算机生成设计方法制作。动画中的所有角色对象都是由一系列的模型生成的，对象的动作也是使用运动学模型自动生成的。为了设计出高真实感拟人或动物肢体动作的动画角色，可以使用动作捕捉的技术记录人或动物的肢体和脸部表情动作，再将这个动作过程投射到计算机生成的动画角色上。由于三维数字动画的渲染工作通常需要耗费大量的运算能力，不是一般个人计算机能够承担的，所以制作之前需要评估并规划好计算机运算能力。

7.2　数字艺术范畴的动画

数字艺术范畴的动画是灵活多变的数字手段。本节首先介绍了在数字媒体视野下动画的应用领域，接着通过分析一些典型的作品介绍动画的艺术表现和实验性特征。最后介绍结合最新的媒体形态动画的新的发展空间。本节可以帮助读者了解动画的应用方向及艺术表现方式，了解新的实验性媒介与动画的碰撞，而具体的动画制作理论和方法将在专业的动画表现课程中阐述，也可以回顾第 2 章中动画语言的内容进行初步了解。

7.2.1　动画的应用领域

在如今的数字媒体环境中，泛动画的形式几乎被运用到所有的媒介形态当中，包含动图、抽象图形动画等众多形态。画面与时间相结合的特性使动画比图片的叙事能力更直白，比视频的表现更灵活。在二维、三维以及以定格为代表的实验性动画手段的基础上，动画的表象实际上是千变万化的。（见图7.14）广义上的动画应用领域也越来越广泛。充分发挥了动画表现灵活、局限小和手段多样等优势。

1. 影视领域

动画可以作为独立的个体成为故事表现的唯一手段，以迪士尼、皮克斯、吉卜力等为代表的动画工厂，多年来为儿童及成人的动画消费市场提供了大量优质的动画影片。一部动画电影的诞生，不论是二维、三维，还是定格手段，都花费了大量的制作时间与精力。日益发展的现代动画技术，如对细微表情的捕捉、动物毛发的质感表现、环境及植物的渲染和灯光环境的营造等，都使得三

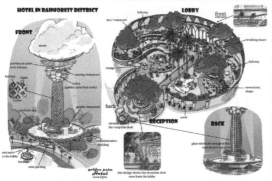

△图 7.14 《疯狂动物城》设定图

维动画朝着更拟真和工厂化的方向发展，而二维和定格更偏向于艺术化的表现。但不论采用哪种形式，动画说到底是一个造梦手段，因此随之深入人心的角色及相关设定作为动画电影的衍生产品开拓了另一片潜力巨大的周边产品消费市场，也是除了票房和收视率以外，动画电影的又一大营收点，如图 7.15 所示。

△图 7.15 《疯狂动物城》角色周边产品

2. 教育领域

近年来随着儿童教育市场的发展，具有教育意义的动画成为儿童教育领域中的主力军，可爱亲切的动画形象、色彩丰富的动画内容，使儿童在观看动画的过程中逐渐接受相关的知识，成为一种潜移默化的教育手段。除了儿童市场，在成人教育领域中，动画同样起到了重要的作用，特别是针对一些不便于真实展示或现场观看的情况，如机械零件的运动方式、网络教育中的物理实验操作等，动画的灵活性得以很好的发挥，如图 7.16、图 7.17 所示。

3. 演示汇报领域

演示汇报领域是动画运用的一大领域，特别是在表述一个新概念或阐述未来发展可能性的过程中，由于文字的表述过于复杂冗长，

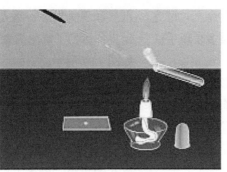

（a）动画演示的机械结构　　　　　　（b）动画演示的虚拟实验

△图 7.16　动画在教育领域的应用

△图 7.17　儿童教育服务的动画

图片的展示欠缺生动，动画就成了理所应当的主要表述手段。动画的灵活性及丰富的表现手段能够适应不同场合的风格需求，同时虚拟概念的写实表现能将概念化的形象真切地展示在观众面前，其直观性大大减少了试验过程中的消耗，辅助了决策的产生。例如，常见的楼盘、样板房演示，未来生活场景的构建，军队装备的模拟展示等，如图 7.18 所示。

4．其他数字产品领域

　　动画通常也常起到理清概念或渲染气氛的作用。例如，在游戏中常用动画的形态来阐释游戏的世界观、总体架构以及背景故事。（见图 7.19）交互产品中注重故事性引导的部分通常也运用动画手段来阐述故事等（见图 7.20）。

7.2.2　动画的表现力

　　动画是一门综合艺术，集合了绘画、漫画、电影、摄影、音乐等众多艺术类别于一身，动画电影不同于一般的电影，很多表现手法和意境只有通过动画才能实现，而制作者们

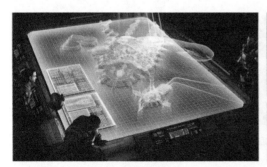

△图 7.18　数字演示

△图 7.19　"变形金刚"游戏片头动画

△图 7.20　交互界面中的动效

也赋予了动画电影独特的艺术生命。它可完美展现震撼的视觉奇观，甚至很多表现手法和意境都是动画独有的。

视觉表现力是衡量动画电影艺术水准的重要因素，下面介绍15部最具有视觉震撼的动画电影，每一部动画电影都有独特和高水平的艺术视觉表现。

1.《红辣椒》(2006年，日本，导演：今敏)

《红辣椒》讲述的故事，改编自文学大师筒井康隆创作的同名科幻小说，筒井康隆对于今敏的作品给予了非常高的评价，甚至主动承认电影版的《红辣椒》比原著要更清晰、更简单易懂。从梦境角度来讲，动画电影没有对真实性的限制，表现力具有极大的发挥空间，从孙悟空到小精灵，常常是镜头一转，原来的形体就已经被忽略，新的身体就已经轻易地攫取了观众的视线。还有那些亦真亦幻，无以言表的蒙太奇，比如被津津乐道的，红辣椒咖啡馆躲避人搭讪的镜头、镜子里的

世界和现实世界、路人T恤衫的图案和现实世界，达到了既出人意料又理所当然的境界，如图7.21所示。

2.《萤火虫之墓》(1988年，日本，导演：高畑勋)

《萤火虫之墓》是一部描写战争受害者孤儿的故事，描述了兄妹二人在战争年代的动荡苦难生活，失去了父母的保护，相依为命，最后在极端困难的条件下，不受姨姨的欢迎，独自在防空洞中生活，最后食物缺乏而死。影片对饥饿的描写非常生动，出色地再现了由饥饿萌生的各种爱憎感情和对人的不信任。由饥饿的眼睛看到的大米、蔬菜、西瓜……都是崇高的。电影采用动画片形式，生动地表现了这些内容，这部动画片和同时上映的另一部动画片《龙猫》各自完成了对"生"与"死"的抽象主题极富挑战意义的创作，如图7.22所示。

△图 7.21 《红辣椒》

△图 7.22 《萤火虫之墓》

3.《埃及王子》（1998 年，美国，导演：布伦达·查普曼）

电影《埃及王子》开篇时用了大量的俯瞰角度，采用大全景、全景等镜头来表现埃及文化的肃穆恢宏，然后穿插无数快速的剪辑镜头的表现希伯来人受奴役的惨状，悲壮、有节奏、有渲染力的音乐和文字，一开始就给人震撼之感，并且故事的世界观也清清楚楚地构架在观众面前，一下子就把观众引入电影中。贯穿全片的深蓝色和土黄色把观者带入历史的氛围中，奠定了浓重的宗教意味的风格，更能体现这是一部动画史诗巨作。宗教传说和神话色彩掩盖了脸谱化的缺陷，人物性格被善恶、美丑的概念取代。作品的画面恢宏，从建造金字塔，到大漠风光，很多镜头和角度都具视觉冲击力，如图 7.23 所示。

4.《阿基米德王子历险记》（1926 年，德国，导演：洛特·雷妮格）

影片《阿基米德王子历险记》根据《一千零一夜》改编而成，充满了冒险、浪漫与魔幻。由德国女导演、剪纸动画片先驱洛特·雷妮格执导，这部 1926 年拍摄的剪纸动画长片不仅被公认为是剪纸动画片领域中的经典之作，而且有史学家认为这部作品才是真正意义上的第一部动画长片。虽然这一观点还需论证，但该片无疑是欧洲的第一部动画长片。

该影片不仅使用剪纸，还大胆尝试利用蜡和沙子制作动画，如图 7.24 所示。这部 90 分钟的黑白影片采用手工着色的技术，追求摄影机的多角度变化。1926 年影片公映时，好评如潮，受到包括让·雷诺阿和雷内·克莱尔等电影大师的称赞。

◁图 7.23 《埃及王子》

◁图 7.24 《阿基米德王子历险记》

5.《机器人总动员》（2008 年，美国，导演：安德鲁·斯坦顿）

迪士尼和皮克斯联手制作的动画片《机器人总动员》遵循"将一个反传统的故事概念融入一部传统的电影当中"的理念，讲述了一个与寂寞和孤独为伴的科幻故事，如图7.25 所示。WALL·E 不仅不会说话，也没有办法做出任何明显的面部表情，也就是说，观众只能通过它的行为或发出的电子声响来猜测他到底在想些什么。这样的设定，不但不无聊，反而可以让整个观影过程具备更多的潜在乐趣。

6.《狮子王》（1994 年，美国，导演：罗杰·艾勒斯，罗伯·明可夫）

《狮子王》是一部可以伴随人成长的电影，它给人带来的感动、回味是深刻而长久的。它以超越任何文化和国界的非洲大草原动物王国为主题。老狮子王向儿子传授的道理貌似简单，其实富有深刻的哲理：生命的轮回、万物的盛衰，一切都必须依照自然规律。小狮子王辛巴在众多热情忠心的朋友的陪伴下，不但经历了生命中最光荣的时刻，也遭遇了最艰难的挑战，历经生、死、爱、责任等生命中的种种考验，最后终于登上了森林之王的宝座，也在周而复始、生生不息的自然中体验出生命的真义，如图7.26 所示。

在叙事上，它的情节非常复杂，充满了心理活动。在画面上，实现了整体的色调平衡，在音乐表现上，荡气回肠又浪漫感人，成就了 *Can You Feel the Love Tonight* 这首主题曲，获得奥斯卡最佳原创歌曲。这部电影还是新动画技术的开拓者，很多镜头调度和技术手段都借鉴于大卫·里恩（David Lean）的史诗巨片，如拍摄 *Circle of Life* 的镜头中极为夸张的变焦效果和电影高潮部分运用的 360° 镜头调度，都是首次应用于动画电影。

△图 7.25 《机器人总动员》

△图 7.26 《狮子王》

7.《圣诞夜惊魂》（1993 年，美国，导演：
亨利·塞利克）

《圣诞夜惊魂》迪士尼和科幻大导演蒂姆·伯顿联合推出的动画片，歌舞是这部影片的灵魂，制作方面用传统的模型定格方式拍摄，虽然非常耗时，但表现出了极高的品质。波顿用他天马行空的想象力和浓郁的哥特风格为人们讲述了一出简单直白的黑色幽默，如图 7.27 所示。

△图 7.27 《圣诞夜惊魂》

8. 《海洋之歌》（2014年，爱尔兰，导演：汤姆·摩尔）

《海洋之歌》讲述了一个迷失和回家的故事。整部影片具有惊人的几何之美、符号之美，每一帧都很美。片中大量画面运用黄金分割、对称等形式美法则来构图，加强了本来风格就强烈的画面的美感，如图7.28所示。片子以冷色调为主，局部情节运用对比强烈的暖色调，烘托情感色彩。大量线条的使用突出了插画感风格，以及贯穿始终的符号化隐喻，令观者通过视觉获取到更多的关联信息。

9. 《辉夜姬物语》（2013年，日本，导演：高畑勋）

电影《辉夜姬物语》（见图7.29）讲述的是伐竹翁在竹子中发现美丽的小女孩，并为她起名辉夜姬，辉夜姬长大后，很多皇家贵族向她求婚，但她都不为所动。最后，辉夜姬留下了不死药，回到月宫中。不死药被皇家放在了最接近苍天的骏河国山顶上，从此这座山就变成了不死山（与富士山谐音）。辉夜姬为何选择来到人间又最终回到月宫？她曾犯下什么罪，又得到了怎样的处罚？

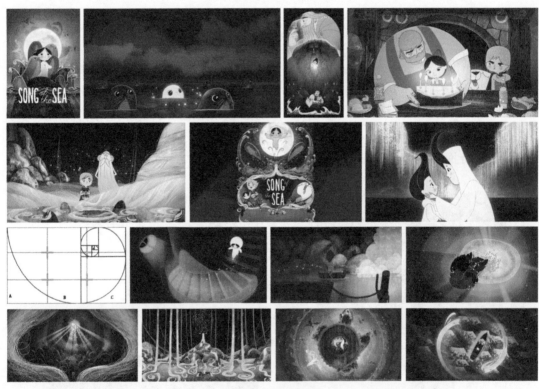

△图7.28 《海洋之歌》

◁图7.29 《辉夜姬物语》

146

通常动画的制作方法是先将前景人物和背景分别绘制在不同的赛璐璐上，后期再叠加而成。但高畑勋反其道而行之，人物和背景绘制在一张图上，并且采纳田边修的建议，使用类似草图的线条描绘人物，从中寻找超越动画的生命力。吉卜力为了制作这部影片，特别成立了第七工作室。

10.《和巴什尔跳华尔兹》（2008 年，以色列，导演：阿里·福尔曼）

《和巴什尔跳华尔兹》是一部来自真人采访的动画电影，导演阿里·福尔曼曾是以色列军队的一名士兵，他将多位当年战友讲述的内容用动画手法表现，如图 7.30 所示。为了让观者感受到真实的历史背景，他在片尾保留了一段未经动画处理的当年屠杀现场的新闻片镜头。该影片是当年的戛纳电影节上22 部入围主竞赛单元的影片之一。

11.《了不起的狐狸爸爸》（2009 年，美国，导演：韦斯·安德森）

《了不起的狐狸爸爸》这是一部采用尼康全幅数码单反相机拍摄的定格动画电影作品。全片采用独特的分镜头和镜头运动方式，具有独特的美学观感。它不仅涉及众多的角色造型，还运用了通常定格动画中极少运用的长镜头，这种长时间的运动镜头给影片带来类似看漫画的快感。

狐狸一家和许多动物一起住在山脚下。每天晚上，狐狸爸爸都要从 3 个农夫那里偷些食物来养活自己的家庭。被它的不停偷盗气晕的农夫们，开始设下埋伏，想要捉住狐狸爸爸，然而狐狸爸爸总能凭自己的智慧顺利逃脱，全片诙谐而洒脱，如图 7.31 所示。

△图 7.30　《和巴什尔跳华尔兹》

△图 7.31 《了不起的狐狸爸爸》

12.《阿基拉》(1988 年,日本,导演:大友克洋)

　　1988 年推出的《阿基拉》是日本动画大师大友克洋的代表作,也是权威电影刊物《Wired》评选出的电影史上最佳的 20 部科幻片中亚洲唯一一部上榜的影片,而且是其中的唯一一部动画片。影片的一大特色就是执着地追求现实主义,超越了动画的范畴,并接近于现实电影。在音乐方面,起用了民族音乐系列的芸能山城组,把未来的世界用日本的民族音乐来表现,具有独特的魅力。导演给已习惯于刺激的现代人以"破坏"与再生的新主题,向着更大的观看刺激挑战(见图 7.32)。

△图 7.32 《阿基拉》

13.《幻想曲》(1940 年,美国,制片人: 华特·迪士尼)

《幻想曲》是一部首次尝试将音乐和美术相结合的伟大作品,以美术来诠释音乐,如图 7.33 所示。全片由 8 段不同曲目的音乐配上动画师根据音乐想象出的故事合成,曲目包括一众音乐大师的杰作,如巴赫的《托卡塔和 D 小调赋格曲》、柴可夫斯基的《胡桃夹子组曲》、斯特拉文斯基的《春之祭》、贝多芬的《田园交响曲》、蓬基耶利的《时间舞蹈》、穆索尔斯基的《荒山之夜》、舒伯特的《玛丽亚大街》等。影片的内在结构非常严谨,声音和画面的配合达到了登峰造极的高度,彻底超越语言和剧情的影片,获得了第 14 届奥斯卡特别成就(音乐和录音术)两项金像奖

和纽约影评人协会特别奖。

14.《千与千寻》(2001 年,日本,导演: 宫崎骏)

《千与千寻》是动画大师宫崎骏的力作,充满想象力的生动画面,十分引人入胜,故事里折射出对整个人生和社会的反思,几乎每个年轻人都可以从这个故事中读出自己的理解。经历过泡沫经济的那一代日本人会在这个故事中找到似曾相识的感觉——迷失、贪婪与疯狂、人性的阴暗面。剧中的每个角色似乎都象征着现实生活中具有典型意义的人,同时又各具丰富的个性。影片摘得了柏林电影节金熊奖等多个国际大奖,在日本也囊获了不少奖项,票房则达到了破记录的 300 亿日元,如图 7.34 所示。

△图 7.33 《幻想曲》

△图7.34 《千与千寻》

15.《言叶之庭》(2013年，日本，导演：新海诚)

导演新海诚善于描写"真实世界中一件微不足道的爱情"的故事，他运用细腻柔和到极致的笔触，描绘了一幅美到窒息的画，配以雨声和钢琴、提琴的合奏，以《万叶集》中的《雷神短歌》为情节来设计成小说，最后以动画电影的形式创作出一部叠加多个领域审美观感的艺术品，视觉场景艳丽绝美，心语描摹细腻而欲言又止。细雨、骤雨、太阳雨、暴雨……作为本片的重要组成部分，"雨"占去了全片80%的篇幅。导演以其独到见长的细腻刻画，对不同类型的雨做了精准的再现和艺术加工，使之成为表现主人公内心变化的有效手段。对明暗色彩细腻的运用，也让《言叶之庭》的每一帧画面足以成为绝美绚烂的精致桌面，如图7.35所示。

△图 7.35 《言叶之庭》

7.2.3 动画的实验性与艺术性

动画的视觉语言来源于电影，更胜于电影，比电影更具有技术上的进步与思维上的自由。由于没有拍摄技术、拍摄环境、演职人员等方面的限制，动画视觉语言的内容可以比电影视觉语言更加丰富和理想化。电影是对现实生活的再现，电影导演以省略与强调的手法将现实的场景附加上自己叙事的意图；而动画的视觉语言更加符合人类"意识流动"的思维特性，可以随心所欲地通过自由的摄影机运动、景别、角度来表现角色的内心情感、情绪变化，还可以任意转换视点与时空。当今的视觉语言已经形成一套成熟的

艺术表现手段，在实拍电影中，许多摄影机无法完成的画面效果，也都以计算机动画技术来制作。动画的技术进步不断为创作者的想象力提供更大的发挥空间。

动画作为空间与时间的艺术，兼具绘画和电影两种艺术的视觉特质。作为静态的画面，其视觉形式是动画创作质感表现的"内在构成"，包括画面、线条、色彩等最基本、最直观的视觉元素；同时，作为动态的镜头，视觉语言构成就是其"外在架构"，用来组织画面中的元素，并将多个画面组接在一起，达到叙事的目的。视觉形式设计与视觉语言构成是密不可分、互相影响的，这两者的完美结合才能制成一部完整的、有质感的动画片。

△图 7.36 阿德曼工作室实验动画

△图 7.37 *Run The World* 舞台表演

艺术动画只是相对于商业动画而言，并没有非常严格的区分，只是两者的创作目的和意图不同而已，艺术动画强调内容表现艺术家的情感，大多体现艺术家的个人风格，却不一定迎合大众的品味。商业动画讲究的是结果，更加看重是否赢得效益，是否有市场，能否迎合观众，其商业目的性更强。从制作方法上看，为了降低成本，商业动画往往会选择比较适合群体操作的方式进行制作，因为任何个性化和不利于工业化流水线作业的方法都会影响影片的制作质量、周期和效益。而艺术动画恰好相反，讲究制作方法的多样性，必须强调个性与艺术风格，要求艺术家必须具有创新的意识，这也是艺术动画的魅力所在，也是带有实验性的。例如，阿德曼工作室的作品，如《小羊肖恩》《小鸡快跑》《超级无敌掌门狗》等，都是带有实验性的成功作品，如图 7.36 所示。

7.2.4 动画的新媒体应用

1. 舞台艺术领域

在艺术的多样形态中，构成艺术表达的基本元素是丰富多样的，但任何形式的根本，都是由点、线、面、明暗、色彩、肌理、空间这些要素构成。在传统的艺术表现中，由于材料和技术的限制，这些形态要素主要通过在二维的绘画与三维的雕塑、空间的建筑来完成基本元素的组合与表现，而随着新媒体艺术的出现与发展，这种造型与展示能力得到了大规模的拓展和丰富，它不仅传承了传统艺术对空间的表现，而且吸收了动画艺术中"运动"和"声音"这两个构成要素。因此，在艺术作品的空间表现力上增加了"时间流动"和"听觉感知"这两个新要素。

在"2011 美国公告牌音乐奖"女歌手碧昂斯的歌曲 *Run The World* 的舞台表演中，演员基本是在舞台中心进行表演"配合动画影像"呈现出了极大的舞台丰富性与多样性，而且这种紧跟快节奏音乐的变化很好地诠释了舞台时间上的流动性，极大地激发了观者的听觉感知，如图 7.37 所示。新媒体艺术本身的形态构成已经超越了传统艺术而发生了质变，它完全拓展和颠覆了传统艺术的表现形式。全新的艺术表现方式充分满足了后现代艺术中追求视觉快感的文化要求与艺术语境。新媒体动画创作更加强调与舞台结合，而且与表演和剧情产生互动，这样的结合使演员在演出前必须与动画影像有很好的配合排演，才能使剧目在演出时得到最佳的视觉表现。

新媒体动画艺术的特点还体现在影像风

△图 7.38 　*Pearl*

格的"奇观化"本性上。"奇观"是指"复合的"被想象与放大的影像化场景。它炫目的视听价值没有替代性，融合了宇宙太空、宗教经典、历史隐秘、域外传奇、童话演绎、考古发现等多种内容的影像奇观。此时的舞台图像已经不仅仅是外在之形，更成为了一种景观。表演者与动画影像互动的同时，带动观者浸润其中。这样的新媒体动画影像直接改变了传统的舞台表现，强烈的代入感呈现出的是新媒体艺术形态的平民化和民间化特点，展露出动画影像形态的多样性与丰富性，契合了新媒体艺术先锋的形态特征。随着新媒体艺术的不断发展，许多舞台艺术作品渐渐开始将声、光、电与人体表现相结合来重构艺术创作的形式与内容。

2. VR 动画

2016 年为 VR 元年，VR 产业全面爆发，大量人才涌入这个行业。随着 VR 内容产业的发展与需求的增多，好的作品不断涌现出来。科技的发展需要内容不断推动，沉浸感的实现为"从更深层次讲故事，能够（让人）完全进入一个故事中。"提供了可能性。沉浸感有狭义与广义之分，狭义沉浸感来源于写实，与所在世界尽可能地接近，让观者感觉处在真实的环境中；广义沉浸感就是指视觉与内容能够足够吸引观者，让观者全情投入，并十分专注于此。下面介绍 6 部 VR 动画的实验作品。

（1）谷歌 Spotlight Stories 的 VR 动画短片 *Pearl*

Pearl 由曾获奥斯卡提名的迪士尼导演 Patrick Osborne 执导，讲述的是一个伴随着音乐家父亲创作的歌曲 *No Wrong Way Home* 的女孩在旅途中的故事，如图 7.38 所示。整个故事的场景都在车里，以乘客的视角播放。*Pearl* 是多线结构的，中间有几个剧情触发点，可能看到不同的结局，观看时间从 5 分钟到 7 分钟不等。

（2）谷歌 Spotlight Stories 的 VR 动画短片 *Rain or Shine*

Rain or Shine VR 全景动画短片也是来自谷歌 Spotlight Stories，由知名动画导演兼编剧 Felix Massie 执导，时长 5 分钟，讲述了小女孩 Ella 戴着新墨镜出门的故事，如图 7.39 所示，只要她戴上墨镜，就会下雨，摘下墨镜，雨就会停。短片带有交互性，观众的目光停留在某处的时长不同，所看到的内容也会不同。比如故事中有一对在酒吧前喝酒的情侣，观众看得越久，他们喝得就越醉。

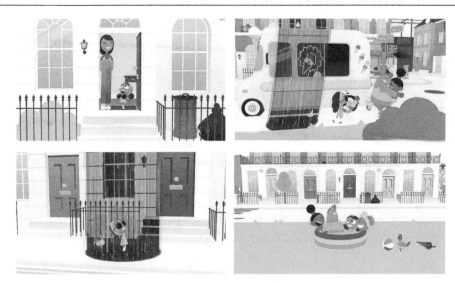

△图 7.39　*Rain or Shine*

（3）Oculus Story Studio 的 VR 短片 *Henry*

Henry 故事的主角 Henry 是一只渴望获得友谊的小刺猬，它的外表充满攻击性，让它非常苦恼。所以它非常孤独，没有朋友。观众需要参与进来和它一起办生日聚会。片中精细的场景和人物造型设计，以及 Oculus CV1 提供的良好沉浸感，都让观众在这个短小的故事里，感受到与大银幕上完全不同的体验，如图 7.40 所示。VR 动画片中暂时没有空间定位和肢体互动，只沉浸在一个故事中的观看体验，即使这样，观看体验都比平面的观影要来的丰富许多。其创新的体验使该片获得了艾美奖（Emmy Awards 美国电视界的最高奖项），也是 Facebook 旗下的 Oculus 公司拿到的第一个艾美奖。

（4）BBC VR 动画短片 *We Wait*

We Wait 基于 BBC 搜集的真实新闻，表现了流离失所的难民试图越过大海前往欧洲时的茫然恐惧、期待和兴奋。该短片由 Aardman Animation 动画工作室制作，也是 BBC 对 VR 作为未来媒介潜能的继续探索。*We Wait* 是 Aardman 动画团队首次涉足沉浸式故事叙述，但通过运用他们熟悉的黏土风格赋予了这部沉浸式影片独特而又强大的体验，为观众设定并提供了最具沉浸感的观看视角，如图 7.41 所示。

（5）Baobab Studio 的 VR 动画短片 *INVASION!*

INVASION! 由 Baobab Studios 工作室制作，时长大约 6 分钟。故事背景是两个身怀抱负

△图 7.40　*Henry*

△图 7.41　*We Wait*

△图 7.42　*INVASION!*

△图 7.43　*The Dream Collector*

的外星人一心想要统治地球，并试图摧毁任何阻止他们的人。但是他们来到地球却遇上两只萌萌的兔子，而玩家的角色便是两只兔子中的其中一个，如图 7.42 所示。

（6）Pinta 首部 VR 动画 *The Dream Collector*

The Dream Collector（拾梦老人）是由国内的 VR 动画制作室 Pinta（平塔工作室），用 VR 的方式讲述了一个老人带着一只小狗每天拾起别人丢弃的梦想，并通过特殊能力修复"梦想"的故事，画风温馨治愈，如图 7.43 所示。其预告片没有使用传统的 CG 电影流程，而是全部使用游戏引擎 Unity 实时渲染。正片的交互更是进行更多样化的尝试，甚至引入更多游戏中的设计方法论，如 AI、成长体系等。

小结

相较于视频，动画从艺术表现角度来说是极度自由的，动画具有天马行空的发挥空间。其表现能力在于手法的灵活自由，不受现实世界的局限，从叙事角度到艺术风格表现都可发掘出无限可能性，是数字媒体表达中最为自由、丰富的综合性手段。

动画技术的发展，为动画的表现增添了新的发挥空间。在新媒体视野下，一方面，动画由原先的类似于影片的形态，逐渐扩展至"泛动画"领域，作品目的由艺术表现、故事展现拓展出更具服务目的的特征；而另一方面，原先的艺术表现和故事展现也随着新技术的加入，变得游刃有余，为创作者翻开了动画表现的新篇章。

习题

1. 三维数字动画几乎完全依赖于计算机生成设计方法制作。在未来还有哪些技术可以用在三维数字动画的制作，并且对于未来数字媒体的发展有什么影响？

2. 尝试制作简单的手翻书动画，思考动画原理如何在运动的细节中得以体现。

3. 欣赏书中举例的优秀动画作品。思考其艺术表现手法上的特点，结合多种媒体语言，分析动画中的经典片段。

4. 寻找身边泛动画的案例。

第 8 章
数字媒体的实施与应用基础

8.1 计算机硬件和软件

过去 50 年来计算机和网络技术的快速发展，完全改变了人类的生活方式。现在计算机和互联网在我们日常生活中无处不在。计算机功能的日益强大和计算机的普及，随手可得的中低价多元化电子设备以及相继推出的多元化的数字媒体应用软件，促使数字媒体应用的蓬勃发展。

计算机系统是由一系列的硬件设备和软件程序组成的。本章首先介绍计算机系统的组成，基本组件包括中央处理器、存储器和硬件接口，接口设备如显示屏、打印机、扫描仪、数码相机等，以及网络的基本概念。除此之外，还会讨论硬件在数字媒体应用上的使用方法和考虑。接下来介绍计算机软件系统，包括操作系统和数字媒体应用软件。在学完本节内容后，读者对计算机硬件、软件，以及与数字媒体应用之间的关系会有明确的认识和了解。

8.1.1 计算机系统和平台

1. 计算机系统

计算机系统是一个整合硬件和软件的系统，它接受特定指令执行数据的运算和处理，然后输出最后的结果或将结果储存下来。不同的计算机系统具备不同的功能、运算能力、储存能力和输入输出能力，以针对不同的应用需求。依据功能，可以将计算机分为以下类型。

① 超级计算机

超级计算机（Super Computer）是最先进、运算能力最强的通用型计算机，它的指令周期通常使用每秒万亿次的浮点运算次数（Floating Point Operations per second, TFLOPS）来作为量度单位，如图 8.1（a）所示。截止到 2016 年 6 月，世界上指令周期最快的超级计算机是由中国国家并行计算机工程中心研制的"神威太湖之光"，它的实际指令周期高达 93014.6 TFLOPS。超级计算机通常用于运算量庞大的工作，如天气预测、地震研究、分子模型、天体物理仿真、破密学、流体力学等。由于高质量三维动画的绘制需要大量的运算，所以也适合使用超级计算机来进行。

② 大型计算机

大型计算机（Mainframe Computer）是先进的多用户计算机，它具有极高的输入输出效能，着重数据的吞吐量，以及高度的可靠性和安全性，如图 8.1（b）所示。不同于

（a）超级计算机　　　　（b）大型计算机

△图 8.1　超级计算机和大型计算机

超级计算机着重于科学与工程上的浮点指令周期的方向，大型计算机着重于数据的传输、转移、并行处理效能和容错能力。大型计算机广泛使用在银行、医院、零售百货公司以及政府机关，以数据库管理、处理金融交易和信息联络为主。

③ 个人计算机

个人计算机（Personal Computer，PC）是大小、效能和价位适合个人使用的计算机，它的种类很多，如桌面计算机、笔记本电脑和平板计算机，如图 8.2 所示。早期使用的计算机都属于大型计算机，直到 1970 年年初，英特尔（Intel）公司推出了微处理器（Microprocessor）之后情况才有所改变，由于微处理器具有支持个人运算的能力，加上体积小，价格低的优点，所以促进了个人计算机的快速发展。

△图 8.2　平板电脑、笔记本型和桌上型

当今的个人计算机系统可分为两大类。第一类是国际商业机器公司（IBM）整合制定的 IBM PC/AT 系统标准，也就是俗称的 PC；第二类是苹果公司开发的麦金塔系统，又称为 MAC。早期的个人计算机主要用于文字处理，近年来由于微处理器的运算功能以及网络技术的大幅进步，个人计算机也成为个人生活的主要娱乐平台，可进行如玩电子游戏、观看影片、阅读等娱乐活动。再加上数字媒体应用的风行，业界相继推出多媒体型个人计算机（Multimedia PC），它不但具有个人计算机的标准功能，具备更高效能的微处理器、更大容量的储存器、视频显示适配器、声卡和环场音效的扬声器，以支持多元化的数字媒体应用。

除了上述 3 种主要的计算机类型，还有一些特殊用途的计算机，工作站（Workstation）就是其中的一种，它是高端的通用微型计算机，能够提供单一用户使用比个人计算机更强大运算效能的特殊功能。如有些工作站具有很强大的图形处理能力，这类型的工作站便很适合用来制作专业动画。云端运算平台（Cloud Computing）是最新的一种，不同于一般的计算机系统，它是基于因特网的运算平台，用户可共享软硬件资源并依使用需求付费，也给未来数字媒体应用提供了新的方式。

2. 计算机平台

计算机平台是指一个特定硬件：中央处理器（CPU）和软件（操作系统，Operating System）的组合。当计算机系统采用特定的中央处理器时，所有的运算功能必须依照这个中央处理器的机器码量身打造，而它的操作系统则是管理计算机资源和执行应用软件的一个软件系统。一个应用软件必须使用同一个计算机平台的中央处理器机器码进行开发，否则此应用软件就无法在这个平台上运行。这就是跨平台兼容性的问题，也就是说，在一个特定平台上开发出的软件程序是不能在其他平台上运行的。

① 微计算机平台

微计算机平台也就是个人计算机平台，最常用的平台有两种：麦金塔平台和以窗口为主的个人计算机（Windows/PC）平台。麦金塔平台使用苹果公司自行开发专有的中央处理器和硬件，同时，苹果公司还自行制定硬件的规格，并自行开发控制硬件的操作系统。近期苹果公司推出了一系列的多媒体计算机，包括笔记本电脑 MacBook、桌面计算机 iMac 和开发者系统 Mac Pro。但是，当今最受欢迎、使用最广的个人计算机还是 Windows/PC 平台。许多公司，包括联想、华硕、Acer、HP、Dell、Sony 等都生产 Windows/PC 的个人计算机。这些个人计算机都使用由微软公司开发的 Windows 操作系统。

数字媒体开发员，充分了解不同平台之间的差异对于产品开发是十分重要的。为了扩展市场，产品跨平台兼容的能力非常重要，产品跨平台兼容的能力就是产品能够在不同硬件和操作系统上正常运行的能力。比如经过 Windows/PC 优化后的图像显示在麦金塔计算机时会发生色彩上的失真现象，字形字

体在这两个平台上也有所不同。近年来由于格式标准化的推广，许多平台不兼容的问题已获得大幅改善。例如，广泛使用的 Adobe Acrobat 提供了跨平台的文字和图像格式。洲际网络的蓬勃发展，更是加速了跨平台格式标准化的工作，以保证能通过网络正常显示在各种不同的平台之上。

② 移动平台

在移动操作系统出现之前，移动装置一般是使用嵌入式系统运行，如手持电话。随着计算机的体积缩小以及结合电话技术的许多移动装置，如轻薄型个人计算机、平板计算机和智能型手机相继推出，这些装置可以使用无线局域网（Wi-Fi）或者 3G/4G 连接网络。一直到 2007 年苹果推出 iPhone，它搭配了 iOS 操作系统，并使用触控式面板优化用户体验。同年 9 月，谷歌（Google）也组建了开放手机联盟，并推出安卓（Andriod）操作系统。在苹果 iOS 以及谷歌 Andriod 的推动下，使得接下来几年智能型手机呈现出爆发性的增长。

当今使用最广泛的系统是苹果的 iOS 以及谷歌的 Andriod 系统，其他的还有黑莓公司的 Blackberry 10、微软的 Window 10 Mobile 以及其他专有的平台系统，其中 Andriod 采用以 Linux 为核心的开放原始码，而其他的都是封闭原始码。移动装置，尤其是智能型手机的大幅增长，也大幅增加了数字媒体应用的机会。开发的数字媒体应用软件产品必须符合目标移动平台的要求，同时还要注意跨平台兼容性的问题。

8.1.2 计算机基本硬件结构

1. 冯·诺依曼架构

冯·诺依曼架构（Von Neumann Architecture），或称为普林斯顿架构（Princeton Architecture），是数学物理学家 John Von Newmann 在 1945

年提出的电子数字计算机的基本架构，此架构沿用至今，仍然是现代计算机的基本架构，图 8.3 所示为冯·诺依曼架构。冯·诺依曼架构包括三大部分：中央处理器（Central Processing Unit CPU）、内存（Memory Unit），以及输入／输出设备。中央处理器包括了算术／逻辑运算器（Arithmetic/Logic Unit ALU）和控制器。因为此架构中的程序指令和数据的存取都在同一个内存中，所以又称为储存程序型计算机。

只有一个指令执行完毕后，才可以执行下一个指令。

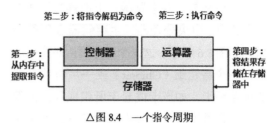

△图 8.4　一个指令周期

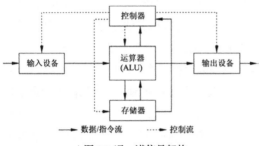

△图 8.3　冯·诺依曼架构

中央处理器执行一个指令的过程称为指令周期（Instruction Cycle）或机器周期（Machine Cycle）。一个指令执行的周期共 4 个阶段：取得指令（Fetch）、译码指令（Decode）、执行指令（Execute）和储存结果（Store），如图 8.4 所示。指令周期依序执行，

2. 计算机的组成

按照冯·诺依曼架构，一个计算机硬件可以分成两个部分：主机系统和接口设备。主机系统是电子计算机的核心，通常是一块电路板，又称为主板（Motherboard）或系统板，负责执行指令和数据的处理和运算工作；接口设备包括输入、外储存器、显示器和通信用的各类硬件。这些接口设备可以连接到主板上的硬件接口和中央处理器和内存存取及交换信息。图 8.5 所示为计算机的组成，机箱内包含主板⑧和电源供应器⑤，以及一些接口设备，如光盘驱动器和硬盘。除此之外，其他接口设备也可以连接到主板上的硬件接口，如输入接口设备键盘⑬和鼠标⑭、输出接口设备扬声器⑨和显示屏⑩。

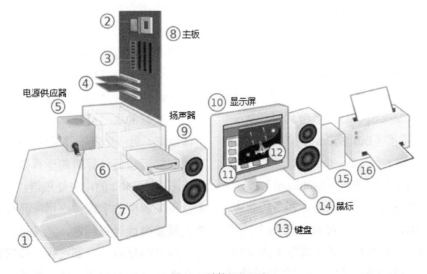

△图 8.5　计算机的组成

3. 系统板

系统板是一块电路板，上面连接了3个主要组件：中央处理器、主存储器和硬件接口，如图8.6所示。这3个组件可由一个单芯片、一个晶元组（Chipset）或一片特殊功能的电路板卡，如声卡或显卡所组成的。硬件接口则提供了用于连接不同的装置的通用平台，以控制不同装置的沟通，以及也支持不同的扩充插槽。

△图 8.6　系统板

4. 中央处理器

中央处理器是驱动整个计算机运行的中心枢纽，又称为计算机的心脏，其内部包括控制器、算术和逻辑运算器以及缓存器或存储元件。一般而言，中央处理器指令周期的效能决定了计算机的整体效能。许多因素会影响中央处理器指令周期的效能，包括时钟速度（Clock Speed）、字节尺寸（Word Size）、总线宽度（Bus Width），以及许多架构技术，如流水线（Pipelining）、多重处理（Multiprocessing）和多核（Multicore）技术。时钟速度是中央处理器执行基本指令的速率，通常是以 MHz（或每秒百万个周期）或者 GHz（gigahertz 或每秒十亿个周期）为单位。字节尺寸是中央处理器每一个周期能够处理

指令或数据的比特数。如一个 64bit 的中央处理器一次可以处理 64bit 的数据，它的效能比 32bit 的中央处理器高。总线是数据流通的电子路径信道，系统总线（System Bus）宽度是中央处理器和内存以及其他系统组件之间连接信道的宽度，其中，数据总线（Data Bus）是在中央处理器和内存之间传输数据的连接信道，地址总线（Address Bus）则是指向数据在内存中位置的地址连接信道。总线宽度越大，在同一时间内传输的数据量越大，以及可存取的内存也越大，这意味着效能越高。如一个 64bit 的数据总线在每个指令周期可以传输 64bit 也就是 8B 的数据，而一个 64bit 的地址总线能够在一个 16GB 的内存上存取。由于数字媒体应用中的语音、影像和视频都非常大，总线宽度就显得更加重要。大的地址总线宽度意味着能够支持多媒体数据文件在不同组件之间（接口设备，如硬盘、只读光盘、数字化通用磁盘等与内存之间）进行更快地传递，使运算处理和显示更快。

现代计算机的中央处理器都会采用流水线技术来提高指令的执行效能。流水线是将计算机指令处理过程拆分成多个步骤，并使用多个硬件单位同时执行不同指令的处理步骤来加快指令的平均执行速度，与工厂中的生产流水线十分相似。多重处理则是另一种改良指令执行效能的技术，也就是在系统板上有几个中央处理器同时执行指令。最常用的方式是使用一个中央处理器加上一个图像或数学运算的协同处理器，来加强计算机的整体效能。另一个例子是苹果 G5 计算机，为了达到接近超级计算机的运算效能，它同时使用了两个 64bit 的中央处理器。多重处理技术常用来解决数字媒体应用产品开发时面临的大量复杂性运算问题，尤其是常用它来执行三维动画最后的绘制过程。多核技术是近年个人计算机最常用于强化效能的方法。由

于半导体制程技术的快速发展，现在已经进入深次微米（Deep Submicron）时代，电子组件可以做得越来越小，也就是说，同一单位面积的硅芯片上可以植入更多的电子组件。如此一来，一个中央处理器芯片上可以包含多个核心处理器，又称之为多核中央处理器（Multicore Processors）。例如 Intel i7 Six Core 微处理器内建 6 个核心，64bit 的字节大小，3.9KMHz 的时钟速度，包含了 2.2KM 个晶体管组件。多核中央处理器可以支持多任务处理（Multitasking），也就是不同的核心处理器可以同时执行不同的任务，这样可以大幅提升整体的效能。例如，一个核心处理器负责从只读光盘中读取数据，同时另一个核心处理器执行图像剪辑的工作，这个特性可以减少数字媒体应用产品的开发时间。除此之外，多核技术对于数字媒体播放帮助也很大，尤其是图像密集的应用。

5. 主存储器

主存储器（Primary Memory）是指由中央处理器直接存取的内存，包括随机存取存储器（Random Access Memory，RAM）和只读存取存储器（Read Only Memory，ROM）两种。因为随机存取存储器主要用来储存操作系统、应用软件和执行任务所需的数据，所以计算机中随机存取存储器的大小直接影响计算机的效能。由于数字媒体应用所需的数据量十分庞大，所以使用个人计算机执行数字媒体应用时，应该配置足够的随机存取存储器。目前，苹果和微软建议使用它们的操作系统时，至少需要 2GB 的随机存取存储器。采用多核技术时，由于同时执行几个任务，所以需要更大的随机存取存储器来储存不同的应用软件和数据。只读存取存储器储存中央处理器常用的数据，如开机指令和一些常数。当电源开启时，只读存取存储器内

的数据内容会自动启动。不同于随机存取存储器，电源关闭时，只读存取存储器内的数据并不会消失。

6. 硬件界面接口

硬件接口主要用来连接系统板和接口设备，这两者的连接可分为串行传输（Serial Transmission）和并行传输（Parallel Transmission）。串行传输一次只能传递 1，数字 bit 的数据，它只适合于传输数据量不大的接口设备，如键盘、鼠标和调制解调器（Modem）。并行传输可以由并列的连接路径同时传递一组的数据，通常是 8bit 或更多的资料。接口（Interface Port）是用来连接系统板和接口设备的接口，现在的个人计算机通常会配备通用串行总线（Universal Serial Bus，USB）、火线（Fire Wire，IEEE 1394）、声音、视讯和以太网（Ethernet）接口。USB 是现在使用最广泛的接口，所有的个人计算机都支持此接口。它的数据传输速度非常快，USB 1.0 为 12Mbit/s、USB 2.0 达 480Mbit/s、USB 3.0 更是高达 4.8KMbit/s，从数据传输量低的键盘到传输量非常高的摄影机和蓝光录放机都支持。火线是由苹果提出的高速串行传输接口标准，它在 4.5m 电缆上达到 400Mbit/s 的传输速率，最新版本 Fire Wire 800 更是可以在 100 米电缆上达到 800Mbit/s 的传输速率。苹果也推出了 Thunderbolt 接口，传输速率达到 10KMbit/s。

7. 接口设备

接口设备是指计算机用于输入、输出和储存数据的各种硬件，又可分为内部的接口设备，如只读光盘机、网络卡等，以及外部的接口设备，如鼠标、键盘、打印机、扫描机、显示屏、网络摄影机、扬声器、硬盘等。由于数字媒体应用使用多元化的媒体信息，常

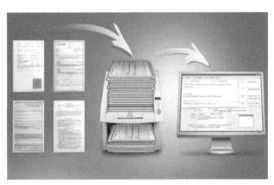

△图 8.7 光学字符识别流程和可转换成的数字文件格式

需要使用不同的接口设备存取数据，对于数字媒体应用的用户而言，如何选择适当功能和效能的接口设备是十分重要的。数字媒体接口设备可以分为 3 类：输入设备、输出设备和辅助存储设备。

8．多媒体输入设备

数字媒体应用需要使用许多不同种类的输入设备，将数据和指令传递给计算机系统，以处理和存储数据。键盘和指点设备如鼠标、轨迹球、触摸板和触控屏是最常用的输入设备，使用它们可以将语言文字输入计算机，也可以通过图形用户接口（Graphical User Interface，GUI）和计算机互动以下达运行的指令。声音方面的输入设备有麦克风和 MIDI 键盘，麦克风可以捕捉声音信号并传递给计算机进行处理；MIDI 键盘是像钢琴一般的用户接口，当用户弹奏它时，会传递 MIDI 信号给计算机进行处理和储存。

影像输入设备的种类繁多，首先是数码相机和数码摄像机，它们的影像质量取决于两个因素：空间分辨率和色彩分辨率。空间分辨率是指从镜头中的电荷耦合装置（Charge Coupled Device，CCD）捕捉到图像的像素数。在早期，数码相机空间分辨率只有 100 万像素，现在的数码相机大多具有 800 万或 1000 万像素的空间分辨率。空间分辨率越高则图像的画质越细致，但是产生的图像文件也越大。色彩分辨率是指每个像素可以表现的色彩数目。一般的数码相机都采取 24bit 的色彩分辨率，专业的数码相机则采用 42bit 或 48bit 的色彩分辨率。采用较高的色彩分辨率可产生较宽广的色彩域，使图像编辑处理时更有弹性，产生色彩细致的高画质图像（有关数字图像的细节请参阅 4.1 节）。

其次是扫描机，扫描机使用光传感装置来捕捉文字或图像。和数码相机一样，它的影像质量也取决于空间分辨率和色彩分辨率。将印刷文字转换成不同格式数字文件的另一个常用装置是光学字符识别（Optical Character Recognition，OCR），其产生的数字文件可以用文字编辑软件如 Word 来修改，有关数字文字细节的内容请参阅 3.1 节。传统文件数据大多以印刷方式保存，如书和手抄稿，为了进行数字化，需要使用大量的人力将这些数据重新打字输入计算机，十分费时费力。使用光学字符识别器可以大幅减少文字数据数字化的工作量。光学字符识别器的流程和可以转换成的数字文件格式，如图 8.7 所示。

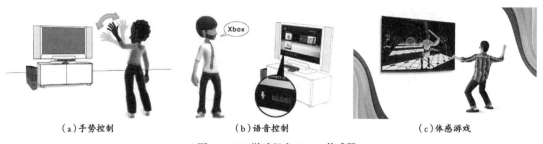

（a）手势控制　　　　　　　（b）语音控制　　　　　　　（c）体感游戏

△图 8.8　Wii 游戏机和 Kinect 传感器

最后，玩游戏时，用户不但需要追踪对象的移动，还要使用控制按钮下达控制对象的指令。这一类的输入设备有操纵杆（Joystick）、游戏键盘（Gamepad）、踏板（Paddle）和 Wii Remote 等。它们是复合型的输入控制器，可以处理两种或多种的输入模式。Kinect 是由微软开发的传感器，是应用于游戏机 Xbox 主机的接口设备。它让用户不需要手持或踩踏控制器，而是使用语音指令或手势来操纵 Xbox 的系统接口，如图 8.8（a）和图 8.8（b）所示。它也能够捕捉用户全身上下的动作，用身体来进行游戏，带给用户"无须控制器的体感游戏的娱乐体验"，如图 8.8（c）所示。

近年来虚拟现实（Virtual Reality）技术快速发展，各大公司相继推出了虚拟现实的设备和应用。同时，输入设备的控制也日趋复杂，六度自由（Six Degrees of Freedom，6DoF）是最新的技术，可以让身体在三度空间中自由移动。图 8.9（a）为六度自由的模型，身体可以向上、下、左、右、前、后 6 个方向移动，除此之外，组合上述动作可以产生抛（Pitch）、摇晃（Yaw）、滚（Roll）3 个动作。六度自由的输入设备已经广泛应用于洞穴自动虚拟环境（Cave Automatic Virtual Environment，CAVE）中，如图 8.9（b）所示。

9. 数字媒体输出设备

多媒体输出设备包括显示屏、印刷设备、音效设备和头戴式设备。计算机显示屏以视觉方式呈现计算机处理的数据。最早的计算

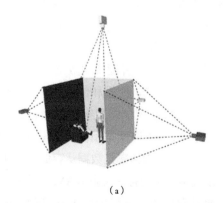

（a）

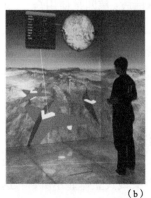

（b）

△图 8.9　洞穴自动虚拟环境

△图 8.10　虚拟现实的头戴式设备

机显示屏采用阴极射线管技术（CRT），随着技术的发展，液晶显示屏（LCD）、发光二极管显示屏（LED）相继推出。显示屏有 3 个基本因素：尺寸大小、纵横比和分辨率。显示屏的尺寸范围很广，根据计算机类型的不同而有所区别。纵横比则从最早的 4 : 3、16 : 10 到今天的 16 : 9。分辨率也从早期的 800×600 像素进步到今天的 3840×2160 像素。打印机可以将计算机内储存的数据以文字或图像的方式打印到纸张、透明胶片或其他材料上，一般可分为黑白或彩色的喷墨打印机和激光打印机。

音效设备包括声卡和扬声器。声卡主要有 4 个功能：第一是使用数模转换器将数字声音数据转换成仿真信号；第二是使用模数转换器将仿真声音信号转换成数字格式；第三是将仿真信号放大经由扬声器播放；第四是使用合成器产生数字声音。声音的质量取决于声卡处理声音的效能，包括样本的大小和取样率。详细内容请参阅 5.1 节。

10. 头戴式设备

虚拟现实的头戴式设备主要是提供沉浸式虚拟现实的感知经验。它由两个基本组件组成。第一个组件是一个头戴式立体显示屏，也就是为每只眼睛提供一个独立的显示屏。

第二个组件是头部运动跟踪传感器，包括陀螺仪（Gyroscope）、加速器（Accelerometer）和眼睛跟踪传感器等。由于近年来推出许多虚拟现实的产品，许多公司也相继推出许多不同功能的头戴式设备（见图 8.10），如 Oculus Rift、HTC Vive、Google Cardboard、Sony PlayStation VR、Microsoft HoloLens 等。

11. 辅助存储设备

辅助存储（Secondary Storage）设备是可以长期储存数据和指令的装置，又称为外部存储设备。辅助存储设备主要用来储存、备份、分布传递、运送和归档数据。早期的辅助存储设备有纸带、打孔卡片、磁带，除了数据存储量比较小以外，还有不容易保存的问题。现在的辅助存储设备不但种类繁多，而且容量越来越大，包括数百 GB 容量的硬盘、储存大量多媒体数据的光盘、可持的闪存装置等。辅助存储设备的效能取决于 3 个因素：储存量、访问时间和传输速率。储存量是存储设备可以记录的数字数据量，通常以字节为单位；访问时间是指在存储设备中找到数据的时间；传输速率是数据从存储设备中传送到系统中的主要存储装置 RAM 的速度。

辅助存储设备一般分为 3 类：磁存储器、

光学存储器和固态存储器。磁存储器利用电磁特性记录和读取数字数据，如早期的软盘（Floppy Disk）和盒式磁带驱动器（Cartridge Drive），它们是可携带式的。由于它们的储存量很小，现在正逐渐被固态存储器 USB 闪存卡取代。另一种是内建在计算机内部的磁存硬盘，它的容量比较大、传输速度比较快，通常用来备份数据。光学存储器主要有 3 类：光盘（CD）、数字化视频光盘（DVD）和蓝光光盘（BD）。它们可以支持 3 种模式：只读（如 CD 和 CD-ROM）、可记录的（如可记录一次的 CD-R），以及重复读写的（如 CD-RW）。一般而言，单片 CD 的容量有 700MB、DVD 有 4.7GB、BD 则高达 25GB。由于光盘储存有时效性和有氧化变质等问题，现在已逐渐减少用于备份数据方面。固态存储器主要使用闪存（Flash Memory），它是一种电子清除式可程序只读存储器，允许在操作中被多次清除和重新记录。闪存具有许多优点，包括低耗电量、低噪声、快速存取以及更佳的动态抗震性。使用它组成存储卡或硬盘时，具有非常高的效能与可靠性。现在 USB 闪存卡以及大容量的闪存硬盘已经是最受欢迎、使用最广的辅助存储设备了。

除了上述的辅助存储设备外，云端存储设备现在也是很受欢迎的辅助存储设备。云端存储设备提供通过互联网进行数据管理、备份和维护服务，有的服务可免费使用，有的则要收费。它提供一种非常便利的储存方式，只要能够上网，便可存取数据。现在许多公司都提供云端存储平台，如小米云端、百度云端、苹果 iCloud、微软的 SkyDrive 等。这些公司大多提供用户无上限的存储空间，但使用云端存储设备要注意数据安全的问题。

8.1.3　网络

计算机网络是用来连接许多计算机，以交换数据信息和分享资源的通信网络。计算机网络可以分成广域网（Wide Area Network, WAN）和局域网（Local Area Network, LAN）。广域网通过电话和电缆公司提供的网络线连接跨越很广的域中的计算机。用户可以使用邮件附文件或者文件传输协议（File Transfer Protocols, FTP）的方式，将数字文件储存到远程的网络服务器上。广域网中的一个特别模式就是互联网（Internet），计算机可以遵循 TCP/IP（Transmission Control Protocol and Internet Protocol）与其他的计算机相互传输数据。互联网始于 1969 年，当初只是美国政府的一个科研计划，20 年后，Tim Berners-Lee 发明了使用于洲际网络（World Wide Web, WWW）的超文本传输协议（Hypertext Transfer Protocol, HTTP），使得互联网在全球迅速普及。

环球网（Web）将交互式数字媒体引进互联网。使用超文本标示语言（Hypertext Markup Language, HTML）编写的网页可通过浏览器，如 Internet Explorer 和 Safari，显示多媒体信息。超链接（Hyperlink）可以使用统一资源定位器（Uniform Resource Locator, URL）找到一个连接到其他互联网资源的路径，这样就可以从一个网页链接到另一个位置上的资源，如图像、视频、网页等。

局域网是在连接一个组织单位内计算机的网络。家庭中的计算机可以通过局域网连接起来共享资源，如打印机、连接互联网等。计算机和接口设备可以用双绞线电缆或无线方式连接。以太网（Ethernet）是局域网中最常使用的协议，它定义如何传输数据，如传输速度等。近年来无线局域网也大受欢迎，无线局域网（Wireless Fidelity, Wi-Fi）和蓝牙（Bluetooth）是两个最常用的无线局域网标准。Wi-Fi 又称为 802.11b 标准，可在 2.4GHz 的调频上传输，在 100 米内的传输速率为 11Mbit/s。使用蓝牙协议，不同的装置可以在 10 米之内以 1Mbit/s 的速率互传数据。

8.1.4 计算机软件和程序设计

1. 计算机软件

计算机软件简称软件，是一系列的指令和相关的数据，用来指挥计算机硬件执行特定的任务或工作。图 8.11 所示为计算机软件架构，包括 3 个层次：操作系统、应用软件和用户。操作系统主要负责提供用户接口、管理计算机资源以及执行应用软件；应用软件是有特定功能和任务的软件；用户层软件是指用户可设定应用软件的功能，以满足他们的需求，或是编写自己的程序并整合到软件中，如使用邮件的过滤器去除垃圾邮件也可视为用户层软件。

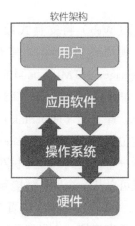

软件架构

△图 8.11　计算机软件架构

2. 程序设计

程序设计是在计算机软件开发过程中解决特定问题的重要步骤。程序设计是以某种程序语言为工具，是经过分析问题、找出解决问题的方法、编程、测试、除错这几个步骤后最终产生软件程序的过程。在早期，软件开发就是编程。但是，随着技术的发展，软件系统越来越复杂，许多专用的软件系统应运而生，如操作系统和数据库系统。在这种情况下，软件开发不再是单纯地编程，还需要考虑复杂的系统配置问题。

程序设计主要考虑两个方面：硬件储存空间与程序运行时间。精简的程序占用比较小的计算机储存器空间，比较短的程序运行时间则可以提升计算机效能。程序设计的第一步是分析问题并找出最适合的解决方法，如算法（Algorithms）和流程，以满足设计的要求。接下来，使用程序语言（Programming Languages）编写一系列的指令来自动执行特定的任务或解决特定的问题。一个好的程序员必须具备应用方面的经验、逻辑思路、算法和数据结构（Data Structure）的知识，才能编写出高效能的源代码（Source Code）。源代码包括程序指令、软件库和内建的程序说明文件，可以使用一种或多种程序语言编写。最后进行测试和除错，完成后撰写与源代码设计的相关文件，以便在以后维护源代码。

（1）程序语言

所有的操作系统和应用软件都是使用程序语言编写的。程序语言的种类非常多，有非常简单易学的一般性程序语言如 Basic，针对科学工程应用的 FORTRAN，商用的 COBOL，常用于数字媒体应用的 C、C++ 和 Java 等。程序语言一般可以分为低级程序语言和高级程序语言两类。

（2）低级程序语言

低级程序语言可分为机器代码（Machine Code）和汇编语言（Assembly Language）两类。机器代码是用来控制计算机硬件运行的二位码。使用机器代码编程不但需要对硬件的架构和控制有相当深入的了解，而且编写十分费时费力，但是可以直接用机器代码控制计算机硬件运行，不需要任何处理。为了解决二位机器代码不易辨识的问题，汇编语言应运而生。汇编语言使用缩写的文字来取代机器代码，这样编程比较有效率。比如使用 ADD 取代 00110010 表示加法的运算。但是汇编程序必须使用汇编器（Assembler）将汇编语言转换成机器代码，才能控制计算机硬件。机器代码和汇编语言都是针对某一个特定的中央处理器的，也就是说，机器代码和汇编程序无法在使用不同中央处理器的计算机上运行。使用机器代码和汇编语言编程可以产生比较快、比较小的软件程序，很适用于对执行速度要求非常快或程序码要求非常小的程序开发。虽然如此，只有少数程序员会使用机器代码或汇编语言编程，绝大部分的程序员都采用高级程序语言编程。

（3）高级程序语言

高级程序语言是指类似于英语的程序语言，使用它编程，程序员不需要了解计算机硬件的架构和运行，只需要专心解决问题再用英语描述的方式编写程序。这个优点使得高级程序语言大受欢迎，被广泛应用于各种应用软件的编程。这些高级程序语言产生的源程序可以使用翻译器（Interpreters）或编译程序（Compilers）转换成特定中央处理器的机器代码。

执行程序时，翻译器转换程序中的一行指令成机器代码，然后控制硬件执行运算，只有执行完毕后，翻译器才能转换下一行指令和执行动作。换而言之，翻译器必须一次一行指令地转换和运行机器代码。当程序很大时，如几十万到上百万行的源程序，执行起来是十分费时的。但是一次一行执行的特性，也使得程序员可以很容易一次一行地修改程序。编译程序则是将整个源程序一次转换成针对某一个中央处理器的机器代码。由于它一次就将源程序转换成可执行计算机硬件的机器代码，所以执行速度比较快。编译程序包括 4 个步骤：预处理、编译、汇编和联结。"编译"分析源程序的语法（Syntax）和语义（Semantic），构建解析图。"汇编"依

据选定的目标中央处理器产生机器代码。源程序可能使用不同高级程序语言，如 C++ 和 Java。这些使用高级程序语言编写的程序需要使用不同的编译程序和汇编器产生机器代码，最后通过链接器（Linker）将这些机器代码连接成机器执行码。

（4）可视化程序语言

可视化程序语言（Visual Programming Language）又称为图形化程序语言，它不同于传统的文字式程序设计，而是利用图形化元素进行程序设计。可视化程序语言以视觉表达为基础，利用文法规则排列文字和图形，然后用直线或弧线连接图形对象，以表示它们之间的关系。可视化程序语言是一种基于面向对象（Object Oriented）的程序语言，程序对象是独立的程序物体，它包含了执行某一特定工作所需的指令和数据。程序对象之间则可以通过消息的传递而互动。使用面向对象的程序语言，用户可以重复使用程序对象来构建他们的程序，这样可以简化程序开发的过程。可视化程序语言则将程序对象以图标（Icon）方式显现，如 Visual Basic，用户可以用图形用户接口，以拖放（Drag and Drop）的方式构建程序段落，使编程的过程更加方便。

在数字媒体应用程序开发过程中，程序员通常使用面向对象程序语言，如 C++ 和 Java，编写定制化的程序对象，然后使用可视化编程方式整合开发应用程序。现在也有许多针对数字媒体应用的（Proprietary）可视化程序语言和开发环境，如用于构建三维动画的 Mama、互动实时音乐的 Max、视觉特效的 Nuke 等。用户必须向这些产品的开发公司取得使用权才能使用这些产品。

8.1.5　操作系统

操作系统是管理计算机硬件和软件资

源的软件程序，负责管理与配置计算机存储器，决定系统资源供需的优先次序，控制输入与输出装置，管理和执行应用软件，管理网络和文件系统等工作。操作系统还提供了让用户和系统互动的操作接口。操作系统架构，如图8.12所示，分为用户层和核心两个层。用户层包括应用程序的接口、壳层（Shell）和图形用户接口。壳层是提供用户和核心之间操作接口的程序；核心（Kernel）是操作系统中的核心程序，负责管控整个计算机系统的运行。驱动程序是连接计算机和接口设备的软件程序，不同的接口设备需要使用不同的驱动程序，它们都存储在计算机的硬盘中，计算机启动时自动会加载到内存中。

操作系统的形态有很多种，从简单到复杂，从智能型手机的嵌入式操作系统到超级计算机的大型操作系统。由于不同计算机平台使用了不同的硬件，所以它们的操作系统也有所不同。微软公司的 Windows 操作系统只能在 PC 上运行，苹果的 OS X 操作系统只能在麦金塔计算机平台上运行。其他操作系统，如 UNIX 和 Linux，则在其他的计算机平台上运行。数字媒体设计师使用操作系统管理各式各样的硬件设备，以及管理和操作许多不同的应用软件。数字媒体产品的开发常常在不同的计算机平台上同时进行，开发者需要留意系统的兼容性。

1. 用户接口

用户接口提供了用户和计算机系统之间的沟通管道，一般有两种形式：命令行（Command Line）接口和图形用户接口。命令行接口是指用户直接打字将命令输入操作系统，用户必须依照命令语言语法，正确输入命令，否则操作系统无法辨识命令，也无法执行工作。这对于一般用户而言，操作起来并不容易。图形用户接口则提供一系列很直观的图标（Icon）、菜单栏（Menu bar）和对话框（Dialogue Box）来表示操作系统的功能选项。用户可以使用"点和点击"（Point and Click）或"拖放"的方式来选择和执行操作系统的功能。

触摸屏（Touch Screen）是 IBM 在 20 世纪 60 年代推出的电子控制装置技术。近年来大受欢迎，广泛用于各类的手持装置，如智能型手机和平板计算机。使用触摸屏时，可以采取多点控制（Multitouch）的方式来取代传统的使用鼠标"点与点击"和"拖放"的

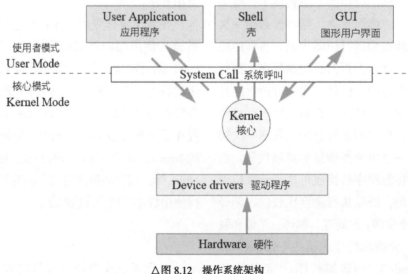

△图 8.12　操作系统架构

方式来操控操作系统。多点控制是自然用户接口（Natural User Interface，NUI）的一种形式，它可以用一个手指或多个手指操作屏幕。苹果将这个技术应用在 iPhone 上，微软则应用在平板计算机的接口上。许多数字媒体员也充分利用自然用户接口的优点，开发出一系列创新产品。

2. 计算机资源管理

操作系统控制管理计算机的资源，包括处理器、存储器、周边装置、网络。除此之外，操作系统也提供实用程序（Utility Programs）来帮助用户直接操控操作系统的功能。

操作系统的第一个主要功能是利用控制程序管控用户如何在处理器上执行。有些计算机系统，如大型计算机和超级计算机，可以同时支持多个用户同时使用，又称为多用户计算机系统（Multiuser）。多用户操作系统使用分配时间（Timesharing）方式将处理器时间切成时段（Slices），然后轮流配置给不同的用户使用。多用户操作系统也使用多任务处理（Multitasking）方式同时执行不同的程序来完成不同的任务。UNIX 和 Linux 是最常用的多用户操作系统。个人计算机，如麦金塔的操作系统只支持一个用户。同时，个人计算机的操作系统也支持多任务处理。由于数字媒体应用需要同时执行许多个程序，所以多任务处理这个功能对于数字媒体应用十分重要。

操作系统第二个主要功能是控制每一个应用程序可以使用多少内存，它随时监控内存的使用状况，当内存没有被使用时，马上收回进行再配置。同时在支持多任务处理时，操作系统需要高效地将内存配置给不同的程序。

操作系统也包括一系列控制接口设备的程序，如显示屏、打印机、键盘、鼠标、存储器的程序。这些程序又称为设备驱动程序（Device Drivers），它们主要用来告诉操作系统如何与接口设备进行沟通。大部分的接口设备都采取"即插即用"（Plug and Play）的方式，操作十分简单。当一个新的接口设备加入计算机系统时，操作系统马上可以辨识此一接口设备，如果该接口设备的驱动程序已存在，则自动配置并开始进行管理工作。如果该接口设备的驱动程序并不存在，用户可以上网下载该程序再进行配置。

由于个人计算机上网的普及，操作系统提供了"使用网络"和"安全性"的管控；操作系统提供是否同意通过网络与其他用户分享文件或其他资源的选项功能；操作系统还提供一系列的指令帮助计算机连接广域网、局域网和无线网络。现在的个人计算机和移动装置都能自动侦测、配置和连接 Wi-Fi 和蓝牙网络。

3. 实用程序

操作系统除了支持计算机资源管理以外，也提供许多实用程序，这些程序称为操作系统实用程序（OS Utility Programs）。操作系统实用程序提供许多优化操作系统功能的工具。比如常用的实用程序群组就是磁盘管理工具。这些程序包括磁盘修护、磁盘分割、备份例行程序等；另一个常用的实用程序是文件管理程序，它提供图形用户接口来管理在辅助存储器中的数据。其他常用的实用程序包括检视图形文件、卸载程序、设定屏幕保护等。

现在大部分的操作系统都加入了很多的数字媒体实用程序，如图像编辑、相片管理工具、语音识别和音效控制。苹果麦金塔的操作系统就整合了一系列的数字媒体实用程序，包括 iTune、iMove、iPhoto 和 QuickTime 等。微软的 Windows 操作系统则包含了 Media Player、Movie Maker 和直接从数码相机传输图像的内建驱动程序。随着数字媒体应用的普及，操作系统会持续扩充数字媒体相关的实用程序。

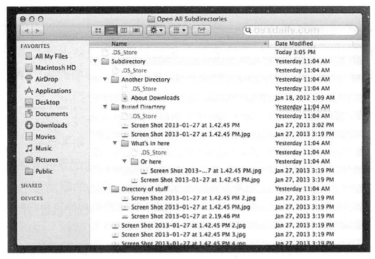

△图 8.13　分层式目录

4. 磁盘管理

操作系统的另一项主要功能是管理磁盘存储器和存取数据文件。加入一个磁盘作为存储器时，操作系统会执行格式化（Formatting）的工作，格式化成 3 个步骤。第一步定义磁盘上轨道和区域的地址，这些地址被使用来搜寻存取的数据；第二步定义集群（Cluster），也就是一个逻辑存储单位，集群是磁盘上可存取数据的最小单位；第三步定义文件系统，也就是文件名和它的集群在磁盘上的地址。检索一个文件时，操作系统会从文件系统中取得集群在磁盘中的地址。存入一个文件时，操作系统会记录文件集群的地址以及文件名。

磁盘管理也包括删除文件和重新使用磁盘空间的功能。删除一个文件时，操作系统就会在文件系统上进行注记。操作系统也会提供一个还原（Restore）的功能，如果发现文件删错了，就可以用它恢复原文件。但删除文件后，又将回收站（Trash Can）清除干净了，就很难再还原了。这时必须使用特定的实用程序才能够恢复原来的文件。

5. 文件管理

文件是储存程序或数据的文件，这些文件具有独特的名称和特性，以便操作系统识别它们，充分了解如何管理文件对于用户来说是十分重要的。如果没有使用易于了解的文件名称或将文件有系统地有组织地存放在适当的文件夹中，用户是难以找到文件的。在第 2 章介绍了如何使用文件扩展名来区分不同格式的文件，这让操作系统和用户可以很容易识别文件的格式。为文件命名时也应该留意是否区分大小写的问题，以及文件名字数限制的问题。比如 UNIX 的文件名是区分大小写的，而 Windows 和麦金塔操作系统的文件是不区分大小写的。除此之外，Windows 和麦金塔操作系统的文件名可以大于 250 个字母。

另一个有效的档案管理方式是使用目录（Directory），它提供有组织的文件标示方法。目录通常以分层的方式排列（见图 8.13），一个目录下可以设定子目录和文件夹，一个文件夹中也可以设定目录。用户可以使用路径图（Pathname）搜索文件，比如 C:\All My Files\Subdirectory\Buried Directory\Screen Shot 2013-01-27 at 1.42.45 PM.jpg 提供到 Screen Shot 2013-01-27 at 1.42.45 PM.jpg 的视频文件的路径。用户也可以使用图形用户接口，以逐步点击的方式搜索文件。

操作系统提供一系列生成和管理目录的工具。Windows 操作系统的档案管理实用程序 Windows Explorer，可以显示磁盘目录的内容。用户可以使用图形用户接口来设定、移动、拷贝、重命名以及删除目录。麦金塔操作系统也提供一个窗口显示存储器内目录的内容，用户也可以执行所有的目录操作功能。数字媒体应用通常使用多种类型的文件，管理员应该利用目录功能规划好文件管理，才能有效操作及管理众多的文件。

8.1.6 应用软件

应用软件包括针对解决某一特定任务的一系列程序。随着计算机技术的发展，相继推出了许多种类的应用软件，如文字处理软件、电子表格软件、数据库软件、计划管理软件、时间管理软件和数字出版软件等。这些应用软件中的程序通常使用同一个接口和相同的指令组的软件。

数字媒体应用方面有两种类型：媒体相关的应用软件（Media Specific）和创作编辑应用软件（Authoring）。媒体相关的应用软件主要用于生成和编辑不同的媒体元素，包括文字、图像、视频、声音、动画。创作编辑应用软件提供图形用户接口，以及整合媒体元素的软件工具。本节只做简单介绍，常用的数字媒体应用软件可以参阅 8.1 节。

1. 文字

设计师使用文字处理器来生成和编辑文本文件，如微软的 Word。使用文字处理器可以设置不同的字形和字体、拼写检查、输入输出不同格式的文件以及排版。还有一种简单的文字编辑应用软件，如 Notepad，不同于文字处理器，这种文字编辑应用软件没有排版的功能，只是产生 ASCII 文本文件。由于是 ASCII 文本文件，所以它可以使用于任何计算机平台而不用担心兼容性的问题。这种文字编辑应用软件很适合用来做一些不需排版的记事工作或编写程序，比如 Notepad 就常用来编写 XHTML 程序。除此之外，数字媒体员通常使用 Adobe Acrobat 将排版好的文本文件转换成 PDF，以满足在网页上显示和通过互联网传递排版后的文本文件的要求。细节请参阅 3.1 节。

2. 图像

设计师可以使用图像应用软件生成二维和三维图像。依据二维图像的特性，应用软件可以分为两种形式：涂画（Paint）型和画图（Draw）型。涂画程序包括生成图像图形的工具和编辑数字相片或扫描图片的工具。这些程序提供了许多功能，如过滤器、图像调整、特效，也可以生成不同字体的艺术字。画图程序包括产生许多基本形状图形的工具组，如圆形、矩形、多边形等。这些不同形状的图形都是通过执行数学公式生成。将不同形状的图形加以变化组合后可以生成各式各样复杂的图像。使用画图程序可以产生独特的标志和图像，很适合用于数字媒体应用。三维图像程序可以建立三维对象的模型、定义表面、组合场景和绘制完整的图像。细节可以参阅 4.1 节。三维图像的设计过程十分费力费时，尤其是最后的绘制过程。

图像的生成和编辑是数字媒体应用开发过程中很重要的工作。图像员必须选择最适合的绘图形式，二维涂画、二维画图和三维图像，以及应用软件。常用的二维涂画软件有 Adobe Photoshop 种 Corel Painter，二维画图软件有 Adobe Illustrator 和 Corel Draw，三维图像软件有 Eovia Carrara 和 Corel Bryce 3-D。有些图像软件套件会整合不同的程序，并提供共同的接口和指令组。例，Adobe 和 Corel 都提供了包括涂画和画图程序的软件套件。

3. 声音

有两类常用的声音处理软件：取样声音（Sampled Sound）软件和合成声音（Synthesized Sound）软件。取样声音使用数字二位码来仿真声音。应用软件提供多元化的功能，录音时可以设定控制声音的格式，也可进行多样化的编辑工作，如切割声音区块、组合声音区块、调整音量、逐渐增强或减弱、加入特殊的音效等。常用的取样声音应用软件有 Adobe 的 Soundbooth、Sonic Foundry 的 Sound Forge 和 Felt Tip 的 Sound Studio 4 等。

合成声音应用软件使用指令指挥计算机生成声音。这些指令最常用的格式是乐器数字接口（MIDI），它们可通过弹奏乐器如电子琴，自动生成，或使用音序器（Sequencer）生成。使用音序器，如 Cakewalk 或 GarageBand，作曲师可以输入音乐符号，选择乐器，对乐器演奏的音轨分层，然后同步整合不同的音轨来完成乐谱。乐谱完成后，可以使用合成器（Synthesizer）产生并播放音乐。常用的合成声音应用软件有 Apple 的 GarageBand、Cakewalk 的 SONAR，和 Steinberg 的 Cubase 6 等。细节请参阅 5.1 节。

4. 视频

使用视频应用软件可以整合视频剪辑（Clips）、同步视频剪辑和音轨、加入特效、完成数字视频作品并存盘。早期的视频制作需要很昂贵的硬件和软件设备，一般用户难以负担。由于近年来电子技术的快速发展，数码相机已经十分普及，加上个人计算机的功能日益强大以及许多可用的应用软件，大多数用户都可以自行制作视频作品了。视频应用软件通常可分为家用软件和专业软件两类。常用的家用视频应用软件有苹果的 iMovie，操作容易而且并不昂贵；专业视频应用软件有 Adobe 的 Premiere Pro 和苹果的 Final Cut Studio 等，细节可以参阅 6.1 节。

5. 动画

动画是以一定速度连续播放一连串的静态图片而产生动态运动图像的技术。传统动画的设计是非常费时费力的。使用动画应用软件可以大幅简化传统动画设计的过程。动画应用软件提供完整的动画开发环境和多元化功能，用户可使用它画帧（Frame）图像、组成动画片段、使用时间线（Time Line）控制操作动画流程等，设计出非常复杂的动画作品，细节可以参阅 7.1 节。常用的动画应用软件有 Adobe 的 Flash 和 Director，以及 Autodesk 的 Maya。可以使用它们设计多元化的数字媒体应用动画，如简单的动画标志、短片或长剧情片。

6. 媒体实用程序

近年来推出了非常多的数字媒体应用软件，使得数字媒体应用开发更加简化，也更加普及。除了应用软件之外，许多媒体实用程序也相继推出，用来扩充或强化数字媒体应用软件的功能。这些实用程序如下。

- 影像、声音和动画的资源库，如 PhotoObjects。
- 匹配 Pantone 彩色墨水格式的色彩实用程序，如 MonacoEZColor。
- 管理图像的图像目录程序，如 Extensis Portfolio。
- 字形字体实用程序，如 FontReserve。
- 视频制作实用程序，如 Sonicfire Pro。
- 文件压缩实用程序，如 Sorenson Squeeze。

7. 创作编辑软件

创作编辑软件主要用来管理和简化数字媒体产品最后生成的过程，包括组合媒体元素、内容同步化和设计用户接口等。创作编辑软件依据组织管理媒体元素的方式分为三种。第一种是卡片隐喻型（Card-based Metaphor），使用索引卡的方式来安排媒体元素；这类创作编辑程序有 ToolBook、PowerPoint 和 SuperCard 等，很适合用于制作教材和讲义；第二种是时间线型（Time Line），这类的创作编辑程序，如 Flash 和 Director，可以精准的控制和操作影片上的每一帧，很适合用来制作动画；第三种是图标型（Icon），使用图标代表媒体内容，如文字、图像、视频、动画以及播放、停止、前往、计算等互动，这类创作编辑软件如 Authorware，可以将图标安排在流程线上，快速开发出多样化的数字媒体产品，如教材和产品展示。

小结

计算机和网络技术的快速发展，使计算机的功能日益强大，成本也大幅降低，计算机不再是遥不可及的奢侈品，而成为日常办公、生活用品。个人计算机和互联网的普及也促使了近年来数字媒体应用的蓬勃发展。计算机系统是数字媒体应用的基石，充分了解计算机系统架构、基本组件的特性，接口设备的功能和特性，以及数字媒体应用软件的功能和特性，对数字媒体应用产品的开发是非常重要的。

数字媒体应用使用 5 种基本的媒体表现形式：文字、图像、声音、视频和动画进行多元化的运用和处理。由于多媒体文件的数据量非常大，使用时需要考虑计算机系统的运算效能和存储能力。了解和灵活使用多元化的接口设备可以减轻数字媒体应用开发的工作量，比如使用光学字符识别器可以大幅降低重新打字输入的人力需求。

由于计算机系统采用不同的硬件，如中央处理器，所以会造成平台不兼容的问题。

数字媒体应用开发时需要注意计算机平台兼容性的问题，以免陷入设计不兼容的困境。软件程序的执行和媒体文件格式的使用也有计算机平台不兼容的问题。在开始开发数字媒体应用之前，必须了解未来用户的计算机平台及特性，制定完整的设计规划，如媒体文件格式和软件执行码的配置等。

现在市面上有许多数字媒体应用软件，支持不同多媒体元素的生成和编辑工作。除此之外，读者应该尝试实际操作这些数字媒体应用软件，才能进一步深入了解这些软件。

8.2　媒体艺术的应用软件

8.2.1　文字编辑软件

1. 文字输入与编辑软件 Microsoft Office Word

Microsoft Office Word 是微软公司的文字处理应用程序，最早是为了在 DOS 系统的 IBM 计算机上运行，于 1983 年编写的，如今是最常用的文字处理最常用的软件。作为 Office 套件的核心程序，Word 提供了许多易于使用的文档创建工具，也提供了丰富的功能以用于创建复杂的文档，帮助创建文档、整理思路以及完成各类表格、图片的汇总和基础编排。特别是在数字媒体背景下的团队协作，Word 作为简单、高效的思路表达、内容整理、需求罗列的辅助工具，能帮助团队间完成快速、明确的思路和需求的文本传递。

2. 文字阅读和编辑软件 Adobe Acrobat Professional

Adobe Acrobat Professional 是主要用于阅读和编辑 PDF 格式文档的应用程序。它能够可靠地创建、合并和控制 Adobe PDF 文档，以便轻松安全地进行分发、协作和收集数据。它将音频、Flash Player 兼容视频和交互式媒体插入 PDF 文件中，在 Adobe Reader X 或 Reader 9 中实现顺畅回放。通过丰富的交互式文档，为构思注入活力。

3. 文字排版软件 Adobe Indesign

Adobe Indesign 是定位于专业排版领域的设计软件。它是全新的并且专门针对艺术排版的程序，适合图像员、产品包装师和印前专家使用，主要用于出版物、海报和各类印刷媒体。随着相关数据库的合并，InDesign 和 Adobe InCopy 形成共用协作，能增强设计小组与编辑小组之间的协作，使它成为报纸杂志和其他出版环境中的重要软件。

Adobe Indesign 包括了辅助创意、精度要求、准确控制等在文字和版面处理方面的诸多排版软件不具备的特性。它可以为印刷媒体或数字出版物设计出极具吸引力的页面版式，在页面布局中增添交互性、动画、视频和声音，以提升 eBook 和其他数字出版物对读者的吸引力。使用 Adobe Indesign 设计的作品如图 8.14~图 8.16 所示。

4. 文字图形化设计软件 Adobe Illustrator

Adobe Illustrator 是出版、多媒体和网络图像的工业标准插画软件。它已经完全占领专业的印刷出版领域，成为桌面出版（DTP）业界的默认标准。

Illustrator 将矢量插图、版面设计、位图编辑、图形编辑及绘图工具等多种元素合为一体，其最大特征在于钢笔工具的使用，使得操作简单、功能强大的矢量绘图成为可能。它还

△图 8.14　房地产信息图 / 数据可视化收集
作者：The Design Surgery

图 8.15　魁北克交响乐团视觉设计　作者：lg2boutique ▷

△图 8.16 底特律城市网页设计　作者：Rasmus Jappe Kristiansen

集成了文字处理、上色等功能，不仅能在插图制作、网页设计方面中应用，在印刷制品（如广告传单、小册子）设计制作方面也被广泛使用。

它同时作为创意软件套装 Creative Suite 的重要组成部分，与兄弟软件——位图处理软件 Photoshop 有类似的界面，并能共享一些插件和功能，实现无缝连接。

无论是线稿的设计者和专业插画家、生产多媒体图像的艺术家，还是网页或在线内容的制作者，都离不开 Illustrator。使用 Illustrator 设计的作品如图 8.17~ 图 8.20 所示。

8.2.2　图形图像编辑软件

1. 图像处理软件 Adobe Photoshop

Photoshop 是最受欢迎的功能强大的图像处理软件之一。Photoshop 的专长在于图像处理，而不是图形创作。图像处理是对已有的位图图像进行编辑加工处理以及添特殊效果，其重点在于对图像的加工处理。

在新媒体设计中，Photoshop 不仅体现出原有在视觉设计领域的强大功能，比如图像的基础编辑、图形图像的创意合成、校色调色及功能色效制作等，在 GIF 图制作、界面设计、图标设计、网页设计方面也体现出强大的优势。其丰富的图像格式和矢量编辑的功能也使得新媒体设计中的跨软件协作更加便捷。使用 Photoshop 设计的作品如图 8.21~ 图 8.25 所示。

△图 8.17　品牌设计　作者：Ramotion

△图 8.18　手绘风格插画设计　作者：Martin Schmetzer

△图 8.19　Norvel – Learning IOS App　作者：Oksana Harbuz

△图 8.20　Experimental Chinese Typography–Taiwan Indie Music　作者：Letitia Lin

△图 8.21　Adobe Photoshop CC 2017 软件启动
界面　作者：Amr Elshamy

△图 8.23　Adobe Photoshop 官网标题图　作者：Adobe

△图 8.24　Look Again　作者：Arturo Moreno Cangas

◁图 8.22　Adobe 25 周年纪念日　作者：Emi Haze

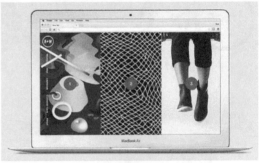

△图 8.25　Alice + Whittles Website 网页设计　作者：Matt Delbridge

2 . 矢量图形编辑软件 Adobe Illustrator、Coreldraw

（1）Adobe Illustrator

Adobe Illustrator（下文简称 AI）是出版、多媒体和网络图像的工业标准插画软件。矢量软件展现出的独特画面形态使得矢量化风格称为插图及设计领域中独具特色的一种表现形式。

但是除了矢量绘画之外，版面设计、位图编辑、图形编辑都能够在 AI 中得到灵活地处理。在新媒体设计领域，画面质量的要求、对于节约网络资源的要求使得以 AI 为代表的矢量软件能够更好地服务于各项新媒体设计任务。它能与 PS 无缝衔接，也可以将文件输出为 Flash 格式。多种格式能够匹配多软件协作，可以为屏幕 / 网页或打印产品创建复杂的设计和图形元素。使用 AI 设计的作品如上文图 8.17~ 图 8.20 所示。

（2）CorelDRAW

CorelDRAW Graphics Suite 是加拿大 Corel 公司出品的用于矢量图形制作的平面设计软件。这个图形工具软件具有矢量动画制作、页面设计、网站制作、位图编辑和网页动画制作等多种功能。

与 AI 类似，CorelDRAW 也提供了一整套的绘图工具以及一整套的图形精确定位和变形控制方案。这给商标、标志等需要准确尺寸的设计带来了极大的便利。使用 CorelDRAW 设计的案例如图 8.26~ 图 8.28 所示。

△图 8.26　标志设计　作者：Max Iskra

△图 8.27　插画设计　作者：Adrian Knopik / Maciej Mizer / Fuse Collective

△图 8.28　品牌设计　作者：Abstract Logic

3.三维图像设计软件 Autodesk 3ds Max、Autodesk Maya、Cinema 4D

（1）Autodesk 3ds Max

Autodesk 3ds max（也称为3DMax）主要是面向建筑动画、建筑漫游及室内设计。3DMax易学易用，工作效率高且功能全面，可用于建模、动画、渲染、动力学等领域。

3DMax用户可以轻松地创建真实照片级图像。通过新的OpenSubdiv支持和双四元数蒙皮，美术工作人员可以高效地建模，新的摄影机序列器可以有条理地控制内容呈现。设计工作区提供基于任务的工作流，方便用户使用软件的主要功能；模板系统提供了基线设置，因此可以帮助用户更快速地开始项目，同时也令渲染过程更加顺利。

在新媒体设计领域，3DMax主要用于制作动画片、游戏动画、建筑效果图、建筑动画等。例如，魔兽、星际争霸、功夫熊猫和中央电视台水墨片头等，这些都是有赖于3DMax强大的功能而实现的。使用3D Max制作的案例如图8.29~图8.32所示。

（2）Autodesk Maya

Autodesk Maya是美国Autodesk公司出品的世界顶级的三维动画软件。应用对象是专业的影视广告、角色动画、电影特技等。Maya功能完善，工作灵活，易学易用，制作效率极高，渲染真实感极强，是电影级别的高端制作软件。Maya的CG功能十分全面，包括建模、粒子系统、毛发生成、植物创建、衣料仿真等。

该软件在国内的应用也越来越广泛。从

△图8.29 纽约市数字渲染 作者：Pawel Podwojewski / Paulina Cur / Patryk Sala

△图8.30 动画设计 作者：Feed Me Light Animation Studio

△图 8.31　电影制作渲染　作者：Jie Ma（China）/ guodong zhao（China）

△图 8.32　室内设计环境渲染　作者：Roman Kolyada

建模到动画再到速度，Maya 的表现都非常出色，特别是一些高级要求如角色动画、运动学模拟等方面。另外，在平面设计辅助、印刷出版、说明书方面，3D 图像设计技术已经成为重要部分。Maya 的强大功能可以更好地开阔平面员的应用视野，让很多以前不可能实现的场景，能够更好地、出人意料地、不受限制地表现出来。

新媒体设计方面的应用主要是动画片制作、电影制作、电视栏目包装、电视广告和游戏动画制作等。典型作品有《星球大战》系列、《指环王》系列、《蜘蛛侠》系列等，案例如图 8.33~ 图 8.36 所示。

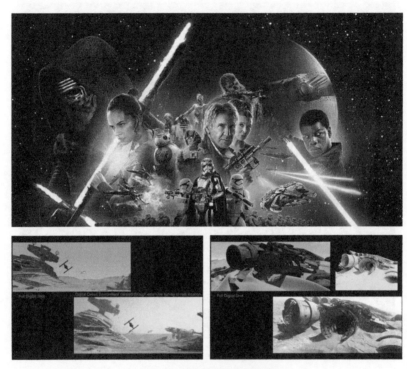

△图 8.33 《星球大战: 原力觉醒》

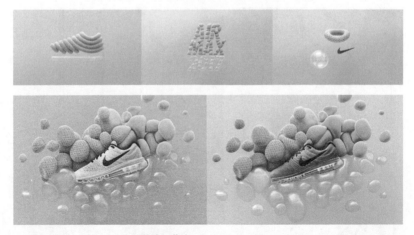

△图 8.34 Air Max'17 动画设计 作者: Berd / Lukas Vojir / mark haley / Oliver Harris / Jeff Thomson / Fred Huergo / James Owen

△图 8.35　愤怒的小鸟角色模型　作者：Jonatan Catalan Navarrete

△图 8.36　Fantastic Breakfas　作者：Luminous Creative Imaging / Martin van Zwol

（3）Cinema 4D

Cinema 4D 是由德国 Maxon 公司开发的，以极高的运算速度和强大的渲染插件著称。Cinema 4D 包含建模、动画、渲染、角色、粒子以及插画等模块，提供了完整的 3D 创作平台。Cinema 4D 除了支持多重处理、整批成像和可输出 Alpha 通道外，还支持十多种输出格式种外部格式，如 DXF、VRML、Lightwave 和 3D Studio 的格式。

Cinema 4D 在广告、电影、工业设计等方面都有出色的表现，例如，影片《阿凡达》使用 Cinema 4D 制作了部分场景。它具有较强的与各类软件协作的能力，能够做到与如 PS、AI、AE、NUKE、FUSION 等软件的无缝结合，也是 Cinema 4D 在影视后期行业成为主宰的原因之一，案例如图 8.37~ 图 8.39 所示。

△图 8.37　C4D 渲染　作者：Zhang Chenxi（China）

△图 8.38　Logo 展示动画设计　作者：Maxim Steksov

△图 8.39　Ted Baker 动画设计　作者：Chris Guyot

8.2.3　声音编辑软件 Adobe Audition

Adobe Audition 是 Adobe 公司旗下的专业音频编辑软件，专为在照相室、广播设备和后期制作设备方面工作的音频和视频专业人员设计，它提供了先进的音频混合、编辑、控制和效果处理功能。最多可混合 128 个声道，可编辑单个音频文件，创建回路并可使用 45 种以上的数字信号处理效果。它是 Cool Edit Pro 2.1 的更新版和增强版，可以配合 Premiere Pro CS5 使用编辑音频。

Audition 是一个完善的多声道录音室，其工作流程灵活并且使用简便。无论是要录制音乐、无线电广播，还是为录像配音，

Audition 中的工具可以创造高质量的或丰富或细微的音响。

8.2.4　视频编辑软件

1. 非线性视频编辑软件 Adobe Premiere

Adobe Premiere 是 Adobe 公司旗下的一款剪辑软件，用于视频段落的组合和拼接，并提供一定的特效与调色功能。Premiere 和 Adobe After Effects 可以通过 Adobe 的动态链接联动工作，满足日益复杂的视频制作需求。

Premiere Pro 是视频编辑爱好者和专业人士必不可少的视频编辑工具。它提供了采集、剪辑、调色、美化音频、字幕添加、输出、DVD 刻录的一整套流程，并可以和其他

Adobe 软件高效集成。

2．视频特效软件 Adobe After Effects

Adobe After Effects 是 Adobe 公司旗下的视频特效软件，是一款专业的非线性特效合成软件，简称 AE。它与 Premiere、Photoshop、Illustrator 等软件可以无缝结合，高效且精确地创建引人注目的动态图形和震撼人心的视觉效果。

AE 属于层类型后期软件，可以使用多达几百种的插件修饰和增强图像效果和动画控制，在导入 Photoshop 和 Illustrator 文件时，保留层信息。它可以实现电影和静态画面的无缝合成，并且可以精确到一像素的千分之六，准确地定位动画。

Adobe After Effects 适用于设计和制作视频特效的机构，包括电视台、动画制作公司、个人后期制作工作室以及多媒体工作室，案例如图 8.40～图 8.42 所示。

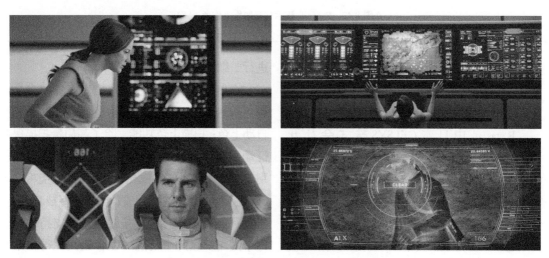

△图 8.40 《遗落战境》 作者：Bradley G Munkowitzv

△图 8.41 《杀手精英》片尾设计

△图 8.42　Pocopay 演示视频制作　作者：AKU

8.2.5　动画编辑软件

1. 流程便利的二维动画软件 Retas

Retas 是由日本 CELSYS 株式会社开发，它被普遍应用于日本动漫业的专业二维动画制作系统。它由 4 个部分组成：Stylos、TraceMan、PaintMan 和 coreRETAS。这 4 部分都可无缝结合使用，而且都能调用摄影表，使用起来十分方便。其中 Stylos 是无纸作画模块，TraceMan 是用来扫描与制作描线的模块，PaintMan 是上色模块，coreRETAS 是合成与特效模块。

Retas 实现了传统动画制作中绘画、线拍、描线、上色和合成的所有功能，辅助便捷与灵活地辅助完成无纸动画或传统动画的制作流程。

2. 广泛使用且便捷的二维动画软件 Animo

Animo 是世界上使用最广泛的二维动画制作系统之一。应用数字化方式从扫描画稿开始，从建立色指定、扫描上色、背景功能合成与特效到最后的数据输出，模拟了传统的动画制作过程，并且加入三维插件，帮助进行二维与三维的结合。

在制作过程中，色指定提供了创建多个调色板的功能，并可以快速地为画好的画稿自动上色；扫描上色功能，除了高质量扫描保证动画师原始笔触与风格以外，还能自动识别与排列画稿上的定位孔；背景功能，能将二维、三维的图像进行合成；合成与特技功能，能进行高度集成各种特技效果，并支持编辑每个图层。这几个功能的配合运用使得二维动画制作灵活多变，效果丰富。

3. 轻量的矢量动画软件 Adobe Animate CC

Adobe Animate CC（前称为 Adobe Flash Professional）是由 Adobe Systems 开发的多媒体创作程序，在支持原有 Flash 开发工具时，还新增了 HTML 5 创作工具，为网页开发者提供更适应现有网页应用的音频、图片、视频、动画等创作支持。除了继续支持 Flash SWF、AIR 格式外，Animate CC 还支持 HTML 5 Canvas、Web GL，并能通过可扩展架构支持包括 SVG 在内的几乎任何动画格式，案例如图 8.43~图 8.45 所示。

△图 8.43　Czech National Gallery—Visual Identity　作者：Vladimír Vilimovský

△图 8.44　Dubldom website　作者：Evgeny Bondkowski

△图 8.45　人物设计　作者：Danielle Dim

制漫画类插画，案例如图 8.46~图 8.50 所示。

4. 动图设计与制作软件 Adobe Photoshop（Photoshop Extended）

Adobe Photoshop（Photoshop Extended）简称 PS，是由 Adobe Systems 开发和发行的图像处理软件。主要用于处理由像素构成的数字图像，能应用于图像、图形、文字、视频、出版等各个方面。

Photoshop CC 的帧动画和时间轴功能，让它在动画制作上也屡现奇迹。发展到 CC 版本后，时间轴已可以对视频进行简易的剪辑，因此利用时间轴功能足以制作简单的 GIF 动画。

5. 草图与分镜：SAI

SAI 是由日本 SYSTEMAX Software Development 开发的一款绘图软件，完全规范化的笔刷颗粒，笔刷精炼功能性强，软件人性化，系统负载极低。

SAI 容易上手且笔压修复和防手抖功能强大，可以使线条粗细适中，使用时间长后就会发现"笔"和"水彩笔刷"这两个工具集成了很多 PS 中的效果。它的缺点是后期修改能力不足，合并图层时需要注意的地方比较多，难以表现真实绘画。

SAI 适合表达非现实的绘画，非常适合绘

△图 8.46　作者：emirra

△图 8.47　Doodles　作者：Carla Segad

△图 8.48　Close to the sun　作者：Alena Aenami

△图 8.49　Wind　作者：Olga Yefremova

图 8.50　Under the fog　作者：ELK64 ▷

8.2.6　其他应用软件

1. 游戏制作平台 Unity

　　Unity 是由 Unity Technologies 开发的让玩家轻松创建诸如 2D/3D 视频游戏、建筑可视化和实时三维动画等类型互动内容的多平台的综合型游戏开发工具，是一个全面整合的专业游戏引擎，它也是目前世界上最流行的开发平台。

　　Unity 以交互的图形化开发环境为首要开发方式，其编辑器运行在 Windows 和 Mac OS X 下，可发布游戏至 Windows、Mac、Wii、iPhone、Web GL（需要 HTML 5）、Windows Phone 8 和 Android 平台。也可以利用 Unity Web Player 插件发布网页游戏，支持 Mac 和 Windows 的网页浏览。它的网页播放器也被 Mac Widgets 支持。通过 Unity 制作的游戏案例如图 8.51～图 8.53 所示。

△图 8.51 纪念碑谷 作者：ustwo 团队

△图 8.52 "炉石传说"移动端 作者：暴雪公司

△图 8.53 Singular 游戏设计 作者：Thomas Pomarelle

2．网页制作软件 Adobe Dreamweaver

Adobe Dreamweaver，简称 DW，中文名称为"梦想编织者"，是美国 Macromedia 公司开发的集网页制作和管理网站于一身的所见即所得网页编辑器。

DW 是第一套针对专业网页员特别开发的视觉化网页开发工具，利用它可以轻易地制作出跨越平台限制和跨越浏览器限制的充满动感的网页，借助共享型用户界面设计，可实现在 Adobe Creative Suite 4 的不同组件之间更快、更智能地工作。利用 DW 设计出来的网页作品符合专业网页员所见即所得的要求。案例如图 8.54~图 8.56 所示。

△图 8.54 MINI 线上博物馆网页设计 作者：Wojtek Kotowski

△图 8.55 Redstone VR 网页设计 作者：Lukasz Drozdz / Sebastian Bednarek

△图 8.56 设计中心网页设计 作者：stapelberg & fritzi

3. 交互原型设计软件 Axure RP Pro、Sketch

（1）Axure RP Pro

Axure RP Pro 是美国 Axure Software Solution 公司旗下的软件，它是一个专业的快速原型设计工具，让负责定义需求和规格、设计功能和界面的专家能够快速创建应用软件或 Web 网站的线框图、流程图、原型和规格说明文档。该软件最为重要的六大功能为：网站构架图、示意图、流程图、交互设计、自动输出网站原型和自动输出 Word 格式规格文件。

作为专业的原型设计工具，它能快速、高效地创建原型，同时支持多人协作设计和版本控制管理。在不写任何一条 HTML 与 JavaScript 语句的情况下，通过创建的文档以及相关条件和注释，一键生成 HTML Prototype 演示；根据设计稿一键生成一致而专业的 Word 版本的原型设计文档。

Auxre 可以帮助设计者从无到有梳理整个产品的脉络。其操作和使用简便，得到了产品经理、交互员们的喜爱。在展开数字交互产品开发工作之前，产品原型大部分为使用 Axure 绘制的线框图，作为产品的 PRD 文档，供 UI 和开发人员梳理前期工作完成全部产品信息的架构和功能。案例如图 8.57~图 8.60 所示。

（2）Sketch

Sketch 是荷兰的 Bohemian Coding 公司基于 Mac OS 系统开发的软件程序。它是为图标设计和界面设计而生的，且适合用于绘制矢量图，是极佳的交互设计工具。而矢量绘图也是目前进行网页、图标以及界面设计的主流方式。

随着移动 APP 设计和扁平化设计的普及，在屏幕的分辨率越来越高的今天，传统的 Photoshop 等设计工具在网页和 APP 界面设计上存在许多不足，可以很好地解决设计效率和矢量化问题的 Sketch 应运而生。如今越来越多的设计人员开始使用 Sketch 替代 Photoshop 设计 APP 和网站。案例如图 8.61~图 8.64 所示。

△图 8.57　App 线框图　作者：Dana Heredia

△图 8.58　网页线框图　作者：Adrien Schwartz

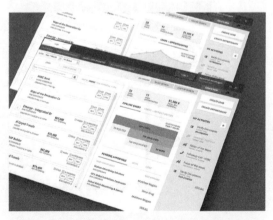

△图 8.59　网页线框图　作者：Rajaraman Arumugam

△图 8.60　网页线框图　作者：Marek Leschinger

△图 8.61　Nike90 Store　作者：Balraj Chana

△图 8.62　Mix Planet　作者：Michael Korwin

△图 8.63　NASA 网页设计　作者：Michael Korwin

△图 8.64　Wallet Screen　作者：Ionut Zamfir

4. 数字雕刻大师 Zbrush

　　Zbrush 是由 Pixologic 公司出品的一款专业的建模与雕刻绘画软件，受到了 CG 爱好者的广泛喜爱。它具有功能强大、应用广泛和兼容完美的特点。

　　Zbrush 是首个将"笔刷"功能作为最主要造型手段的三维建模软件，具有"直观的建模方式"，通过交互式的建模方法快速建立基本形体，就像绘画大师一样随心所欲，自由发挥，完美表现创意。Zbrush 的模型贴图数据可以很好地与 Maya、3ds Max 结合使用，同时它与 Photoshop 软件之间也有非常优异的互交性，使贴图绘制流程更加多样化。

　　近年来，Zbrush 成为了很多知名的国际动画、游戏及影视特效公司工作流程中必备的工具，它被广泛应用于电影特效、游戏和广告中，例如《阿凡达》《绿巨人》《指环王 3：国王归来》《霍比特人》等电影中一些角色的塑造。游戏公司使用它为数字模型进行细分和雕刻，并使用其纹理绘制工具来创建角色身上的纹理，使其近似于真实生物直接扫描的效果，例如，《刺客信条》《战争机器》《使命召唤 4：现代战争》等角色的模型，案例如图 8.65~图 8.67 所示。

△图 8.65　数字雕刻作品 1　作者：Neel Kar / Justin Will / Sevan Kouzouian

△图 8.66　数字雕刻作品 2
作者：Rakan Khamash

△图 8.67 数字雕刻作品 3 作者：Kieran McKay

5.原画与插画软件 Corel Painter

Corel Painter 是由 Corel 公司出品的一款专业计算机美术绘画软件。它是数码素描与绘画工具的最佳选择，是一款极其优秀的仿自然绘画软件，拥有全面和逼真的仿自然画笔。

它能通过数码技术复制自然媒质（Natural Media）效果，是同级产品中的佼佼者，获得了业界的一致推崇。Painter 中的滤镜主要针对纹理与光照，因它采用了天然媒体专利技术，更是因其处理中国画风格的作品时，可以使作品达到特殊的写意效果而被国内的计算机美术者称为"梵高"。

它是专门为渴望追求自由创意及需要数码工具来进行仿真传统绘画的数码艺术家、插画画家及摄影师开发的，在多媒体应用制作中占据着重要的地位，案例如图 8.68 所示。

△图 8.68 数字原画作品 作者：Michael Kutsche

习题

1.媒体数字化加上计算机软硬件技术使得媒体的生成和编辑更加容易，也更具经济竞争力。一个数字媒体技术专业从业人员需要具备哪些知识和素质才能成为一个优秀的数字媒体开发专业人员？

2.讨论一下有哪些技术，如人工智能、生化计算等，可以增强数字媒体相关应用。

3.选择 2~3 个自己喜欢的软件着手开始学习，可以由临摹开始，逐步为自己积累丰富灵活的表现手段。

第 9 章
数字媒体的实践与创业

9.1 数字产品开发

数字产品的开发一般以项目的方式进行，所以，首要任务是组成专业团队，将一群具备不同专业能力的人员组合起来，包括产品经理或制作人、内容设计师、计划设计师、媒体制作群、作家、质量管理和产品制作群、程序设计师以及其他支持人员。项目的规划由团队全体成员共同参与规划制定，包括工作项目、进度和控管等。

本章首先介绍数字产品开发项目团队的成员，以及他们的工作项目和职责；接下来介绍数字产品项目的规划管理以及实践方法，共包括 5 个步骤，包括分析和定义、设计和规划、实践、测试和评估、产出和结案；最后简短介绍创新的概念，以及数字媒体应用在未来创业的机会。

9.1.1 开发团队的组成

数字产品开发和一般软件开发的过程大同小异，都是从分析问题开始，进行设计规划、实践工作项目、测试、包装、分送以及维护。但是在整体设计技术和管理上有不同的要求和考虑。一般软件的开发着重于开发者的编码和算法的能力。而数字产品软件的开发不但需要

编码和算法的能力，还需要具备媒体元素，如图像、视频、动画等相关的专业知识和设计的技术，以及艺术修养和设计能力。在计划管理上更具有挑战性。一般而言，工程技术人员和艺术设计人员的人格特质和个性截然不同，如何有效地整合协调这两组人员以顺利进行计划开发需要特别的管理技巧。

数字产品的开发基本上有两种模式：个人开发模式和团队开发模式。个人开发模式也就是所有的设计工作项目由一个人独自完成，包括文本设定和图像、视频、音效、动画的制作以及创作编辑、测试、包装和分送交货。但是数字产品涉及的专业领域十分广泛，非一个人能力所及。绝大部分数字产品计划需要具备不同专业能力人才的团队合作开发。依据计划的规模，开发团队的规模也从几个人到数百人不等。主要的开发团队成员分述如下。

1．产品经理或制作人

数字产品的开发通常是十分复杂和费时的，同时也是十分昂贵的。产品经理或制作人是最重要的，他们负责产品的规划和执行管理，在规定的时间和预算内完成产品并如期交货。产品经理必须全程监督整个产品的开发过程，不仅是技术上的项目，同时也要

兼顾业务、管理和行政上的事务。一般来说，产品经理的工作包括以下内容。

- 和客户商议合约。
- 面试和招募团队成员。
- 建立设计时程表并监督进度。
- 预算控管。
- 监控客户的检验和核准。
- 协调测试和改版。
- 确认产品出货日期。
- 监督产品的文档准备以及归档。

产品经理也需要随时掌握数字媒体应用市场的走向以及最新的数字媒体技术，在产品开发的过程中随时提供最新的信息及建议。

2. 内容设计师

内容设计师必须完全了解主题以及在数字产品中呈现的内容。当内容设计师不能够完全掌握主题的精髓时，通常需要一个或一组对主题很了解又有经验的专家或专家群，提供与主题相关的指导和建议。比如开发一个针对幼儿学前教育的学习数字产品，可能需要幼儿学前教育的教育专家指导幼儿学前教育的需求和方法，或许还需要幼儿心理学专家指导幼儿教育的心理认知方法，然后，再由内容设计师再制定出内容的结构和流程。内容设计师的主要工作内容如下。

- 和客户进行交流，了解客户的想法和要求。
- 了解主题的信息，拟定产品呈现的内容。
- 确认内容的正确性。
- 建议和采用第三方开发的内容。
- 拟定内容结构和流程。
- 协助产品测试和修改。

在设计过程中，内容设计师不但要和主题专家讨论内容相关议题，也需要和其他开发团队成员保持紧密的沟通，以确保产品能够忠实完整地呈现出主题的内容。比如和作家群成员讨论如何编写剧本，和媒体设计师讨论如何呈现内容。尤其是交互式应用，用户和产品系统之间的对话必须保持流畅，以及正确反映主题内容。除此之外，如果准备采用第三方开发的内容，需要和第三方洽商版权、权利金和相关事宜。由于这种业务项目涉及许多法律法规的专业知识，所以通常会由收购专家负责洽商合约事宜。

3. 产品设计师

产品设计师主要负责整个产品内容、用户接口、操作流程的设计和整合。产品设计师首先和内容设计师沟通，以了解产品的内容结构和流程。产品设计师需充分了解不同媒体元素，包括文字、图像、声音、视频和动画的优缺点，并且很清楚地了解使用哪一种方式才能有效地表达某部分内容。产品设计师也会管理作家们撰写的数字媒体元素的内容和剧本，监督数字媒体设计师设计制作数字媒体内容、设计和实践用户接口等，其主要工作内容如下。

- 依据主题内容，建立主题 / 子题结构。
- 构建产品的呈现方式。
- 制定用户接口的隐喻方式和布局。
- 建立开发过程导航监督结构。
- 监督管理作家、程序设计师和数字媒体制作群的开发进度。

在开发过程中，有时会有艺术设计专家全程指导，比如接口配置和色彩设计。除此之外，也有许多程序设计师参与编码设计，以实现用户接口和支持数字媒体元素设计，如图像和动画的创作编辑。产品设计师需要监督、协调和管理所有参与人员准时完成产品的开发工作。

4. 媒体制作群

媒体制作群包括制作各种媒体元素的设计师，如文字图像设计师、视频制作人、动画设计师和音效师。各个媒体元素大都是由设计师独立设计，但是需要整合所有的媒体元素以完成最后的产品，为了达成无缝衔接的整合成果，设计师们在设计过程中必须保持紧密的交流，以分享产品功能的设计思维。虽然设计师大都独自设计不同的媒体元素，而且设计过程各有不同，但是仍然有下列内容需要共同考虑。

（1）选择设计应用软件，包括文字、图像、声音、视频和动画的编辑软件，由于不同的媒体设计可能在不同的计算平机台上进行，所以需要确定计算机平台的兼容性。

（2）依据内容的需求和产品规格，决定各个媒体的设计参数，如图像分辨率、视频帧数、声音取样率、编译码器等。

（3）协调制定媒体元素之间的互动关系，以满足用户和产品系统之间的交互功能。

（4）决定输出格式，以满足不同的用户计算机平台和传输方法。

5. 作家

数字产品开发计划需要准备多样式的文件，从创新的提案、呈现媒体元素的剧本、技术报告、测试报告到用户使用手册。这些多样式文件通常需要一组不同专业背景的作家参与文件撰写的工作，但是有时因为预算短缺或数字媒体产品规模小，仅由一位作家撰写所有的文件或者由其他团队成员分担撰写部分文件。数字媒体产品开发计划通常需要下列文件。

- 给客户的产品提案书。
- 产品规格书。
- 版权授权书和合约。
- 描述动作和对话的剧本，用来引导设计师，如动画设计师和程序设计师，进行他们的设计工作。
- 测试和侦错报告。
- 用户使用手册。
- 协助页面。

从上述文件可以看出文件的多样化，不同的文件有不同的撰写格式，当撰写人本身不是很熟悉的文件时，必须确认使用正确的格式和描述方法。尽管作家看起来仅是扮演支持性的角色，但是他们的创意，如媒体呈现的剧本，对于数字媒体产品具有很大的影响力。

6. 程序设计师

在数字产品开发过程中，程序设计师扮演重要的支持角色。他们支持媒体设计师编码建立对象模型和创作编辑脚本。有些产品，需要他们使用媒体设计应用软件中内建的程序语言，如 Adobe Director 的 Lindo 程序语言，编码完成媒体创作编辑的应用程序。有时候，他们会编写一些特殊功能的实用程序来支持不同设计的需要。一些实用程序可以简化或取代一部分复杂的设计过程，从而缩短设计时间，这对提高开发效率和降低开发成本是非常重要的。产品的接口设计和操作流程的程序设计是程序设计师的重要工作项目之一，包括提供用户导航使用的对象和控制流程、用户交互的功能（不同的方式，如语音识别或触控）、整合控制所有的媒体元素等。C++和 Java 是最常用的程序语言。数字媒体程序设计师不但需要充分了解这些程序语言的用法和特性，还需要具备交互控制的经验，才能开发出界面友好的人机交互产品。

7. 质量管理和产品制作群

产品开发完成进入量产过程时，产品制作人员整合产品系统进行各种测试，以确保送交到客户端时，一切功能都能够正常运行。整个产品开发和生产过程都需要符合国际标准化组织（International Organization for Standardization，ISO）的规范，如 ISO9001 软件开发规范。质量管理分为两部分：品质保证

（Quality Assurance，QA）和质量管理（Quality Control，QC）。质量管理师需要全程监督产品的开发和生产过程，确保产品的质量。

8. 其他成员

其他团队成员还包括行政、财务和业务相关人员，他们支持整个开发团队人员，以确保产品开发能够顺利进行和如期完成，并达成预期的目标。

9.1.2　数字媒体项目的规划和管理

项目是指在一次性的工作中，必须同时完成成效、时间、成本以及范畴等多重任务要求的工作。假如这项工作是可以不断重复的话，便不是一个项目了。项目必须有明确的起点和终点，也就是有时间的限制；有预算，也就是有成本的限制；有明确规范工作的范畴，也就是有明确的规格要求；最后还要有明确成果展现。

项目规划和管理是为了达到项目目标，将所有相关的计划、进度以及控管等工作项目整合，并有序地衔接起来。项目管理的首要任务是：组建项目团队并让项目团队成员一起参与项目的规划工作。项目经理在项目中是一个启动者，也就是要监督和协助项目团队成员顺利完成他们负责的工作。项目管理不仅仅是安排和监督进度，项目经理还应当是所有成员的接口，当成员缺乏资源时，要帮忙解决问题；当成员之间有冲突时，要协调消除彼此的矛盾，使得项目能够顺利进行并达成目标。

因为数字媒体产品的开发计划通常是一个项目，所以项目规划和管理方法适用于数字媒体产品的开发。9.1.1 节介绍了数字媒体产品开发团队的成员和组成，接下来对数字媒体产品开发项目的规划和管理方法进行说明，它包括 5 个步骤：分析和定义、设计和规划、实践、测试和评估、产出和结案。

1. 分析和定义

项目开始的第一步是要明确定义问题以及确定目标，这样做有助于让整个团队都很清楚地了解项目要达到的目标，以及项目能够满足客户的哪些要求。这个目标必须得到全团队成员的认同，如果成员有不同的认知和想法，必须讨论沟通以取得共识。

数字媒体产品开发项目的最终成品通常是一个数字媒体产品或系统。项目的目标决定为何开发此产品，也就是开发此产品的目的。经由深入分析多方位的因素，以及大家的头脑风暴，找出最佳的解决方法，并明确定义此产品的特性以达成目标。如一个日用品公司准备开发一个推广安全幼儿用品的数字媒体系统，目标希望能够增加 20% 的年营收。首先要确定潜在的客户，包括潜在客户性别、年龄层、收入等；然后分析如何使用数字媒体系统推广方式吸引这些潜在的目标客户，以达成年营收增长 20% 的目标，这些方法包括需要哪些媒体内容、呈现方式、用户交互方式等。除此之外，还要预估开发此产品的成本，以及评估风险，说明此产品在开发过程中可能会碰到的困难。

经过深入地分析和定义过程，最后将结果整理成一份精简的项目计划草案书，计划草案等书的内容如下。

- 项目目标。
- 定义开发的目的和目标客户。
- 概述预期的结果和效益。
- 概述数字媒体系统，包括媒体内容、呈现方式、用户交互方式等。
- 产品开发预估费用以及风险分析。

2. 设计和规划

设计和规划主要是安排下列事项。

- 要做些什么？
- 谁负责做？
- 该如何做？
- 什么时候完成？
- 需要哪些资源？
- 需要多少预算？

项目规划一般使用时间表（Timeline）来明确整个项目开发的起始时间和结束时间。在时间表中制定重要的开发里程碑，每项工作的起始时间、结束时间以及负责人。在同一时间内，可能有数项工作同时进行。工作项目之间有没有循序性，也就是某一工作项目必须等到另一工作项目完成后才能进行。规划时需要特别指出这些有循序性的工作项目，以供实践时参考，避免出了问题延迟整个项目的进度。这个阶段也会明确制订每一项工作的功能规格，比如使用的媒体元素、哪种用户交互方法和界面类型，等等。所有的规划设计都要在满足时间、资源和成本的要求下完成。

3. 实践

项目规划完成，审核通过之后，项目团体成员便开始工作了。计划逐步开始实施时，启动监督机制，必须确保项目进度依循规划进行。有任何偏差，都必须立即采取修正措施，使项目进度回归正轨。如果偏差造成的后果无法恢复的话，先前所做的计划就必须变更。监督机制必须定期严格执行，以确保每个工作项目和每个里程碑都能如期达成。

数字媒体产品需要整合许多数字媒体元素以及加入用户的交互控制机制，因此是十分复杂的。为了确认产品功能是否完善并运行正常，在实践过程中需要不断进行整合测试。为了达成此目的，在实践阶段先构建一个产品原型（Prototype）。产品原型是一个不完整，但可运行产品功能的产品模型系统。每当完成一项工作，如视频设计或用户接口，便可将此工作结果整合到产品原型中测试验证。

项目设计是一个反复（Iterative）的过程，首先进行规划和设计，接着实践计划，最后测试评估。如果测试结果发现有错，则退回实践步骤修改；如果错误严重造成工作无法继续进行，则需返回规划和设计步骤变更计划。使用产品原型进行测试，不但可以找出设计实践上的错误，也可能提出更好的改善产品功能的方法。经过不断反复的设计实践过程，可以不断改良产品的质量和功能。

4. 测试和评估

测试是在产品设计实践过程中很重要的一项工作，所有的团队成员都需要参与测试工作。完成一个工作项目时，设计师如媒体设计师和程序设计师，首先自行测试是否满足项目的规格，接下来将设计细节植入产品原型中，进行产品整合测试，以确定该设计元素与其他设计元素整合是否运行正常。产品测试是费时费力的工作，除了设计师参与测试工作外，也由专业测试工程师负责产品整体的测试工作。绝大部分的测试工作都是在项目开发团队内部进行。

当所有工作项目的设计实践都完成后，会整合所有的设计构建一个内部测试（Alpha）版产品。内部测试版产品是完整版的产品，但是仍然可能有错误。项目开发团队会对此内部测试版产品进行十分仔细且有系统的测试，有时也会安排外部人员参与测试。测试工作完成时会整理出测试报告并进行讨论，然后修正内部测试版产品的所有错误，再度进行测试。如果已经没有错误，就再输出外部测试（Beta）版产品，也就是非常接近最后版本的产品。接下来可以开始进行产品评估。产品评估通常由 3 种类型的群体进行测试以及产品的使用体验。第一个群体是项目开发团队的成员；第二个群体是实际的用户，包括一般用户和专业用户；第三个群体是客户端成员。评估工作主要有两个任务，第一是找出仍然存在的功能或运行错误；第二是依据操作经验提出操作上不顺畅的地方以及可能的改良方法。项目开发团队会针对评估的结果逐项检讨，并提出改良的方案。接下来修改产品，再度进行测试和评估，一旦通过测试和评估，就完成了产品的最后版本。

5. 产出和结案

最后一个阶段就是产生最后的产品，然后交给客户。依据实践阶段产生的产品最后版本，重新执行创作编辑过程产生最后产品的档案，再刻录存入光盘或其他存储器。同时准备包装材料以及相关的文件，如操作手册，一同交给客户。客户收到后会进行最后的测试评估，以确认是否满足所有的功能规格和要求。如果通过最后的测试评估，客户会传送一份产品合格同意书给项目经理，确认产品已经被客户接受。

最后项目开发团队必须系统地、有组织地整理所有的设计材料和数据逐一归档，并将相关文件转交给客服人员，以便往后向客户提供有关产品的售后服务。文件归档完成后，便可正式宣布项目结束。

9.1.3　创新和创业

创新是指以现有的思维模式提出有别于常规或常人思维为导向，在特定的环境中利用现有的知识和物质，本着理想化需要或为满足社会需求，而改进或创造新的事物、方法、元素、路径、环境并能够获得一定有益效果的行为。简而言之，创新是有别于"旧的或者传统的观念、方法、做法"的"新的观念、方法、做法"。创新的目的是具有积极意义的变革，使事情变得更好。英特尔高级院士 Gene Meieran 指出创新有以下 3 种类型。

（1）突破性创新，其特征是打破陈规，改变传统和大步跃进。

（2）渐进式创新，特征是采取下一逻辑步骤，让事物越来越美好。

（3）再运用式创新，其特征是采用横向思维，以全新的方式应用原有事物。

过去 50 年来由于电子和半导体技术的不断创新和快速发展，造就了计算机和网络两大产业。20 世纪 80 年代在美国硅谷兴起一股计算机相关产业，如集成电路和应用软件的创业风潮。初创公司雨后春笋般地成立，而这些初创公司不同于传统大型公司，除了规模很小以外，还极具创新力。同时，一个创新的商业投资模式"创投或创业投资"应运而生。结合初创公司和创投商业模式，促使计算机产业快速蓬勃发展。另外，由于网络技术的快速发展加上成熟的计算机技术，人类的生活方式因此完全被改变。现在计算机和互联网在我们日常生活中无处不在。20 世纪 90 年代起，另一波互联网相关的初创公司顺势而起，相继开发出一系列创新的应用和产品。近年来，更由于计算机功能的日益强大和普及化，随手可得的中低价多元化电子设备以及相继推出的多元化数字媒体应用软件，促进了近年来数字媒体应用的快速发展。

初创公司配合创投商业投资模式起源于美国，随着计算机和网络产业的发展，逐步扩展到亚洲和欧洲许多国家，近年来也被引入中国。中国经济在过去的 20 年中发展迅速，GDP 已跃居世界第二，人均消费能力也大幅上升。目前中国有 14 亿人口，这是一个超级大且有着无限潜力的消费市场。过去几年国内政策也积极推广内需产业以及鼓励大学生创新创业，使得大学生创业一时蔚然成风。

由于移动设备和个人计算机的普及，数字媒体应用遍及人类生活之中，包括衣、食、住、行、娱乐，可说是无所不在。就如同 20 世纪 80 年代的计算机产业和 20 世纪 90 年代的互联网产业一样，许多的创业公司相继投入数字媒体产品的开发中。当今大部分数字媒体产品的开发都处在启蒙阶段，凡是有创意、创新的想法或点子，都有可能创造出有竞争力且受欢迎的数字媒体产品，可说是商机无限。这也开创了新的创业机会和方向。读者如果对数字媒体创业感兴趣，不但要深入了解数字媒体技术和艺术设计知识，还需要具备管理、创新、创业方面的知识。

小结

数字媒体应用的开发通常有两种模式：个人开发模式和团队开发模式。个人开发模式也就是所有的设计工作项目由一个人独自完成。但是数字媒体应用涉及的专业领域很广，需要一个团队以项目的模式进行开发。数字媒体应用的开发过程是十分复杂和费时的。产品经理必须带领整个团队规划项目，如果成员有不同的认知或想法，必须进行沟通以取得共识。在项目执行过程中，产品经理必须全程监督，以确保在规定的时间与预算内完成计划并如期交付。如果设计时需要使用他人的材料，必须确定版权的问题，以避免法律上的纠纷。由于数字媒体项目团队包括许多不同专业领域的人员，而不同专业领域的人员有不同的人格特质和做事方法，这些差异常会造成摩擦甚至冲突。如何有效地管理一个多元化的项目团队，使项目顺利进行并达成目标是很大的挑战。

项目执行一定要明确定义问题和目标，让整个团队很清楚地了解项目执行期望达成的目标以及项目能够满足客户的哪些要求。在项目设计规划时使用时间表，明确制定重要的开发里程碑，以及每项工作的起始时间、结束时间和负责人。实践工作时，必须严格执行监督机制，以确保每个里程碑、每个工作项目都能够在预算之内如期完成。测试评估是非常重要又费时费力的工作项目，在这个阶段不仅要找出产品中的错误，还要提出使产品操作更顺畅的建议。项目设计是反复执行规划设计、实践、测试评估这 3 个步骤的设计过程。经过不断反复的设计过程，可以不断改良产品的质量和功能。结案前，所有的设计材料和数据必须系统地归档。这些档案数据对未来产品的维修和著作权保护是十分重要的。

近年来，数字媒体应用快速发展并遍及人类生活之中。许多创业公司相继投入数字媒体产品的开发中。只要是创新或有创意的点子，就有可能创造出有竞争力、受欢迎的数字媒体产品。数字媒体产业是继计算机产业和互联网产业之后的新兴产业，也提供了商机无限的创业机会。

9.2 综合作品

9.2.1 游戏

1. WEROUND 移动端游戏

作者：李伦伦、余文昕、稷小濛，江南大学数字媒体学院 2016 年毕业设计作品

（1）作品创作理念

WEROUND 游戏是以人身体内的病毒与抗体的对抗性作为灵感来源的移动端消除类游戏。本设计主要是为了研究移动端游戏的制作、开发和上线，希望通过轻松的游戏方式，达到科普的目的和唤起玩家抗击病毒的意识。

设计的前期对同类游戏和国内外优秀游戏进行了竞品调研与分析。通过调研，将游戏定位为休闲型益智类消除游戏。WEROUND 是一款具有故事情节、可爱卡通游戏风格、玩家操作自由度较高的游戏。作为一款休闲

游戏，游戏操作简单易上手，核心玩法是通过抗体连线包围的方式消灭病毒。依照游戏的情感曲线，设置难度的逐步提升，秉承易上手，难精通的原则，来吸引并留住玩家，增加游戏的黏度。

（2）作品特色

WEROUND（见图9.1）是一款集精美的游戏画面、引人入胜的故事情节、风格迥异的游戏场景、可爱卡通的人物形象、紧张刺激的游戏节奏、简单易上手的游戏玩法和精彩绝伦的游戏道具为一体的闯关休闲类游戏。玩家用手指将抗体团结在一起，使抗体头尾相连，消灭包围圈内的病毒，消灭关卡内所有病毒即取得胜利。抗体正面临着被病毒掠夺和感染的困境，狡猾的病毒们隐藏在各个时空里，玩家需要带领抗体一起穿越各个时空去消灭病毒，净化各个时代的生存环境。图9.1所示为WEROUND游戏相关元素。

WEROUND 宣传画面　　　　　　　*WEROUND* 游戏界面

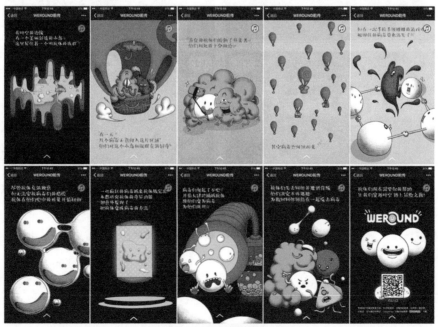

WEROUND H5 宣传画面

△图9.1　*WEROUND* 游戏相关元素

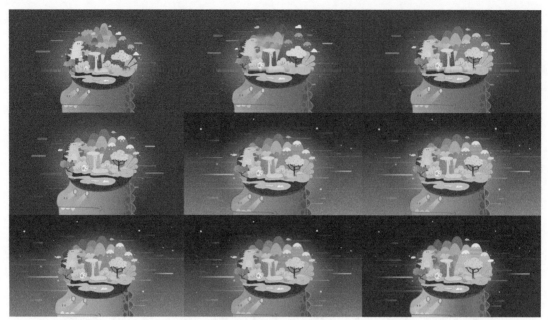

WEROUND 游戏界面高保真草稿

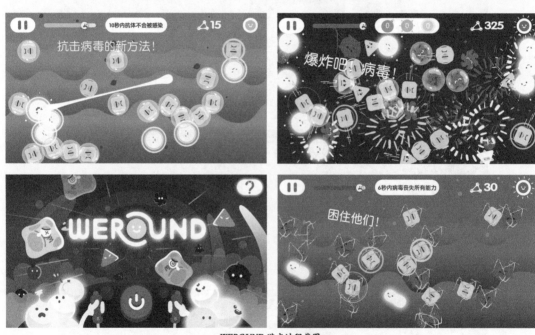

WEROUND 游戏过程截图

△图 9.1　*WEROUND* 游戏相关元素（续）

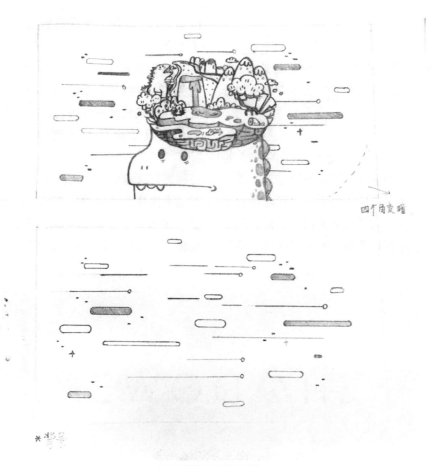

WEROUND 游戏界面草稿

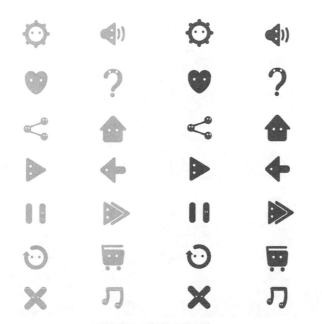

WEROUND 游戏界面图标设计

△图 9.1　*WEROUND* 游戏相关元素（续）

2. "无影之人"虚拟现实游戏

作者：王青、李嘉懿、晋铮、史罗琼、熊震，江南大学数字媒体学院 2016 年毕业设计作品

（1）创作理念

《SHADOWER 无影之人》（见图 9.2）是一款原创的探险解谜类三维场景游戏，游戏主角是一个丢失了影子的人，它只能依赖他物的影子生存，为了能够重新拥有接受阳光的能力，他必须找回自己的影子碎片，重新拼凑出自己的影子来获得新生，于是他开始了冒险。

数字媒体是新兴的媒体传播方式，是一种综合性的交互手段，随着科技的发展，近年来延展出各种各样的传播方式。游戏作为互动媒体的重要组成部分，结合"形""声""色"，激发玩家的感官感受，是一种极具沉浸感的交互方式。创作团队希望作品不仅从作者这一单方面表达想法，更需要与观者发生交流、互动，在这一过程中，唤起人们各自不同的情感体验，游戏这一综

游戏界面开始界面

游戏界面开始界面过程截图

△图 9.2 《SHADOWER 无影之人》游戏

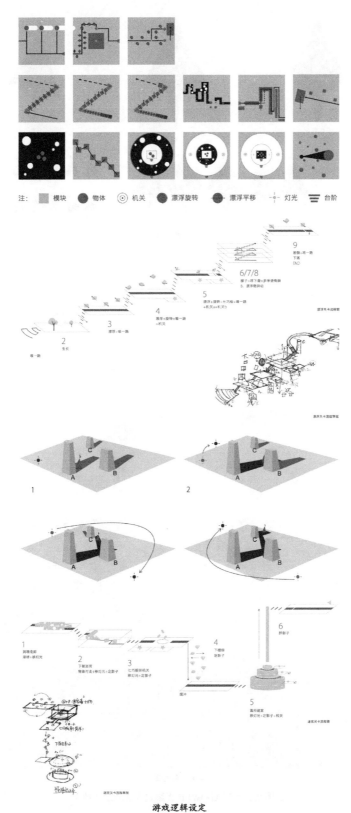

注：　▨ 模块　● 物体　◎ 机关　◆ 漂浮旋转　━ 漂浮平移　☀ 灯光　☰ 台阶

游戏逻辑设定

△图 9.2　《SHADOWER 无影之人》游戏（续）

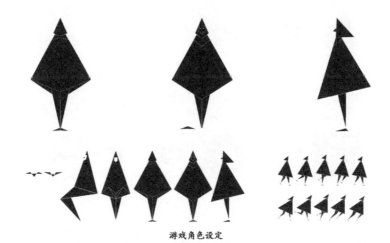

游戏角色设定

游戏光影测试

△图9.2 《SHADOWER 无影之人》游戏（续）

合性的交互方式正顺应了这一需求。

（2）作品特点

①独特的游戏世界观

遵循万物有灵的神学观点，认为自然中一切事物皆有生命、有思想，无论草木、砂石，都具有灵性的智慧，人们用双手琢磨，将物灵唤醒，并给予事物新的灵魂。

②独特的玩法

游戏中所有的山石、植物作为灵性的象征，其影子可以为主角提供庇护，在玩家操控主角进行解谜，寻找通路的过程中，通过不断琢磨影子移动的方向、形状、位置来将物灵唤醒，为自己制造通路，完成游戏。拼接影子、唤醒影子这一动作，也呼应了"给予事物新的灵魂"这一点，旨在让玩家体验在自然中寻求解决问题的方法之感。

③风格特点

游戏整体风格为极简的微折纸风格的三维场景游戏。折纸艺术在技艺上秉承二维平面的可延展性原则，一张二维的多边形纸张，在折叠中可形成三维模型，折出的部分都是高度概括物体形态的结果，纸张利用到不多一寸，不少一毫的程度，这就要求工艺者具有充分利用空间及图形概括的能力，即所成模型在结构上摒弃一切干扰主体的东西，保留最核心的部分。

（3）艺工结合的合作方法

在整个制作流程中，有以下几个重要的合作注意事项。

①艺术成员需要将测试的内容由三维软件移到引擎中排布好，再将引擎文件交予技术人员测试。

②在开始编程前，最重要的是进行核心玩法的测试，艺术成员需要使用简单的几何体在引擎中表达核心玩法的关系，即核心玩法原型，之后将文件交给技术成员进行原型测试，测试成功后再设计下一步关卡。例如，在"Shadower 无影之人"中，核心玩法之一需要人物在影子路径中行走，人物走出影子则重新进入游戏，这个设计概念转换到技术层面，则涉及光线追踪技术，即需要实时检测光线是否发出射线触碰人物模型，这个技术问题是整个游戏运行的基础。

测试先后顺序为：核心玩法原型测试→每一关卡原型测试→游戏场景主体引擎编程→游戏人物测试→故障优化测试。

③艺术成员与技术成员沟通时，需要将概念性的语言尽可能地转换为技术成员方便理解的方式。比如，从第一人称视角转换为第三人称视角，可表述为：由场景中的摄像机 a 转换为相机 b。

（4）组员分工

艺术系成员共同完成部分为：核心玩法设计、游戏世界观搭建、情感设计、关卡设计。

艺术系各成员个人完成部分如下。

王青：人物设计、场景元素设计、交互及界面设计、艺技沟通负责、视觉宣传

李嘉懿：场景元素设计、游戏地图及机关设计、场景设计、音效、视频宣传。

晋铮：场景原画设计、场景引擎视觉设计。

技术系成员完成的部分如下。

熊震：核心玩法测试、关卡测试。

史罗琼：关卡测试、人物测试、主体引擎编程、故障优化测试。

9.2.2 装置

《看见》关注色盲群体的艺术装置（见图9.3）

作者：彭一苇、严闻天、马玉洁，江南大学数字媒体学院2015年毕业设计作品

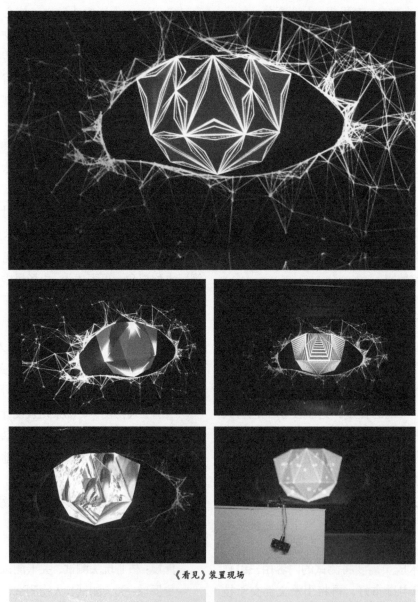

《看见》装置现场

《看见》宣传视频

△图9.3 《看见》关注色盲群体的艺术装置

《看见》装置现场宣传画面

《看见》定格动画

《看见》视觉系统和周边产品

△图9.3 《看见》关注色盲群体的艺术装置（续）

（1）创作理念

现在的社会是以人为本的社会，而当我们意识到还有这样一类群体无法行使自己权力时，创作团队开始设想要怎样帮助这一类群体。据统计，中国已经有将近6 000万的色觉异常患者。这其中有的人可能是真的有先天性的缺陷，但也无法确定是否由于色觉测试图的漏洞而带给这些人一个色盲的称号。而正是这个称号剥夺了他们应有的权利。时至今日，几乎所有普通大众和相当一部分医生对于"色盲"的理解就是分不出红色和绿色，这是一件很可悲的事情。而且研究表明在特定情形下，色盲者相比于正常辨色力者更有优势。比如色盲者可以更容易识别某些隐藏信息并且他们在光线较弱时视力较强，第二次世界大战时，色盲者被盟军大量征用，由于他们可以看到保护色与周围环境的色彩明暗度的差别，从而可以将敌人所在位置指出。只不过因为大多数人占据了人数优势，掌握了先决权、话语权、规则制定权，而通过并不负责的主观臆测肆意歧视。色盲者或色弱者最大的困扰或许不是自己看不到正常的颜色，而是他们的需求被忽视，或者权利被剥夺。所以我们希望通过这个作品呼吁大家重视色觉异常群体。

（2）作品特点

由于不同的艺术作品形式有不同的表达方

式和作用，创作团队认为用一系列作品比用单类作品更加整体和有说服力，我们的设计有两个重点：一是通过 Motion Graphic 动画、定格动画和平面作品向大众普及色觉异常常识，让大众正确认识和看待色觉异常者；二是营造了一个大的空间装置让作品的视觉传达更有冲击力，让观众有更加强烈的感受，而空间中的交互装置能与观众产生互动，观众的位置改变会影响画面，吸引观众在互动的过程中思考和发问。

定格动画的主人公是一个色觉异常的儿童，主要情节为选糖果时朋友们发现主人公色觉异常于是孤立了他；海洋馆发现他能看到他们看不到的画面而对他改观；在树林里玩时，发现主人公能找到他们找不到的蝴蝶，从而认为他也有厉害的地方而继续和他玩耍，黏土和纸是这部分作品的主要制作材料。

MG 动画是将我们调研到的一些资料进行整合，以点线面元素将枯燥的文字与动态图像结合起来，科普色觉异常的原因和阐述目前色觉异常者的遭遇，呼吁社会的关注。

平面设计作品包含 Logo、海报、周边的设计，其中有一张宽幅海报是由许多三角色块组成的彩色文字标语，正常人眼看到的是显眼的黄色中文字"你所看到的世界"，然而当这幅海报从黑白滤镜看过去时，黄色的中文字将消失，浮现隐藏在这之下的 WE BELIEVE EVERYONE SEES A STUNNING WORLD。

交互装置基于色觉异常者对物体的形状、明暗等其他非色相的因素更加敏感这一理论，即色觉异常者看到的颜色少但因此接收到的信息更加直观，而正常人能够看到很多颜色，虽然看上去丰富但是信息量更大，因此其他信息会被削弱。我们搭建了一个约 4m³ 的黑色空间，空间中有一个凸起的"眼球"，视频通过 Mapping 技术投影到这个"眼球"上，"眼球"周围的投影是模拟视觉神经传输的不断产生和连接的线。

空间的视觉呈现和体验分为两部分：一部分是结合了距离感应器与观众产生互动，"眼球"上的画面拍摄于现实生活中常见的情景，通过后期处理提高色彩饱和度并将素材叠加，制造出色彩斑斓但纷繁复杂的画面，配以嘈杂的背景音乐，意为表现正常人眼中色彩丰富，但信息杂乱的世界。当人走近装置时，空间会沉静下来，画面会变成黑白，但可以看清画面内容，辅以鸟叫声等自然音效，表达色觉异常者或许能接收到比正常人更纯粹和直观的信息；另一部分则是用软件制作的颜色变化缓慢的几何图案，配以舒缓的背景音乐，意为色觉异常者对色相感知少，但相对对颜色的另一属性明暗度更敏感。而几何图形轮廓明确，意为色觉异常者对物体的形状也更敏感。两种视频从不同角度展现在色彩和信息量上，正常人与色觉异常者的不同。

（3）艺工结合

我们选择使用 Arduino 和 Processing 来实现交互，Processing 的程序编写过程分为 3 步。第一步实现多屏投影视频即 mapping，分别使用了 Processing 的 Keystone 库、SketchMapper 库、SurfaceMapper 库、VMap 库，最终只有 SurfaceMapper 可以满足需求；第二步为实现视频切换，先用键盘按键实验切换视频，当按下键盘上的 B 和 D 按键时，会触发相应的视频播放，成功之后替换为 Arduino 输出的数据来进行控制，编写 Arduino 的程序和组装超声波距离感应器模块和主板，读取超声波值，并从 serial 串口输出；第三步为将 processing 中按键切换视频的代码改为 Arduino 的数据控制的代码，实验中设置的数据为 data ≤ 10 时，loop 视频为 1，当 data>10 时，loop 视频 2，data 即为人与感应器的距离，单位是 cm，在实际的模型中再调试 data 的范围。

（4）组员分工

团队成员包括彭一苇、马玉洁、严闻天，

团队中三人有各自擅长的方向，彭一苇擅长AE 视频制作和交互编程，因此主要完成引导视频和交互装置的制作；严闻天擅长手工制作和绘画，因此负责定格动画的制作；马玉洁擅长平面设计，负责 VI 和周边设计。在半年时间内，团队在前期共同调研，进行头脑风暴后确定概念、方向和方案初稿，之后紧锣密鼓地做好自己负责的部分之余也会相互帮助，最后每个人都完美地完成了自己的部分，也实现了多维度呈现团队的设计理念的初衷。

9.2.3　VR 影片

《清醒的梦》虚拟现实纪录片（见图 9.4）

作者：刘江波、龙彬、薛雨璇、陈凯文，江南大学数字媒体学院 2016 年毕业设计作品

△图 9.4　《清醒的梦》虚拟现实纪录片

△图 9.4 《清醒的梦》虚拟现实纪录片（续）

△图 9.4　《清醒的梦》虚拟现实纪录片（续）

视频截图

工程截图

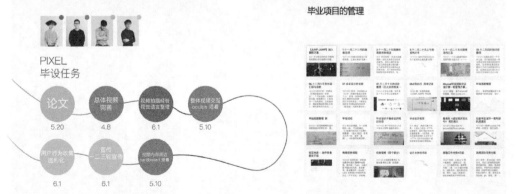

△图 9.4 《清醒的梦》虚拟现实纪录片（续）

项目管理截图

△图9.4 《清醒的梦》虚拟现实纪录片（续）

（1）作品创作理念

沟通是我们的一大主题，信息传递是创作团队从"沟通过程"找到的创意点。创作理念在于，尝试一种在全新的沟通环境中，通过全新的沟通途径传递信息的可能性，运用360°VR全景视频拍摄方式记录被摄者的生活，通过Oculus沉浸式全方位的交互体验方式让观看者得到完全不同的生活体验，而这个体验也是观看者通过这种相对真实的沟通环境获得的。创作团队试图让观看者理解他人的生活处境，从而促进社会上不同人群的相互理解，降低沟通过程中的误解。它以深刻和史无前例的方式连接每个人，可以改变人们对他人的印象。

（2）作品特点

这个项目是创作团队关于VR信息传递的第一次尝试和探索是为了展现自己的能力，更是为了探索和验证将来想从事的方向。随着数字技术的发展和信息大爆炸带来的沟通方式的变化，现今社会上的沟通方式呈现多样化、数字化的发展趋势，我们研究现今沟通环境下人们沟通时的情感和痛点，立足于数字化的呈现和交互设计手段，希望能带给受众特别的沟通体验和情感释放。我们选取了健身教练这个具体的创作对象，通过创作这个对象题材创作内容，让观众可以形成乐观积极的生活态度以及理解北漂这一类人群。当然这只是我们毕业设计的一部分，我们希望找到生活更难以被人理解的职业或者人群，甚至是个人，提取到他们生活的一些方面，让观众能够通过沉浸式的体验形式感受被记录者的生活，从而达到理解他人生活环境和方式的目的，减少沟通中的信息误差。

（3）艺工结合的合作方法

具体的合作方法是数字媒体艺术背景的同学负责项目管理视觉呈现以及艺术效果的把控，数字媒体技术背景的同学作为后盾提供技术支持实现创意，同时也使用新的技术引导设计。总之，合作方式可以概括为：艺术挑战技术，技术启发艺术。

（4）组员分工

团队由三名艺术背景和一名技术背景的同学组成，艺术背景的同学对视觉方面的艺术和软件技能较为成熟，摄影、AE 后期、影片剪辑和数据的图形化处理、前期交互的理论研究比较充足，所以三位艺术背景的同学负责整体作品呈现的体验和视觉，整体的项目管理，引导完成整个作品。最重要的一点就是沟通，与指导老师的沟通、与技术同学的沟通，以及与拍摄对象的沟通，这些需要对外沟通的事宜也是由艺术背景的同学负责完成。

技术背景同学的优势是解决逻辑性的具体问题，Unity、iOS 语言环境的技术实现，模拟游戏的各种技能，因此技术背景的同学就负责开发，用强大的执行力将想法落地实施。

整个项目作品的制作流程如下。

① 前期（筹备工作）

a. 团队成员为刘江波、薛雨璇、龙彬、陈凯雯。

b. 决定要做一些技术与艺术结合的探索。

c. 确定主题"沟通"。

d. 决定围绕 VR 来做探索沟通方式，细化形式为沟通过程中的信息传递。

e.VR 相关的制作流程、输入输出设备的了解、热点报告。

f. 决定选取健身教练这样一个人群去做。

② 中期（制作 360VR 全景视频）：

a. 硬件方面：通过与北京兰亭数字的沟通，我们借到了改装过的全景相机，画质达到 4k 级别，在公司我们还学习了前期拍摄的一些技巧、一些镜头语言的运用、场景的调度等。

b. 后期方面：我们结合公司的商业流程，总结出了适合小团队制作的一套后期方案，包括帧拼接、调色、剪辑、加字幕、动态图形、输出等。

c. 围绕健身教练这个主题开始创作，前期策划、拍摄、后期都在北京完成。

③ 后期

a. 根据影片中的动作和饮食元素做一些轻量化的交互体验。

b. 结合影片环境，在虚拟空间中尝试做一些交互的触发。

9.2.4 自媒体 IP

"星际移民局"自媒体 IP（见图 9.5）

作者：杨士轩、朱平、邱少真、邱颖彤，江南大学数字媒体学院 2016 年毕业设计作品

（1）作品创作理念

毕业设计作品"星际移民局"的理念在于通过新媒体的方式结合有趣的故事（即星际移民局的故事）来展开与健康生活方式有关的设计主题，引导参与到故事中的人培养

"28 天 10 分钟"计划

"再见地球"计划

△图 9.5 "星际移民局"自媒体 IP

为自己健康做规划的习惯。

在毕业设计初期，一方面我们发现现代人匆忙的生活方式让人渐渐忽视了自身的健康问题，通过调研数据我们得出结论，大部分的人有意识地关注到自己的身体情况，但迫于外力和环境原因，无法科学地对自己的健康形成好的规划和习惯，于是我们的毕业设计希望从科学、合理的角度，借助新媒体的方式倡导健康的生活方式。

近年来，随着经济水平以及人们健康意识的提高，个人的健康管理越来越受到重视，许多机构及平台都在运用产品及服务来满足用户对于健康管理的需求，大量的研究机构所做的研究都在指明人们对个人健康管理的需求呈上升趋势。

基于以上健康传播的理念以及背景，我们设计策划了"再见地球"和"28天10分钟"两个主要阶段的活动，并且最终在展览中将理念落地到线下，与观众形成线下互动。

（2）作品特点

在作品特点方面，一方面将健康理念的宣传与数字媒体的实现方式结合起来。新媒体作为有别于传统媒体的全新媒体形式在互联网时代成为了人们获取信息的主要来源，是一个度过了初级阶段走向特色化阶段的全新媒介。

另一方面是将体验设计融入毕业设计的整个思路中。设计行业的发展带来了许多更创新或更系统的设计方向，体验设计是将人的参与融入设计中并力图让他们在参与活动的过程中感受到精心设计的体验过程。体验设计需要建立情境及故事，丰满的情境有利于发现问题和机会，从而设计出符合人们需要的作品。

基于这两个特点，我们在毕业设计创作过程中将更多的理念结合进故事中，并通过新媒体的方式传播。

（3）艺工结合的合作方法／组员分工

在艺工结合创作以及角色分工这一方面，

设计角色的同学主要负责策划、交互以及视觉表达方面，开发角色的同学主要负责可实施性的评估以及具体技术方案的落地。在整个过程中，负责设计表现和技术实现同学是相辅相成的合作关系，负责设计的同学提出策划方案并与开发同学沟通实施效果以及成本，沟通顺畅后，双方共同开始实施计划促成最终作品落地。

总之，"星际移民局"这个毕业设计作品很好地将新媒体与体验设计这两个当今发展趋势良好的设计方向进行结合与创新，通过一个立意正面、乐观的故事，传达我们的设计理念和想法，是一次新的尝试，也是一个新的、前景广阔的方向。

9.2.5 VR交互体验

《化》VR交互体验

作者：李何方 叶子 莫碧莹 刘伏龙，江南大学数字媒体学院2017年毕业设计作品

（1）作品创作理念

让生活中的喜怒哀乐，都化作清凉。

人们逐渐地往都市集中，却慢慢地远离了自然。工作效率越来越高，生活的压力也越来越大。繁忙与疲惫成了我们生活中挥之不去的乌云。

我们想创造一片森林，遍布我们的都市，让这片森林帮助我们化解生活中的种种繁杂与疲惫，还生活一片宁静与活力。所以，将作品命名为"化"。

①作品体验描述

"化"是一个水的世界，一个全虚拟的超现实水上森林。用户可以借助VR眼镜置身其中，乘上叶子小船，听潺潺流水，看五彩植物。"透凉清澈的水铺满整个世界，森林巨树从水中长出，构成了整个森林空间。水中的植物最为明亮，水面树干上的植物则闪烁着星星点点，宛如星空包裹着一条水下银河。

水汽铺在水面，您可以舒缓身心，伸展自己的身体，让水汽漫透您的脸、您的胳膊、您的身心。同时森林里的清香也萦绕在您的身旁。您不是仿佛闻到，而是真的闻到。"

整个场景的体验时长为 10 分钟。在这个过程中，观众从一个宁静的湖中诞生，水面的植物为之点灯，路面的精灵为之指路。进入森林，漫游在"水上银河"中，听远近传来的水滴声。接着经过水帘瀑布，转角穿越一个峡谷。这里的景色已经在不知不觉中，变得温暖蓬勃。暖色染遍整个视野，光洒在了整个空间。仰望上空，将看到光芒在浮动，微小的精灵在游荡。

从开始到结束，从清凉宁静到温暖蓬勃，从水滴连成珍珠项链到光芒浮动。在这个过程中，我们希望能为观者消除身心的疲惫与烦忧，给予明亮温暖的心境，去挑战新的生活。

② 虚拟现实，让人忘却现实

我们对 VR（虚拟现实）的理解是，把虚拟看作动词，以虚拟的手段实现、制作、创作"现实"。"现实"为具有真实感的世界。

去一个新的地方，放下身上的压力烦恼，是旅行体验的意义。我们采取虚拟现实的手段，实现了一个可以让体验者放下身心压力烦恼的虚拟空间。

（2）作品特点

① VR 手段的使用

这是我们第一次接触 VR，第一次接触"游戏"的制作流程，第一次以 VR 的思维方式去创作作品。VR 的对于体验者来说，是 360°的观看方式、极强的沉浸感，是真实的动作（射箭游戏时，玩家以手臂拉弦、放箭的动作实现射箭，而不是点鼠标敲键盘）。"VR 的思维方式"是"以虚拟的手段制作或者创作一个'现实世界'"。为何去创造（或制作）？在这个世界中，该让体验者看什么，可以做出什么动作？对于作品来说，我们希

望给体验者提供一片心灵福地，通过坐在叶子上飘流于水面森林中的过程，营造一种"身处仙境"的氛围。

② 全虚拟的环境

全虚拟也就是说，作品中没有任何实拍的元素。

全虚拟一方面意味着你可以跳出我们现实模样的束缚，创作没有见过的东西，实现全新的视觉效果。另一方面，全虚拟也意味着制作的巨大工程量。

③ 超现实的体验

超现实是我们作品的视觉风格，也是面对性能不足，以及目前自身能力不足的问题的妥协方式。

从性能方面来说，VR 对画面的高保真度要求非常高，对机器的性能要求也特别高。制作风格化的、超现实的元素，不失为一种方法。风格化的手段一方面是更容易出效果，另一方面则是可以主动避免一些耗性能的效果。

④ "无眩晕"的运动方式

VR 中有 3 种运动方式，玩家真实地在空间中走动、移动、瞬移。"化"的运动方式是让体验者站在小叶船上，模拟坐船游览，属于移动类型。实现坐船无眩晕运动，这是我们作品中的一个亮点。我们将船运动的动力、阻力，以及体验者的适应时间考虑进去。经过一套复杂的算法，实现了最佳加速运动、匀速运动。因此，能实现体验者随意开船而不会感到晕眩的效果。

⑤ 尝试、探险

前面提到 VR 对环境的高保真度和机器性能的要求特别高，所以很多 VR 游戏的角色、环境都由几何体构成，材质也非常简单。对于成熟的游戏开发者来说，性能的局限性尚且如此大，对于我们初次接触的人来说更是拦路虎。而团队在不了解这些的情况下，设定了大场景、水面、瀑布、植物自发光照

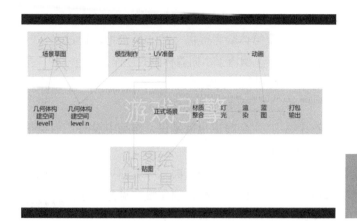

△图 9.6 工作流程

亮环境这样的各种实际操作中的难题，但团队依旧迎难而上，努力实现最初的设定。所以说这是一次尝试、探险。

（3）艺工结合的合作方法

① 流程（见图 9.6）

在讨论艺工结合的合作方式前，先介绍我们的制作流程及组员。

在图 9.6 中，蓝色的方块代表的是一类工具。其中游戏引擎可作为一个平台来看待。Maya 为其提供模型、动画等素材，Substance 则为其提供贴图。所有的素材制作好了，就放进游戏引擎这个平台，组织成一个整体。

② 交叉

团队共有 4 人，3 名艺术背景的同学和一名技术背景的同学。比较幸运的是技术同学学习的方向是 TA，也就是影视行业中的技术美术，是艺术与技术沟通的桥梁，既关注艺术表现效果，也研究技术实现手段。所以，这样团队存在天然的优势。

图 9.7 与图 9.8 展示了制作的流程。

模型

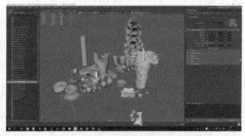

几何体构建空间

贴图

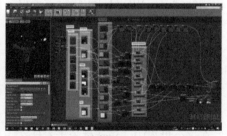

材质整合

△图 9.7 制作流程（模型 – 构建空间 – 贴图 – 材质整合）

灯光的测试

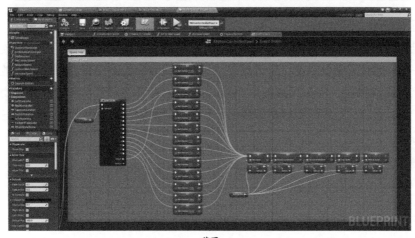

蓝图

△图 9.8　制作流程（灯光测试 – 蓝图）

在材质整合这一工序中，艺术背景的同学清楚需要的效果，而技术背景的同学了解算法。

在我们的作品中，蓝图主要用于定义"船"这个交通工具以及碰撞体。

（4）组员分工

几何空间、草图、模型、UV、贴图、灯光这些部分对艺术背景的同学来说不存在障碍，而且有天然的优势。如果材质整合、渲染这部分涉及特效，就会涉及一些复杂的节点，需要较强的逻辑思维能力，这一部分就可由技术背景的同学完成。蓝图是可视化编程，不用写代码，可通过节点进行编程。

图 9.9 是理想化的分工与进度。

（5）具体合作方法

① 相互学习、交叉学习

艺工结合中最大的问题，无非是思维方式的不同，导致相互不理解。在我们的分工中，有很多地方是艺工共同参与，如贴图、动态贴图。在实际过程中，艺工两方都在研究这方面的问题，而实际动手完成的是艺术生。因为艺术生最了解需要的效果。当艺术生对某个效果有疑问时，就会找技术的一起讨论，寻找方案。只有两方对同一事物都有研究时，才有深入交流、相互理解的机会，否则只能是拼凑型的合作。

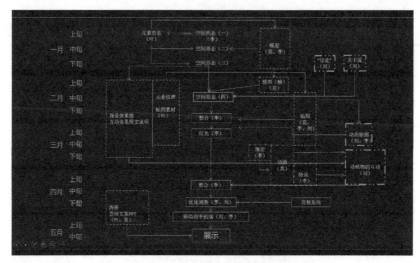

△图 9.9　理想化的分工与进度表

② 展示自己的工作和步骤

艺工结合除了思维方式的差异外，行事方式也不一样。这时需要做的是，告诉对方，你在做什么，将怎样做，什么时候做好。当对方知道了这些之后，他才能更好地理解你，配合你的工作。

③ 把效果画出来

将文字视觉化这一工作，即使是艺术生来做，每个人做出来的都有很大的差异，就不用说艺工之间了。所以在艺工交流中，艺术生需要尽可能地把自己的意思表达出来。

习题

1. 面向创新创业，讨论如何发展数字媒体产业？

2. 调研近年来相关成功的创新创业案例，针对其特性做分析比较。

3. 以"文化""科技""人群""模式""消费"为关键词，寻找近年来相关的行业报告，从行业宏观的分析中了解数字媒体行业发展不同侧面的信息。